中央空调安装、清洗及维修
从入门到精通

韩雪涛◎主　编
吴瑛　韩广兴◎副主编

化学工业出版社
·北京·

内容简介

本书采用全彩色图解的方式，从中央空调的基础知识入手，全面系统地介绍中央空调安装、维修的专业知识和技能。主要内容包括多联式、风冷式和水冷式中央空调的结构原理、中央空调施工设备及工具仪表、常用的管材与配件、设计施工要求、管路加工连接及室内外机的安装连接、电气连接及调试、中央空调的清洗与保养、不同类型中央空调的典型故障分析及管路系统、电路系统各部件的故障维修。

本书内容全面实用，重点突出，图解演示讲解清晰直观。为了方便读者学习，本书在重要知识点还配有视频讲解，扫描书中二维码即可观看，视频配合图文讲解，轻松掌握安装维修技能。

本书可供家电维修人员学习使用，也可供职业院校、培训学校相关专业师生参考。

图书在版编目（CIP）数据

中央空调安装、清洗及维修从入门到精通 / 韩雪涛主编；吴瑛，韩广兴副主编. —北京：化学工业出版社，2024.4

ISBN 978-7-122-44878-1

Ⅰ.①中⋯ Ⅱ.①韩⋯ ②吴⋯ ③韩⋯ Ⅲ.①集中式空气调节器-安装-图解②集中式空气调节器-清洗-图解③集中式空气调节器-维修-图解 Ⅳ.①TB657.2-64

中国国家版本馆CIP数据核字（2024）第052485号

责任编辑：李军亮　徐卿华　　　　文字编辑：袁玉玉　陈小滔
责任校对：王鹏飞　　　　　　　　装帧设计：王晓宇

出版发行：化学工业出版社
　　　　　（北京市东城区青年湖南街13号　邮政编码100011）
印　　装：北京瑞禾彩色印刷有限公司
787mm×1092mm　1/16　印张19¾　字数510千字
2024年6月北京第1版第1次印刷

购书咨询：010-64518888　　　　售后服务：010-64518899
网　　址：http://www.cip.com.cn

定　　价：99.00元　　　　　　　　　版权所有　违者必究

前　言

机电一体化技术的进步和制造技术的日趋完善，使中央空调得到了迅猛的发展。尤其是随着楼宇智能化程度的提高，人们对生活舒适度有了更高的要求，中央空调的需求不断提升，宾馆、饭店、公寓、企事业单位及家庭等场合的使用更加普及，同时也带动了中央空调的安装、检修、保养维护等产业链的发展。然而，面对不同种类中央空调和复杂的中央空调系统，如何在短时间内搞清其结构原理，掌握实用的安装和维修技能，是成为一名合格的中央空调维修人员的关键。为此我们从初学者的角度出发，根据岗位实际需求编写了本书，以帮助读者快速掌握中央空调安装、清洗及维修、保养等专业知识和技能。

本书涵盖了多联式、风冷式和水冷式三大类中央空调，根据不同种类中央空调的特点，将专业知识与技能紧密结合，通过图解演示的方式，详细介绍中央空调的结构原理、安装、清洗和维护保养及典型故障维修，帮助读者快速掌握实操技能，并将所学内容运用到工作中。

本书主要特点如下：

1. 立足于初学者，以就业为导向

首先对读者的定位和岗位需求进行了充分的调研，然后从中央空调的维修基础入手，将目前流行的中央空调按照安装特点划分为各单元模块，并针对不同中央空调的特点提炼安装、维修方法和技巧。

2. 知识全面，贴近实际需求

中央空调安装及维修的学习最忌与实际需求脱节。维修过程中所涉及的基础知识不是单纯的理论学习，而是将实物图、结构图与电路图相结合，真正通过对实际样机的解剖、对电路进行深入的分析，通过对照让读者清楚结构组成和工作流程，建立科学的检修思路。然后通过典型故障维修的讲解，让读者掌握各种类型中央空调的维修技能。

3. 彩色图解，更直观易懂

本书的编写充分考虑读者的学习习惯和岗位特点，将安装、维修知识和技能通过图解演示的方式呈现，非常直观，力求让读者一看就懂，一学就会。在安装及检修操作环节，运用实际场景照片，结合图解演示，让读者真实感受安装及维修现场，充分调动学习的主观能动性，提升学习的效率。

4. 配二维码视频讲解，学习更方便

本书对关键知识和技能配视频讲解，用手机扫描书中二维码即可观看，同步实时学习对应知识和实操技能，帮助读者轻松入门，在短时间内获得较好的学习效果。

本书由数码维修工程师鉴定指导中心组织编写，编写人员有行业工程师、高级技师和一线教师，使读者在学习过程中如同有一群专家在身边指导，将学习和实践中需要注意的重点、难点一一化解，大大提升学习效果。同时，读者可登录数码维修工程师的官方网站获得超值技术服务。

本书由韩雪涛主编，吴瑛、韩广兴任副主编，参与本书编写的还有张丽梅、宋明芳、朱勇、吴玮、吴惠英、张湘萍、高瑞征、韩雪冬、周文静、吴鹏飞、唐秀鸯、王新霞、马梦霞、张义伟、冯晓茸等。

由于水平有限，书中难免会出现疏漏和不足，欢迎读者指正。

编者

第7章 中央空调施工设备及工具仪表的使用

第8章　中央空调管路的加工连接

第9章　中央空调的设计施工要求

第10章　中央空调的装配

第11章　中央空调的清洗与保养

第12章　中央空调的故障特点与检修分析

视频讲解目录

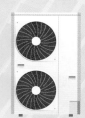

第1章 中央空调的特点与分类

1.1 中央空调的特点

1.1.1 中央空调的功能特点

中央空调是一种应用于大范围（区域）的空气调节系统。它通常是由一台（或一组）室外机通过风道、制冷管路或冷/热水管路连接多台室内末端设备，实现对大面积室内空间或多个独立房间制冷（制热）及空气调节的控制。

下面通过与普通空调器的应用特点对照比较，了解中央空调的功能特点。

图 1-1 为普通分体式空调器的应用特点。普通分体式空调器的室外机安装在室外，室内机

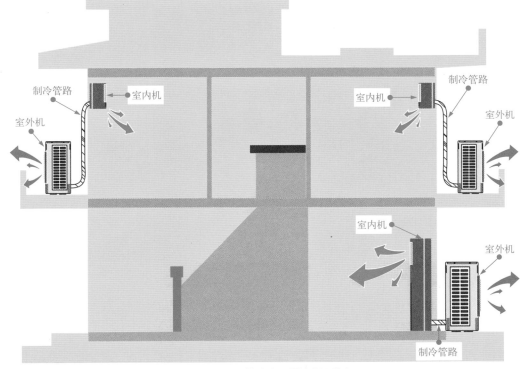

图1-1　普通分体式空调器的应用特点

安装在需要制冷（制热）的房间内，室外机和室内机通过管路进行连接。如果房间很多，就需要在每个制冷房间都安装一套分体式空调器，这将给安装、保养、维护、检修带来很多不便，同时也会造成不必要的浪费。

采用中央空调系统时，户外安装一台（或一组）室外机，在每个房间（或区域）内安装室内末端设备（室内机）。室外机与室内末端设备（室内机）之间通过管路相互连接。

图 1-2 为中央空调的应用特点。

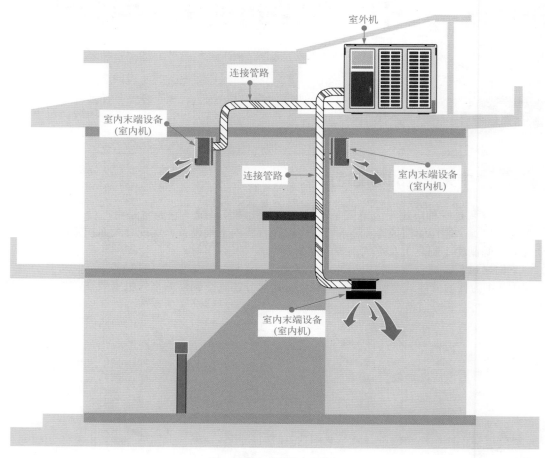

图1-2　中央空调的应用特点

中央空调系统实际上是将多个普通分体式空调器的室外机集中到一起，完成对空气的净化、冷却、加热或加湿等处理，再通过连接管路送到多个室内末端设备（室内机），进而实现对不同房间（或区域）的制冷（制热）和空气调节。

 提示

普通空调器在实现大范围（多房间区域）的温度调节时，需要安装多组分体式空调器，即每一台室外机都需要通过独立的制冷管路与一台室内机连接，形成一个独立的系统，这样会使布线凌乱、制冷效果无法统一调整，同时也会造成很大的浪费。

而采用中央空调，即由一台（或一组）室外机集中工作，室内的不同位置安装多个室内末端设备（室内机），这些设备通过统一规划的管路连接，可在很大程度上降低成本，使得安装规划更加简单，既美观，又便于维护。

1.1.2 中央空调的结构特点

图 1-3 为典型中央空调的结构特点。中央空调通过管路将主机与安装于室内的各个末端设备相连，集中控制，实现大范围（区域）的制冷或制热。

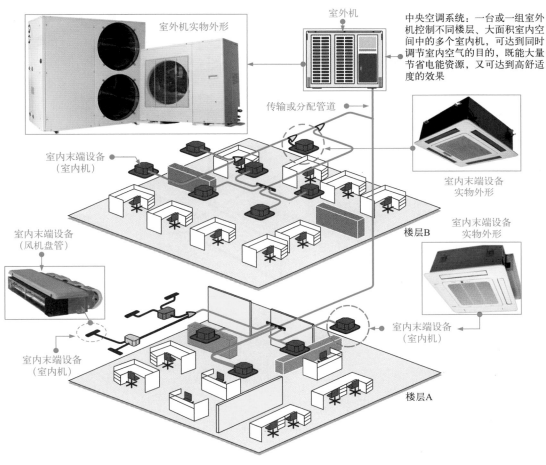

图1-3 典型中央空调的结构特点

1.2 中央空调的分类

中央空调的种类多样，根据结构组成和工作原理的不同，通常可将中央空调分为多联式中央空调、风冷式中央空调和水冷式中央空调三大类。

1.2.1 多联式中央空调

如图 1-4 所示，多联式中央空调是家用中央空调的主要形式，这种中央空调的结构简单，通过一台主机（室外机）即可实现对多个室内末端设备的制冷、制热控制。

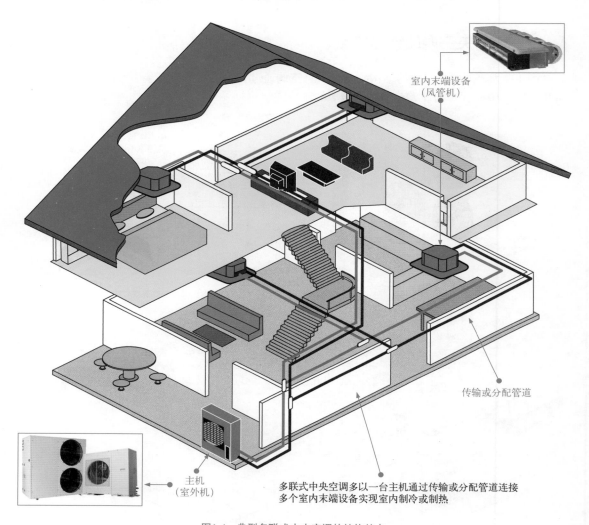

室内末端设备
（风管机）

传输或分配管道

主机
（室外机）

多联式中央空调多以一台主机通过传输或分配管道连接
多个室内末端设备实现室内制冷或制热

图1-4　典型多联式中央空调的结构特点

这种中央空调系统采用集中空调的设计理念，室外机安装于户外，室外机有一组（或多组）压缩机，可以通过一组（或多组）管路与室内机相连，构成一个（或多个）制冷（制热）循环，多联式中央空调的室内机拥有嵌入式、卡式、吊顶式、落地式等多种形式。而且一般在房屋装修时，嵌入在客厅、餐厅、卧室等各个房间或区域，不影响室内布局，同时具有送风形式多样、送风量大、送风温差小、制冷（制热）速度快、温度均衡等特点。

1.2.2 风冷式中央空调

风冷式中央空调根据热交换方式的不同，又可细分为风冷式风循环中央空调和风冷式水循环中央空调。

（1）风冷式风循环中央空调

如图 1-5 所示，风冷式风循环中央空调工作时，首先借助空气对制冷管路中的制冷剂进行降温或升温的热交换，然后将降温或升温后的制冷剂经管路送至风管机中，以空气作为热交换介质，实现制冷或制热的效果，最后由风管机经风道将冷风（或暖风）从送风口送入室内，实现室内温度的调节。

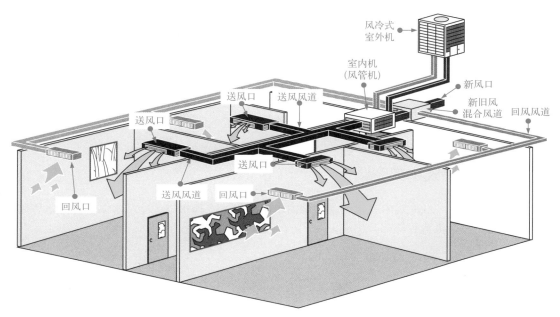

图1-5　典型风冷式风循环中央空调系统示意图

 提示

为确保空气的质量，许多风冷式风循环中央空调安装有新风口、回风口和回风风道。室内的空气由回风口进入风道，与新风口送入的室外新鲜空气进行混合后被吸入室内，起到良好的空气调节作用。这种中央空调对空气的需求量较大，所以要求风道的截面积也较大，很占用建筑物的空间。除此之外，该系统的中央空调的耗电量较大，有噪声。多数情况下应用于有较大空间的建筑物中，例如超市、餐厅以及大型购物广场等。

（2）风冷式水循环中央空调

如图 1-6 所示，风冷式水循环中央空调以水作为热交换介质。工作时，首先由风冷机组实现对冷冻水管路中冷冻水的降温（或升温）。然后将降温（或升温）后的水送入室内末端设备（风机盘管）中，再由室内末端设备（风机盘管）与室内空气进行热交换，从而实现对空气温度的调节。这种中央空调结构安装空间相对较小，维护管路比较方便，适用于中、小型公共建筑。

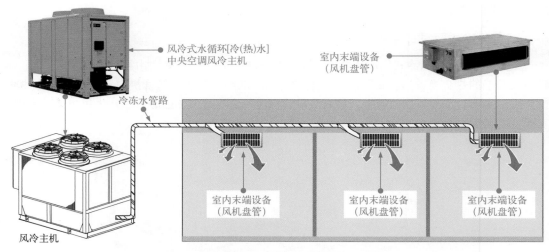

图1-6 典型风冷式水循环中央空调系统的示意图

1.2.3 水冷式中央空调

如图 1-7 所示，水冷式中央空调主要是由水冷机组、冷却水塔、冷却水泵、冷却水管路、冷冻水管路以及风机盘管等部分构成。

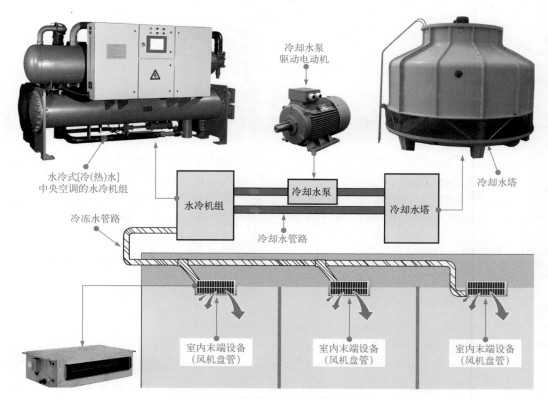

图1-7 典型水冷式中央空调系统的示意图

　　工作时，冷却水塔、冷却水泵对冷却水进行降温循环，从而对水冷机组中冷凝器内的制冷剂进行降温，使降温后的制冷剂流向蒸发器中，经蒸发器对循环的冷冻水进行降温，将降温后的冷冻水送至室内末端设备（风机盘管）中，由室内末端设备（风机盘管）与室内空气进行热交换，实现对空气的调节。冷却水塔是系统中非常重要的热交换设备，其作用是确保制冷（制热）循环得以顺利进行。这类中央空调安装施工较为复杂，多用于大型酒店、商业办公楼、公寓等大型建筑。

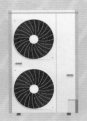

第**2**章 多联式中央空调的结构原理

2.1 多联式中央空调的结构组成

2.1.1 多联式中央空调的整机结构

如图 2-1 所示，多联式中央空调（也可称为一托多式的中央空调）采用制冷剂作为冷媒，可以通过一个室外机拖动多个室内机进行制冷或制热工作。

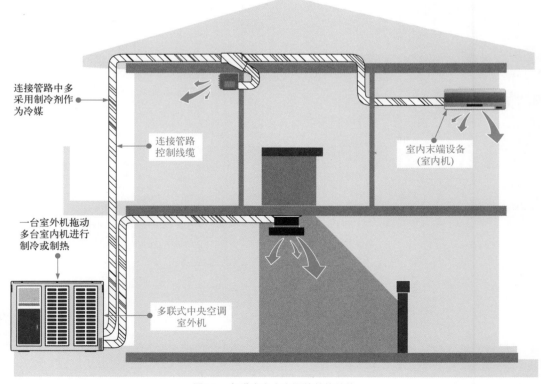

图2-1 多联式中央空调的整体结构

　　图 2-2 所示为多联式中央空调的结构组成。室内机中的各管路及电路系统相对独立，而室外机中将多个压缩机连接在一个室外管路循环系统中，由主电路以及变频电路对其进行控制，通过管路系统与室内机组进行冷热交换，达到制冷或制热的目的。

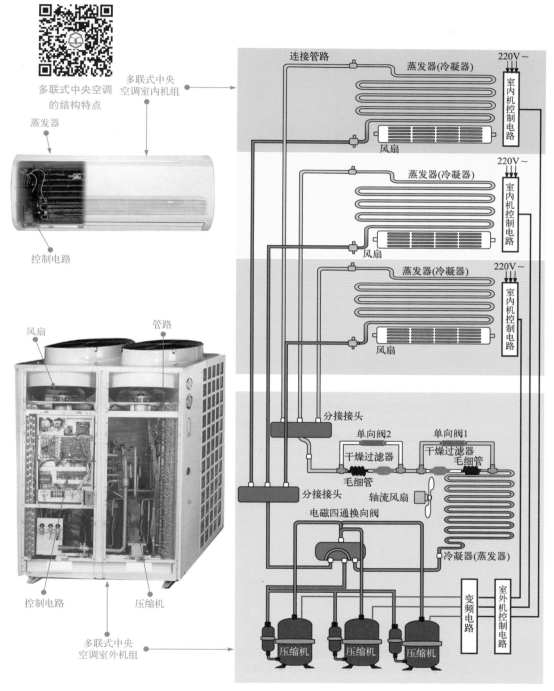

图2-2　多联式中央空调的结构组成

提示

　　多联式中央空调与普通空调的最大区别在于，普通空调是采用一个室外机连接一个室内机的方式，如图2-3所示。普通空调的内部主要是由一个压缩机、电磁四通阀、轴流风扇、冷凝器（蒸发器）、单向阀、干燥过滤器、毛细管、控制电路等构成。

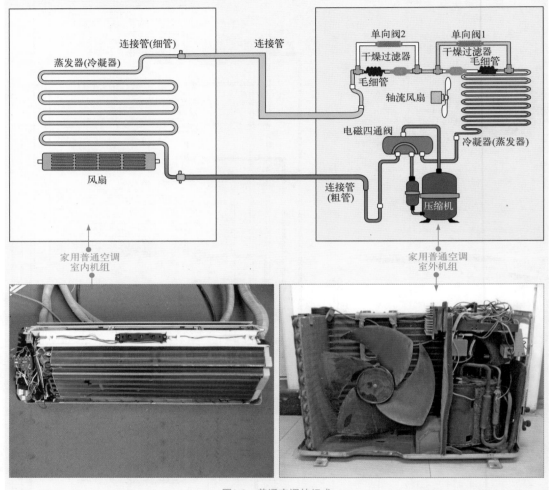

图2-3　普通空调的组成

2.1.2　多联式中央空调的室外机

　　如图2-4所示，多联式中央空调的室外机主要用来控制压缩机为制冷剂提供循环动力，通过制冷管路与室内机配合，实现能量的转换。

　　图2-5为多联式中央空调室外机的内部结构。室外机内部主要有冷凝器、轴流风扇、压缩机、电磁四通阀、毛细管及控制电路等部分。

图2-4 多联式中央空调的室外机

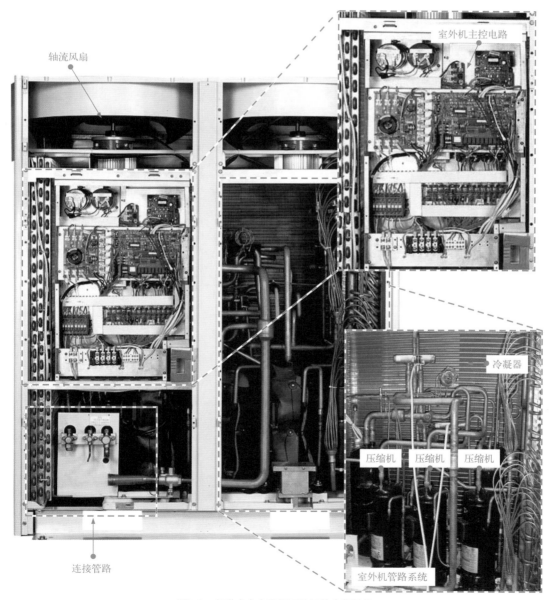

图2-5 多联式中央空调室外机的内部结构

提示

如图2-6所示，通常多联式中央空调室外机中可容纳多个压缩机，每个压缩机都有一个独立的循环系统。不同的压缩机可以构建各自独立的制冷循环。

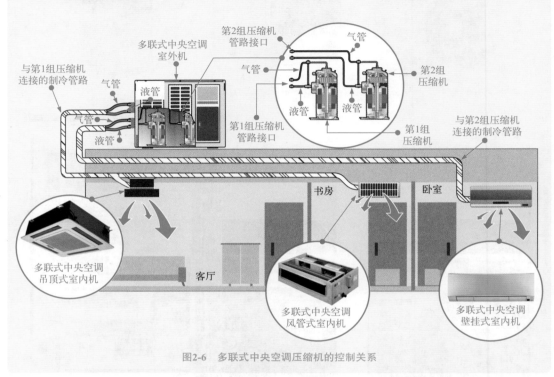

图2-6　多联式中央空调压缩机的控制关系

2.1.3　多联式中央空调的室内机

（1）风管式室内机

图2-7为风管式室内机的实物外形。风管式室内机一般在房屋装修时，嵌入在客厅、餐厅、卧室等各个区域相应的墙壁上。

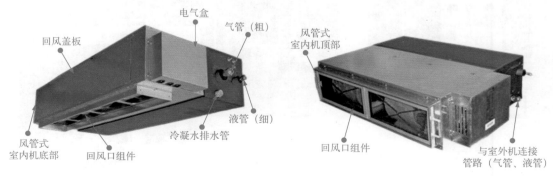

图2-7　风管式室内机的实物外形

（2）嵌入式室内机

图 2-8 为嵌入式室内机的实物外形。嵌入式室内机主要由涡轮风扇电动机、涡轮风扇、蒸发器、接水盘、控制电路、排水泵、前面板、过滤网、过滤网外壳等构成。

（3）壁挂式室内机

图 2-9 为壁挂式室内机的实物外形。壁挂式室内机可以根据用户的需要挂在房间的墙壁上。从壁挂式室内机的正面可以找到进风口、前盖、吸气栅（空气过滤部分）、显示和遥控接收面板、导风板、出风口等部分。

图2-8 嵌入式室内机的实物外形

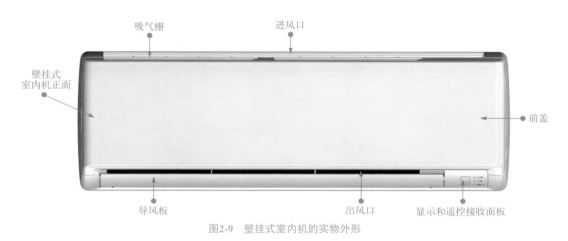

图2-9 壁挂式室内机的实物外形

2.2 多联式中央空调的工作原理

2.2.1 多联式中央空调的制冷原理

多联式中央空调系统通过制冷管路相互连接构成一拖多的形式。室外机工作可带动多个室内机完成空气的制冷/制热循环，实现对各个房间（或区域）的温度调节。图 2-10 为多联式中央空调的制冷原理。

2.2.2 多联式中央空调的制热原理

图 2-11 为多联式中央空调的制热原理。多联式中央空调的制热原理与制冷原理基本相同，不同之处是通过电路系统控制电磁四通阀中的阀块换向改变制冷剂的流向，实现制冷到制热功能的转换。

多联式中央空调
的制冷原理

低温低压的液态制冷剂经管路后，分别送入三台室内机的蒸发器管路中进行吸热汽化，将蒸发器外表面及周围的空气冷却，冷却后的空气再由室内机的贯流风扇从出风口吹出

当蒸发器中的低温低压液态制冷剂经过热交换工作后变为低温低压的气态制冷剂，经制冷管路流向室外机，经分接接头2后汇入室外机管路中，通过电磁四通阀B口进入，C口送出，再经压缩机吸气孔返回压缩机中再次被压缩，如此周而复始，完成制冷循环

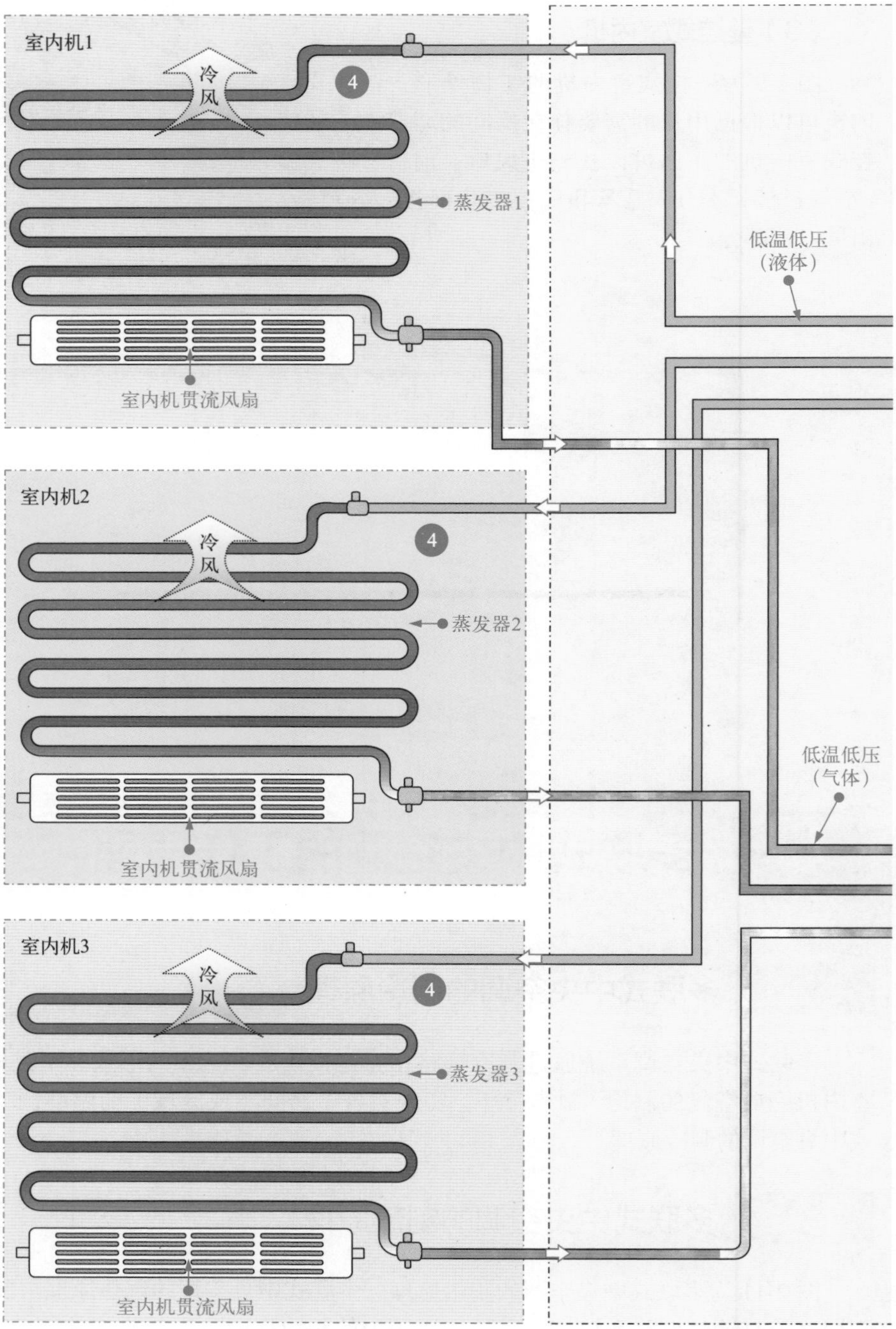

室内机1

冷风

④

蒸发器1

室内机贯流风扇

室内机2

冷风

④

蒸发器2

室内机贯流风扇

室内机3

冷风

④

蒸发器3

室内机贯流风扇

低温低压
（液体）

低温低压
（气体）

图2-10　多联式中央

低温高压液态的制冷剂经冷凝器送出，经管路中的单向阀1后，由干燥过滤器1滤除制冷剂中多余的水分，再经毛细管1节流降压变为低温低压的制冷剂液体，经分接接头1分别送入室内机管路中

高温高压的制冷剂气体进入冷凝器中，由轴流风扇对冷凝器进行降温处理，冷凝器管路中的制冷剂降温后送出低温高压液态的制冷剂

制冷剂在每台压缩机中被压缩，将原本低温低压的制冷剂气体压缩成高温高压的过热蒸气后，由压缩机的排气口排出，通过电磁四通阀的A口进入。在制冷工作状态下，电磁四通阀中的阀块在B口至C口处，高温高压的制冷剂气体经电磁四通阀的D口送出，送入冷凝器中

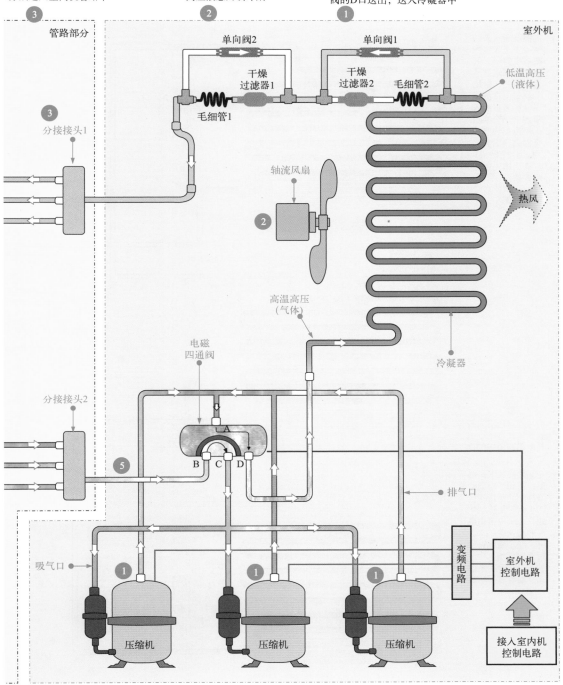

空调的制冷原理

多联式中央空调
的制热原理

高温高压气态的
制冷剂进入室内
机蒸发器后，过
热的蒸气通过蒸
发器散热，散出
的热量由贯流风
扇从出风口吹入
室内，热交换后
的制冷剂转变为
低温高压液态，
通过分接接头1
汇合，送入室外
机管路中

由冷凝器送出的低
温低压气态制冷剂
经电磁四通阀的D
口流入。

在制热模式下，电
磁四通阀受控制电
路控制处于D口与
C口通路状态，因
此气态制冷剂由电
磁四通阀的C口送
出，经压缩机吸气
口返回压缩机中，
进入下一次制热循
环，实现制热功能

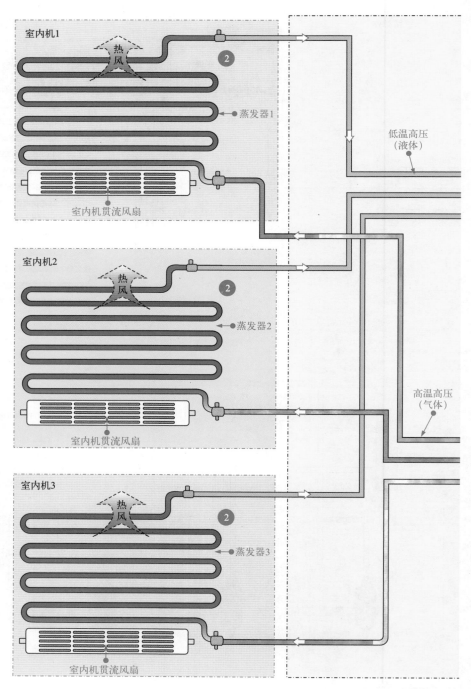

图2-11　多联式中央

低温低压的制冷剂液体在冷凝器中完成汽化过程，制冷剂液体从外界吸收大量的热量，重新变为气态，并由轴流风扇将冷气由室外机吹出
④

低温高压液态的制冷剂经路路中的单向阀2、干燥过滤器2及毛细管2节流降压后送入冷凝器中
③

制冷剂经压缩机处理后变为高温高压的制冷剂气体由压缩机的排气口排出。当设定多联式中央空调为制热模式时，电磁四通阀由电路控制内部的阀块从B口、C口移向C口、D口。此时，高温高压气态的制冷剂经电磁四通阀的A口送入，由B口送出，经分接接头2送入各室内机的蒸发器管路中
①

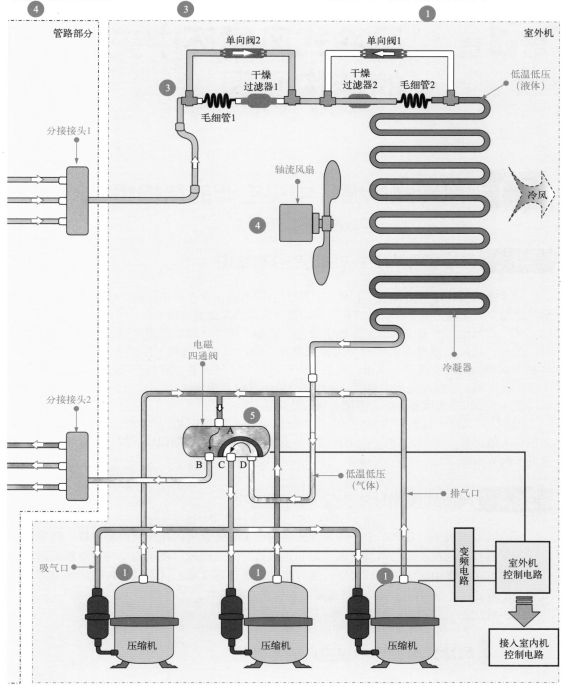

空调的制热原理

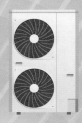

第**3**章 风冷式风循环中央空调的结构原理

3.1 风冷式风循环中央空调的结构组成

3.1.1 风冷式风循环中央空调的整机结构

风冷式风循环中央空调是一种常见的中央空调系统，常在商用环境下应用。这种空调系统是借助空气流动（风）作为冷却和循环传输介质从而实现温度调节的。

风冷式风循环中央空调的室外机借助空气流动（风）对制冷管路中的制冷剂进行降温或升温处理，将降温或升温后的制冷剂经管路送至室内机（风管机）中，由室内机（风管机）将制冷或制热后的空气送入风道，经风道中的送风口（散流器）将制冷或制热的空气送入各个房间或区域，从而改变室内温度，实现制冷或制热的效果。

图3-1为风冷式风循环中央空调系统的结构特点。

图3-2为风冷式风循环中央空调系统的结构组成，主要由风冷式室外机、风冷式室内机、送风口（散流器）、室外风机、风道连接器、过滤器、新风口、回风口、风道以及风道中的风量调节阀等构成。

3.1.2 风冷式风循环中央空调的室内机

风冷式室内机（风管机）多采用风管式结构，主要由封闭的外壳将内部风机、蒸发器及空气加湿器等集成在一起，两端有回风口和送风口。先由回风口将室内空气或由新旧风混合的空气送入风管机中，由风管机将空气通过蒸发器进行热交换，再由风管机中的加湿器对空气进行加湿处理，最后由送风口将处理后的空气送入风道中。

图3-3为风冷式室内机的实物外形。

3.1.3 风冷式风循环中央空调的室外机

图3-4为风冷式室外机的实物外形。风冷式室外机采用空气循环散热方式对制冷剂降温，结构紧凑，可安装在楼顶及地面上。

风冷式风循环
中央空调的
结构特点

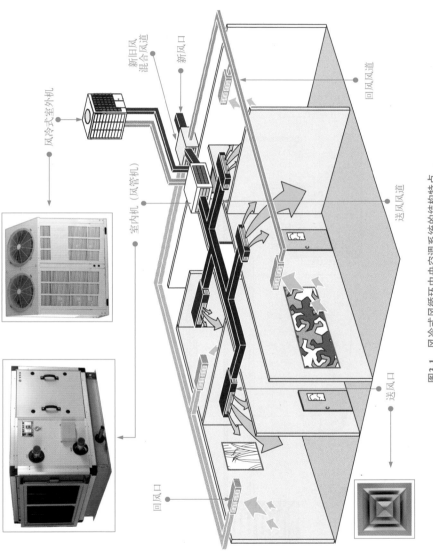

图3-1　风冷式风循环中央空调系统的结构特点

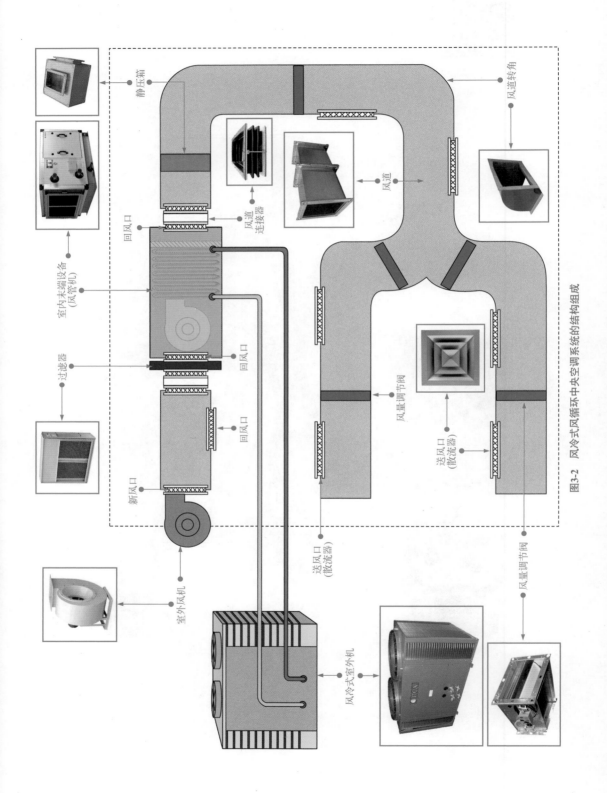

图3-2 风冷式风循环中央空调系统的结构组成

静压箱

风道转角

风道连接器

风道

回风口

室内末端设备
（风管机）

过滤器

回风口

回风口

风量调节阀

送风口
（散流器）

新风口

室外风机

送风口
（散流器）

风量调节阀

风冷式室外机

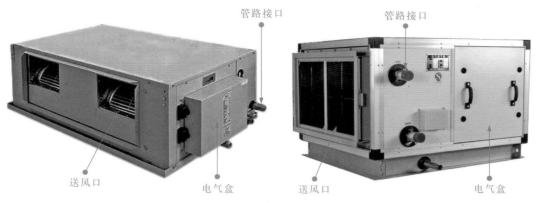

图3-3　风冷式室内机的实物外形

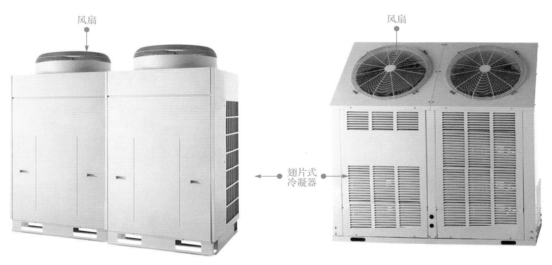

图3-4　风冷式室外机的实物外形

3.1.4　送风风道系统

风冷式中央空调系统由风管机（室内机）将升温或降温后的空气经送风口送入风道中，在风道中经静压箱降压，再经风量调节阀对风量进行调节后，将热风或冷风经送风口（散流器）送入室内。

图 3-5 为送风风道系统。

（1）送风风道

图 3-6 为送风风道的实物外形。送风风道简称风管，一般由铁皮、夹芯板或聚氨酯板等材料制成。中央空调系统通过送风风道可有效地将风输送到送风口。

（2）风量调节阀

图 3-7 为风量调节阀的实物外形。风量调节阀简称调风门，是不可缺少的中央空调末端配件，一般用在中央空调送风风道系统中，用来调节支管的风量，主要有电动风量调节阀和手动风量调节阀。

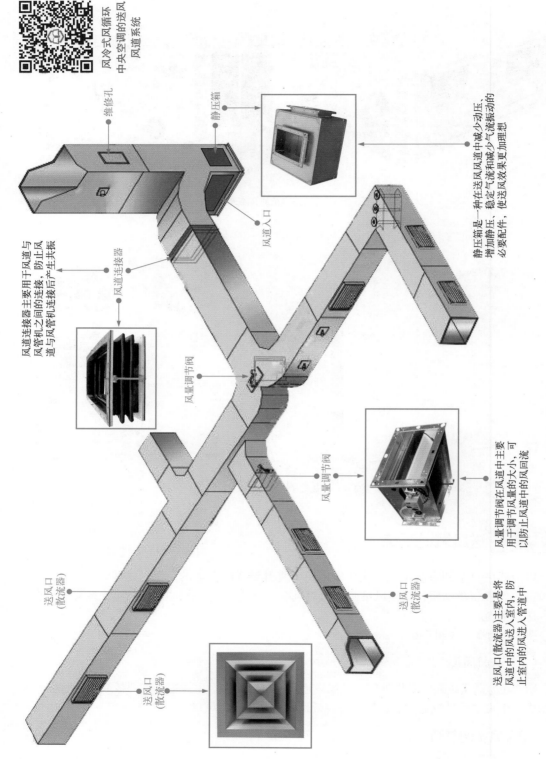

风冷式风循环
中央空调的送风
风道系统

维修孔

风道入口

静压箱

风道连接器主要用于风道与
风管机之间的连接、防止风
道与风管连接后产生共振

风道连接器

静压箱是一种在送风风道中减少动压、
增加静压和减少气流振动的
必要配件，使送风效果更加理想

风量调节阀

风量调节阀

风量调节阀在风道中主要
用于调节风量的大小，可
以防止风道中的风回流

送风口
(散流器)

送风口
(散流器)

送风口
(散流器)

送风口(散流器)主要是将
风道中的风送入室内，防
止室内的风进入风管道中

图3-5 送风风道系统

022

图3-6 送风风道的实物外形

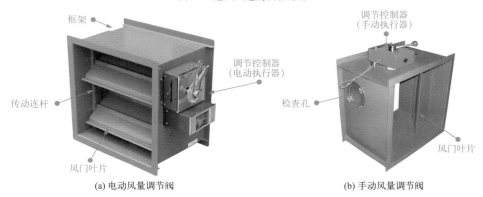

(a) 电动风量调节阀　　　　　　　　(b) 手动风量调节阀

图3-7 风量调节阀的实物外形

（3）静压箱

图 3-8 为静压箱的实物外形。静压箱内部由吸音减振材料制成，可起到消除噪声、稳定气流的作用，使送风效果更加理想。

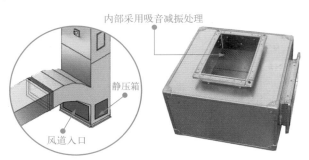

图3-8 静压箱的实物外形

3.2 风冷式风循环中央空调的工作原理

3.2.1 风冷式风循环中央空调的制冷原理

风冷式风循环中央空调采用空气作为热交换介质完成制冷 / 制热循环。图 3-9 为风冷式风循环中央空调的制冷原理。

风冷式风循环
中央空调的
制冷原理

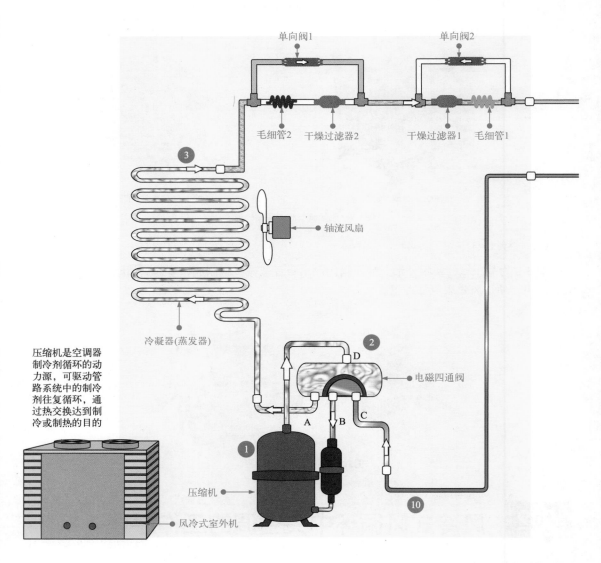

图3-9 风冷式风循环中央

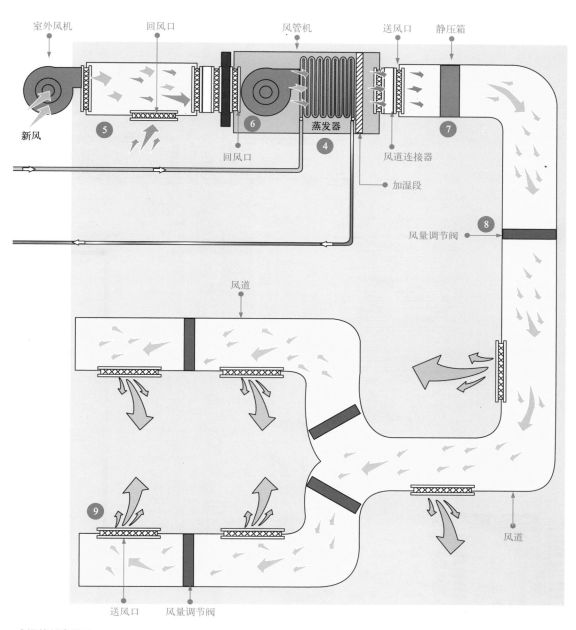

室外风机　　回风口　　　　　风管机　　送风口　　静压箱

新风

蒸发器

回风口

风道连接器

加湿段

风量调节阀

风道

风道

送风口　　风量调节阀

空调的制冷原理

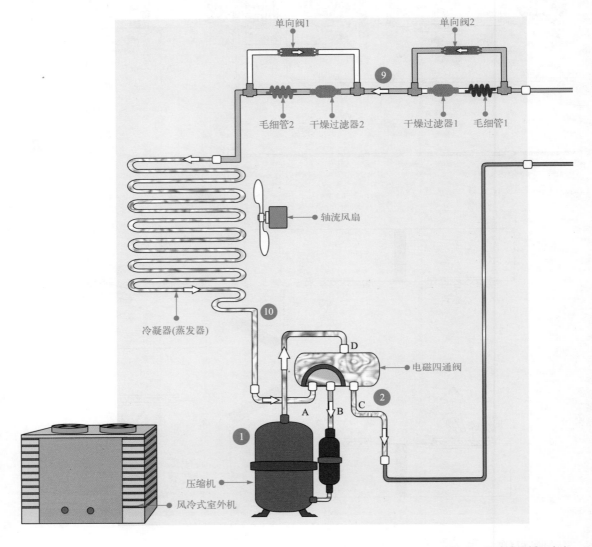

图3-10　风冷式风循环中央

风冷式风循环
中央空调的
制热原理

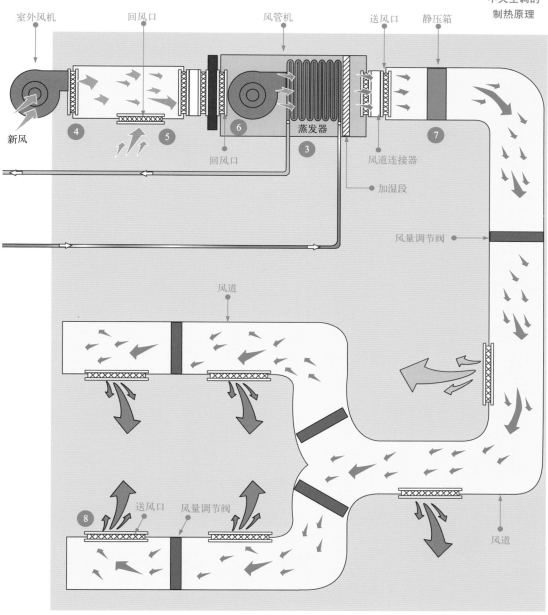

空调的制热原理

提示

① 当风冷式风循环中央空调开始制冷时，制冷剂在压缩机中被压缩，低温低压的制冷剂气体被压缩为高温高压的气体，由压缩机的排气口送入电磁四通阀中。

② 高温高压的制冷剂气体由电磁四通阀的D口进入，A口送出，A口直接与冷凝器管路连接，高温高压气态的制冷剂进入冷凝器中，由轴流风扇对冷凝器中的制冷剂散热。

③ 制冷剂经降温后转变为低温高压的液态制冷剂，经单向阀1后送入干燥过滤器1中滤除水分和杂质，再经毛细管1进行节流降压，输出低温低压的液态制冷剂。

④ 由毛细管1输出的低温低压液态制冷剂经管路送入室内风管机蒸发器中，为空气降温做好准备。

⑤ 室外新鲜空气由室外风机从新风口送入，与室内回风口送入的空气在新旧风混合风道中混合。

⑥ 混合空气经过滤器将杂质滤除后送至风管机的回风口处，由风管机吹动空气，使空气与蒸发器进行热交换处理后变为冷空气，再经风管机中的加湿段进行加湿处理后由出风口送出。

⑦ 风管机出风口送出的冷空气经风道连接器进入风道中，由静压箱对冷空气进行静压处理。

⑧ 经过静压处理后的冷空气在风道中流动，由风道中的风量调节阀调节其风量。

⑨ 调节后的冷空气经送风口后送入室内，使室内降温。

⑩ 蒸发器中的低温低压液态制冷剂通过与空气进行热交换后变为低温低压气态制冷剂，经管路送入室外机中，由电磁四通阀的C口进入，由B口送入压缩机中，开始下一次的制冷循环。

3.2.2 风冷式风循环中央空调的制热原理

图3-10为风冷式风循环中央空调的制热原理。风冷式风循环中央空调的制热原理与制冷原理相似，不同之处是室外机中的压缩机、冷凝器与室内机中的蒸发器由产生冷量变为产生热量。

提示

① 当风冷式风循环中央空调开始制热时，室外机中的电磁四通阀通过控制电路控制，使内部滑块由B、C口移动至A、B口。

② 压缩机开始运转，将低温低压的制冷剂气体压缩为高温高压的过热蒸气，由压缩机的排气口送入电磁四通阀的D口，由C口送出，C口与室内机的蒸发器连接。

③ 高温高压的气态制冷剂经室内、外机之间的连接管路送入风管机的蒸发器中对空气进行升温。

④ 室内机控制电路对室外风机进行控制，使室外风机开启送入适量的新鲜空气，进入新旧风混合风道。因为冬季室外的空气温度较低，若送入大量的新鲜空气，则可能导致中央空调的制热效果下降。

⑤ 室外送入的新鲜空气与由室内回风口送入的室内空气在新旧风混合风道中混合，再经过滤器将杂质滤除后送至风管机的回风口处。

⑥ 滤除杂质后的空气经回风口送入风管机中，由风管机将空气吹动，空气与蒸发器进行热交换处理后变为暖空气，再经风管机中的加湿段进行加湿处理，由送风口送出。

⑦ 风管机送风口送出的暖空气由风道连接器进入风道中经过静压箱静压。

⑧ 经过静压处理后的暖空气由风道中的风量调节阀对风量进行调节，调节后的暖空气由送风口送入室内，使室内升温。

⑨ 风管机蒸发器中的制冷剂与空气进行热交换后，转变为低温高压的液体进入室外机中，经室外机中的单向阀2后送入干燥过滤器2滤除水分和杂质，再经毛细管2节流降压，变为低温低压的液态制冷剂。

⑩ 低温低压的液态制冷剂经冷凝器管路，由电磁四通阀的A口进入，从B口送入压缩机中，开始下一次的制热循环。

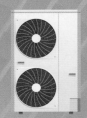

第4章 风冷式水循环中央空调的结构原理

4.1 风冷式水循环中央空调的结构组成

4.1.1 风冷式水循环中央空调的整机结构

风冷式水循环中央空调是指室外机借助空气流动（风）对制冷管路中的制冷剂进行降温或升温处理，并将管路中的水降温（或升温）后送入室内末端设备（风机盘管）中与室内空气进行热交换，从而实现对空气的调节。

图 4-1 为风冷式水循环商用中央空调系统的结构组成，主要由风冷机组、室内末端设备（风机盘管）、膨胀水箱、冷冻水管路、冷冻水泵及闸阀组件和压力表等构成。

4.1.2 风冷机组

图 4-2 为风冷机组的实物外形。风冷机组是以空气流动（风）作为冷（热）源，以水作为供冷（热）介质的中央空调机组。

4.1.3 冷冻水泵

图 4-3 为冷冻水泵的实物外形。冷冻水泵通常连接在靠近风冷机组的水循环管路中，主要用于对风冷机组降温的冷冻水加压，并将其送到冷冻水管路中。

4.1.4 闸阀组件及压力表

图 4-4 为闸阀组件及压力表的实物外形。闸阀组件主要包括 Y 形过滤器、过滤器、水流开关、止回阀、管路截止阀、旁通调节阀及排水阀等。

风冷式水循环
中央空调的
结构特点

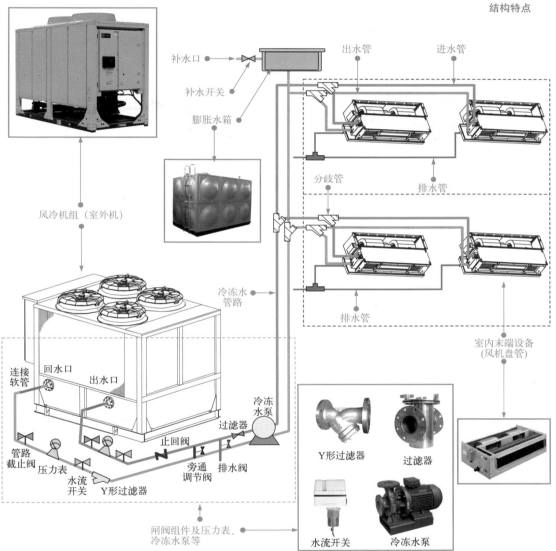

图4-1　风冷式水循环商用中央空调系统的结构组成

压缩机   翅片式冷凝器

图4-2　风冷机组（室外机）的实物外形

风冷机组
（室外机）

冷冻水泵

冷冻水管路

图4-3　冷冻水泵的实物外形

Y形过滤器　　　　　　　　　　过滤器　　　　　　　　　　旁通调节阀

止回阀　　　　　　　　　　压力表　　　　　　　　　　水流开关

管路截止阀　　　　　　　　　　排水阀

图4-4　闸阀组件及压力表的实物外形

4.1.5　风机盘管

　　图4-5为风机盘管的实物外形。风机盘管是风冷式水循环中央空调的室内末端设备，主要利用风扇的作用使空气与盘管中的冷水（热水）进行热交换，并将降温（升温）后的空气送出。

　　图4-6为两管制风机盘管和四管制风机盘管的实物外形。两管制风机盘管是比较常见的中央空调末端设备，在夏季可以流通冷水，冬季可以流通热水；而四管制风机盘管可以同时流通热水和冷水，根据需要分别对不同的房间进行制冷或制热，多用于酒店等有高要求的场所。

吊顶暗装风机盘管

吊顶明装风机盘管

立式明装风机盘管

立式暗装风机盘管

卡式风机盘管

图4-5　风机盘管（室内机）的实物外形

两管制风机盘管

四管制风机盘管

图4-6　两管制风机盘管和四管制风机盘管的实物外形

4.1.6　膨胀水箱

图 4-7 为膨胀水箱的实物外形。膨胀水箱是风冷式水循环商用中央空调中非常重要的部件之一，主要用于平衡水循环管路中的水量及压力。

图4-7　膨胀水箱的实物外形

4.2　风冷式水循环中央空调的工作原理

4.2.1　风冷式水循环中央空调的制冷原理

风冷式水循环中央空调采用冷凝风机（散热风扇）对冷凝器进行冷却，并以冷却水作为热交换介质完成制冷 / 制热循环。

图 4-8 为风冷式水循环中央空调的制冷原理。

4.2.2　风冷式水循环中央空调的制热原理

图 4-9 为风冷式水循环中央空调的制热原理。风冷式水循环中央空调的制热原理与制冷原理相似，不同之处是室外机的功能由制冷循环变为制热循环。

风冷式水循环
中央空调的
制冷原理

2
高温高压的气态制冷剂经制冷管路送入翅片式冷凝器中，由冷凝风机（散热风扇）吹动空气，对翅片式冷凝器中的空气降温，制冷剂由气态变成低温高压液态

3
低温高压的液态制冷剂由翅片式冷凝器流出进入制冷管路，电磁阀关闭，截止阀打开，制冷剂经制冷管路中的储液罐、截止阀、干燥过滤器后形成低温低压的液态制冷剂

1
风冷式水循环商用中央空调制冷时，由室外机中的压缩机对制冷剂进行压缩，将制冷剂压缩为高温高压的制冷剂气体，由电磁四通阀的A口进入，经D口送出

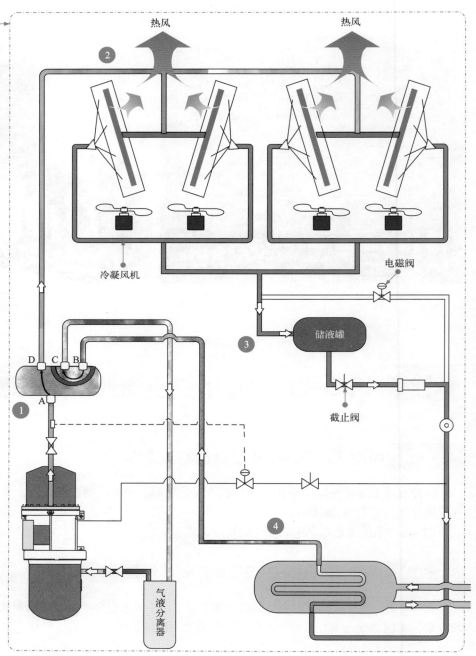

图4-8　风冷式水循环中央

低温低压的液态制冷剂进入壳管式蒸发器中，与水进行热交换，由壳管式蒸发器送出低温低压的气态制冷剂，再经制冷管路进入电磁四通阀的B口，由C口送出，进入气液分离器后送回压缩机，由压缩机再次对制冷剂进行制冷循环 **4**

壳管式蒸发器中的制冷管路与循环的水进行热交换，经降温后由壳管式蒸发器的出水口送出，进入送水管路中经管路截止阀、压力表、水流开关、止回阀、过滤器及管路上的分歧管后，分别送入各个室内风机盘管中 **5**

由室内风机盘管与室内空气进行热交换对室内降温。水经风机盘管进行热交换后，经过分歧管进入回水管路，经压力表、冷冻水泵、Y形过滤器、单向阀及管路截止阀后，从壳管式蒸发器的回水口送回壳管式蒸发器中，再次进行热交换循环 **5** **6**

7 膨胀水箱

送水管路连接膨胀水箱，可防止管路中的水由于热胀冷缩使管路破损，在膨胀水箱上设有补水口，当循环系统中的水量减少时，可以通过补水口补水 **7**

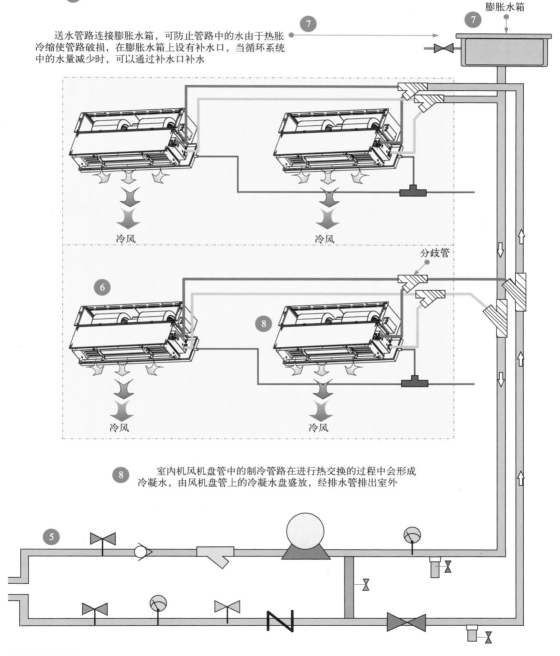

6 冷风　冷风

分歧管

8 冷风　冷风

8 室内机风机盘管中的制冷管路在进行热交换的过程中会形成冷凝水，由风机盘管上的冷凝水盘盛放，经排水管排出室外

5

空调的制冷原理

风冷式水循环中央
空调的制热原理

3
风冷机组 ●

高温高压的
制冷剂气体经壳
管式蒸发器进行
热交换后变为低
温高压的液态制
冷剂，并进入制
热管路中，此时
制热管路中的电
磁阀开启、截止
阀关闭，制冷剂
经电磁阀后转变
为低温低压的液
态制冷剂，继续
经管路进入翅片
式冷凝器中

2
高温高
压的制冷剂
气体进入制
热管路后，
送入壳管式
蒸发器中，
与水进行热
交换，使水
温升高

1
风冷式水循
环中央空调制热
时，制冷剂在压
缩机中被压缩，
将原来低温低压
的制冷剂气体压
缩为高温高压的
气体，电磁四通
阀在控制电路的
控制下，将内部
阀块由C、B口移
动至C、D口，
此时高温高压的
制冷剂气体由压
缩机送入电磁四
通阀的A口，经
B口进入制热管
路中

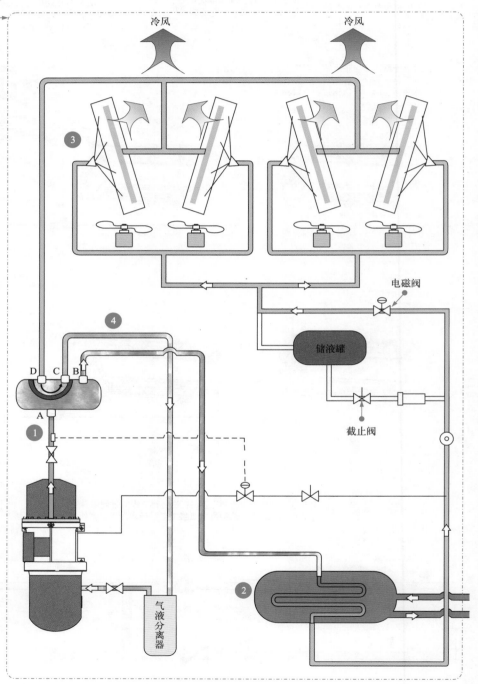

图4-9　风冷式水循环中央

由冷凝风机对翅片式冷凝器降温，制冷剂经翅片式冷凝器后变为低温低压的气态制冷剂。

低温低压的气态制冷剂经电磁四通阀D口进入，经C口送入气液分离器中后送入压缩机中，由压缩机再次对制冷剂进行制热循环

④

壳管式蒸发器中的制热管路与循环水进行热交换，水温升高后由壳管式蒸发器的出水口送出，送入送水管路后，经管路截止阀、压力表、水流开关、止回阀、过滤器及管路上的分歧管后，分别送入各个室内风机盘管中

由室内风机盘管与室内空气进行热交换实现室内升温，水经风机盘管进行热交换后，经过分歧管进入回水管路，经压力表、冷冻水泵、Y形过滤器、单向阀及管路截止阀后，从壳管式蒸发器的回水口回到壳管式蒸发器中，再次与制冷剂进行热交换循环

⑤

⑥

膨胀水箱

送水管路连接膨胀水箱，由于管路中的水温升高可能会发生热胀的效果，所以此时涨出的水进入膨胀水箱中，可防止管路压力过大而破损，在膨胀水箱上设有补水口，当水循环系统中的水量减少时，可以通过补水口为该系统补水

⑦

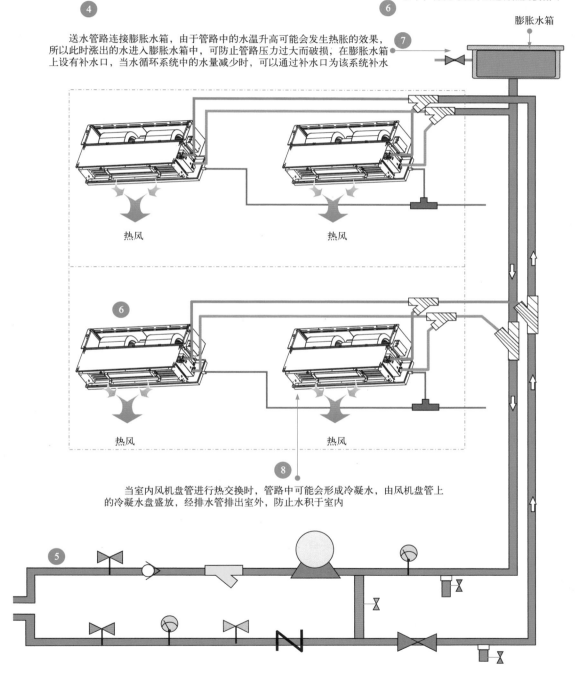

热风

热风

⑥

热风

热风

⑧

当室内风机盘管进行热交换时，管路中可能会形成冷凝水，由风机盘管上的冷凝水盘盛放，经排水管排出室外，防止水积于室内

⑤

空调的制热原理

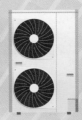

第**5**章 水冷式中央空调的结构原理

5.1 水冷式中央空调的结构组成

5.1.1 水冷式中央空调的整机结构

图 5-1 为水冷式中央空调系统的结构组成，主要由水冷机组、冷却水塔、风机盘管、膨胀水箱、冷冻水管路、冷却水泵及闸阀组件和压力表等构成。

5.1.2 冷却水塔

冷却水塔是集合空气动力学、热力学、流体力学、化学、生物化学、材料学、静 / 动态结构力学及加工技术等为一体的综合产物。它是一种利用水与空气的接触对水进行冷却，并将冷却的水经连接管路送入水冷机组中的设备。

图 5-2 为冷却水塔的实物外形。

图 5-3 为逆流式冷却水塔和横流式冷却水塔。逆流式冷却水塔和横流式冷却水塔的主要区别是水和空气的流动方向。

> **相关资料**
>
> 根据分类方式的不同，冷却水塔有多种类型，按照通风方式可以分为自然通风式冷却水塔、机械通风式冷却水塔、混合通风式冷却水塔；按照水与空气接触的方式可以分为湿式冷却水塔、干式冷却水塔及干湿式冷却水塔；按照应用领域可以分为工业冷却水塔与中央空调冷却水塔；按照噪声级别可以分为普通式冷却水塔、低噪声式冷却水塔、超低噪声式冷却水塔、超静音式冷却水塔；按照形状可以分为圆形冷却水塔、方形冷却水塔；另外，还有喷流式冷却水塔、无风机式冷却水塔等。

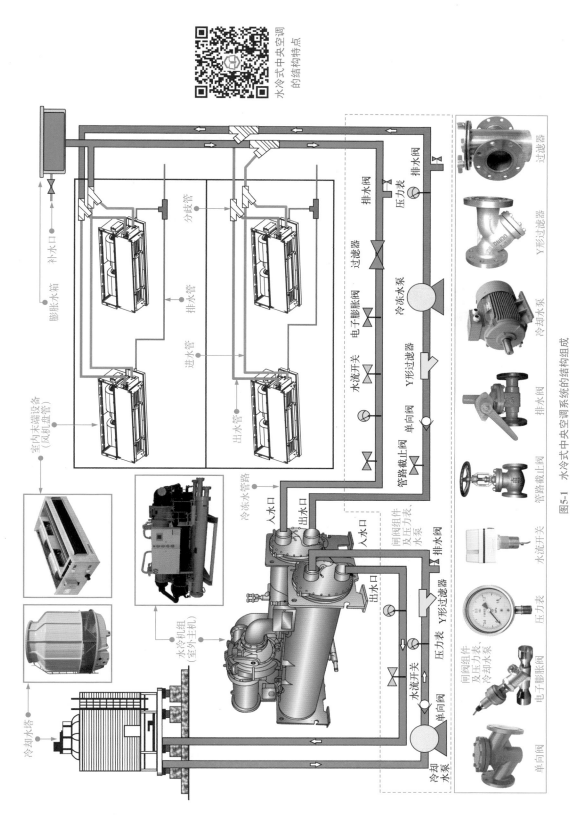

图5-1　水冷式中央空调系统的结构组成

图5-2 冷却水塔的实物外形

5.1.3 水冷机组和水泵

水冷机组是水冷式中央空调系统的核心组成部件，一般安装在专门的空调机房内，靠制冷剂循环达到冷凝效果，靠水泵完成水循环从而带走一定的冷量。

图 5-4 为水冷机组和水泵的实物外形。

逆流式冷却水塔中的水自上而下进入淋水填料，空气为自下而上吸入，两者流向相反，具有配水系统不易堵塞、淋水填料可以保持清洁不易老化、湿气回流小、防冻冰措施设置便捷、安装简便、噪声小等特点

(a) 逆流式冷却水塔

横流式冷却水塔中的水自上而下进入淋水填料，空气自塔外水平流向塔内，两者流向呈垂直正交，一般需要较多填料散热，具有填料易老化、布水孔易堵塞、防冻冰性能不良等特点，但其节能效果好、水压低、风阻小、无滴水噪声和风动噪声

(b) 横流式冷却水塔

图5-3　逆流式冷却水塔和横流式冷却水塔

图5-4 水冷机组和水泵的实物外形

5.2 水冷式中央空调的工作原理

5.2.1 水冷式中央空调的控制原理

　　水冷式中央空调通过冷却水塔、冷却水泵将水降温，使水冷机组中冷凝器内的制冷剂降温；降温后的制冷剂流向蒸发器中，经蒸发器对循环的水降温；降温后的水送至室内末端设备（风机盘管）与室内空气进行热交换，实现对空气的调节。

　　图 5-5 为水冷式中央空调系统的结构特点。

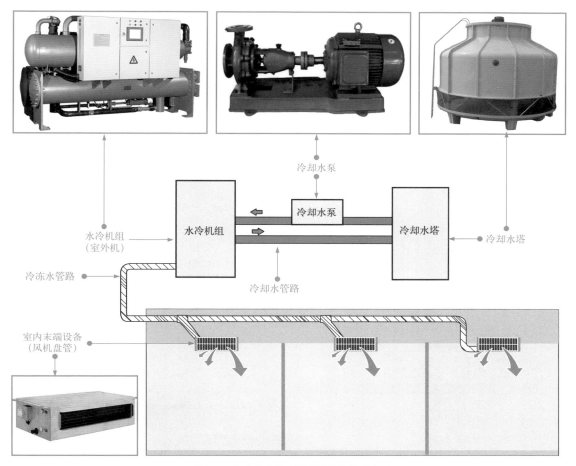

图5-5　水冷式中央空调系统的结构特点

> **提示**
>
> 　　水冷式商用中央空调系统主要通过对水的降温处理，使室内末端设备进行热交换达到室内空气降温的目的。若需要使用该系统制热，则需要在水的降温系统中添加锅炉等制热设备使水升温，水冷机组冷凝器中的制冷剂升温，经压缩机运转循环送入蒸发器中将管路中的水升温，形成热循环，再由室内末端设备进行热交换达到室内空气升温的目的。

5.2.2　水冷式中央空调的制冷原理

　　水冷式中央空调通常用于制冷，若需要进行制热，则需要在室外机循环系统中加装制热设备，对管路中的水进行制热处理。下面对水冷式中央空调的制冷原理进行介绍。

　　图 5-6 为水冷式中央空调的工作原理示意图。水冷式中央空调采用压缩机、制冷剂结合蒸发器和冷凝器进行制冷。水冷式中央空调的蒸发器、冷凝器及压缩机均安装在水冷机组中。冷凝器采用冷却水循环冷却的方式。

水冷式中央空调
的工作原理

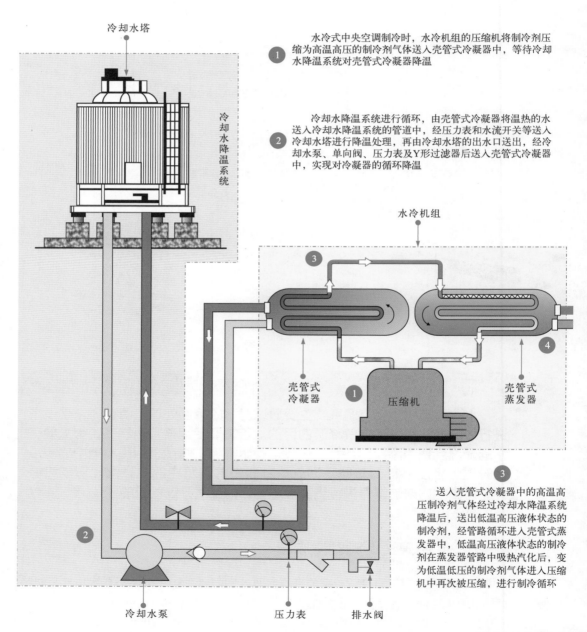

冷却水塔

冷却水降温系统

水冷机组

1 水冷式中央空调制冷时，水冷机组的压缩机将制冷剂压缩为高温高压的制冷剂气体送入壳管式冷凝器中，等待冷却水降温系统对壳管式冷凝器降温

2 冷却水降温系统进行循环，由壳管式冷凝器将温热的水送入冷却水降温系统的管道中，经压力表和水流开关等送入冷却水塔进行降温处理，再由冷却水塔的出水口送出，经冷却水泵、单向阀、压力表及Y形过滤器后送入壳管式冷凝器中，实现对冷凝器的循环降温

壳管式冷凝器

压缩机

壳管式蒸发器

3 送入壳管式冷凝器中的高温高压制冷剂气体经过冷却水降温系统降温后，送出低温高压液体状态的制冷剂，经管路循环进入壳管式蒸发器中，低温高压液体状态的制冷剂在蒸发器管路中吸热汽化后，变为低温低压的制冷剂气体进入压缩机中再次被压缩，进行制冷循环

冷却水泵　　　压力表　　　排水阀

图5-6 水冷式中央

壳管式蒸发器中的制冷剂管路与壳管中的冷冻水进行热交换，将冷冻水由壳管式蒸发器的出水口送入送水管路中，经管路截止阀、压力表、水流开关、电子膨胀阀及过滤器等在送水管路中循环

4

冷冻水经送水管路送入室内风机盘管中，在室内风机盘管中循环，与室内空气热交换降低室内的温度。热交换后的冷冻水循环至回水管路中，经压力表、冷冻水泵、Y形过滤器、单向阀及管路截止阀后，由入水口送回壳管式蒸发器中再次降温，进行循环

5

回水管路连接膨胀水箱，可防止管路中的冷冻水由于热胀冷缩使管路破损，膨胀水箱上带有补水口，当冷冻水循环系统中的水量减少时，可以通过补水口补水

6

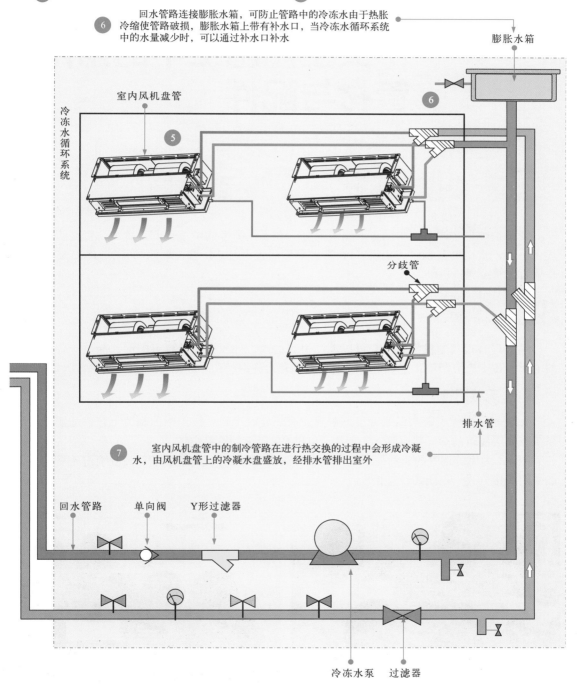

室内风机盘管

冷冻水循环系统

膨胀水箱

分歧管

排水管

室内风机盘管中的制冷管路在进行热交换的过程中会形成冷凝水，由风机盘管上的冷凝水盘盛放，经排水管排出室外

7

回水管路 单向阀 Y形过滤器

冷冻水泵 过滤器

空调的工作原理示意图

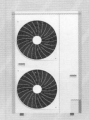

第6章 中央空调施工中的常用管材与配件

6.1 中央空调施工中的常用管材

　　管路是中央空调系统中的重要组成部分。在不同类型的中央空调系统中，管路管材的种类也不同，常用的有钢管、铜管、PE 管（聚乙烯管）、PP-R 管（聚丙烯管）、PVC 管（聚氯乙烯管）及金属板材等。

6.1.1 钢管

　　钢管具有很高的机械强度，可以承受很高的内、外压力，具有可塑性，能适应各种复杂的地形。在中央空调施工中，常用的钢管主要有无缝钢管和有缝钢管。

（1）无缝钢管

　　无缝钢管用优质碳素钢或合金钢制成，有热轧、冷轧（拔）两种制造工艺，适用于高压系统或高层建筑的冷、热水管，一般用于 0.6MPa 以上的管路中。

　　图 6-1 为无缝钢管的实物外形。在中央空调系统施工中，无缝钢管管壁比有缝钢管薄，一般采用焊接方式，不用螺纹连接。

图6-1　无缝钢管的实物外形

相关资料

钢管在施工中需要用到的规格参数包括最大压力（MPa）、外径（mm）、内径（mm）、壁厚（mm）等。其中，最大压力常以PN+数字的方式表示，如PN2.5表示在基准温度下的最大允许压力为0.25MPa，PN6表示在基准温度下的最大允许压力为0.6MPa，PN10表示在基准温度下的最大允许压力为1MPa。

有些钢管的尺寸会直接表示出来，如无缝钢管的规格用外径乘以壁厚表示：140mm×3.8mm，代表外径为140mm、壁厚为3.8mm的管材。

有些钢管使用公称通径（公制）DN+数字表示规格参数，如DN40表示外径为48mm、壁厚（普通钢管）为3.5mm，DN80表示外径为89mm、壁厚（普通钢管）为4mm。钢管的公称通径与规格对照见表6-1。

表6-1　钢管的公称通径与规格对照

公称通径	外径/mm	普通钢管		加厚钢管	
		壁厚/mm	理论重量/(kg/m)	壁厚/mm	理论重量/(kg/m)
DN8	13.5	2.25	0.62	2.75	0.73
DN10	17	2.25	0.82	2.75	0.97
DN15	21.3	2.75	1.26	3.25	1.45
DN20	26.8	2.75	1.63	3.5	2.01
DN25	33.5	3.25	2.42	4	2.91
DN32	42.3	3.25	3.13	4	3.78
DN40	48	3.5	3.48	4.25	4.58
DN50	60	3.5	4.88	4.5	6.16
DN65	75.5	3.75	6.46	4.5	7.88
DN80	89	4	8.34	4.75	9.81
DN100	114	4	10.85	5	13.44
DN125	140	4.5	15.04	5.5	18.24
DN150	165	4.5	17.81	5.5	21.63

（2）有缝钢管

有缝钢管是由卷成管形的钢板以对缝或螺旋缝焊接而成的，也称焊接钢管。有缝钢管常作为水、煤气的输送管路，也常将有缝钢管称为水管、煤气管。

图6-2为有缝钢管的实物外形。

相关资料

钢铁和铁合金均称为黑色金属，常将焊接钢管称为黑铁管。将黑铁管镀锌后就叫镀锌管或白铁管。镀锌管可以防锈，可以保护水质，在空调工程水系统中被广泛采用。

图6-2　有缝钢管的实物外形

6.1.2　铜管

　　铜管是中央空调制冷剂流通的管路，也称为制冷管路，由脱磷无缝紫铜拉制而成，一般应用在多联式中央空调风管机中。

　　图 6-3 为中央空调系统中常见制冷剂铜管的实物外形。

图6-3　中央空调系统中常见制冷剂铜管的实物外形

应用在中央空调系统中的铜管应尽量采用长直管或盘绕管，避免经常焊接，且要求铜管内、外表面无孔缝、裂纹、气泡、杂质、铜粉、锈蚀、脏污、积炭层及严重的氧化膜等，不允许管路存在明显的剐伤、凹坑等缺陷。

制冷剂铜管按照制造工艺的不同，可分为拉伸式铜管和挤压式工艺铜管。其中，拉伸式铜管的价格相对较低，适用于普通制冷管路，壁厚容易不均匀，不能应用在新型环保的制冷管路中。

根据所适用的制冷剂类型，制冷剂铜管又可分为 R22 铜管和 R410a 铜管。其中，R22 铜管是普通铜管，专用于采用 R22 制冷剂的制冷系统中；R410a 铜管是高强抗压的专用铜管，专用于采用 R410a 制冷剂的制冷系统中。安装使用时，不可使用 R22 铜管代替 R410a 铜管。

根据制造材料的不同，制冷剂铜管又可分为纯铜管和合金铜管。其中，纯铜管的纯度高，颜色呈玫瑰红色，也称紫铜管；合金铜管则是由铜、锌按一定的比例合成的，颜色多呈黄色，也称黄铜管，多用于普通制冷系统中。目前，在新型环保的制冷系统中多使用纯铜管。

提示

禁止使用供水、排水用途的铜管作为制冷管路（内部清洁度不够，杂质或水分会导致制冷管路脏堵、冰堵等）。R410a 制冷剂铜管必须为专用的去油铜管，可承受压力 $\geq 45\,kgf/cm^2$（$1\,kgf \approx 9.8N$，下同）；R22 制冷剂铜管可承受压力 $\geq 30\,kgf/cm^2$。

另外，在施工时，制冷管路必须先根据设计要求选择符合需求的管径和壁厚；在运输和存放时，应注意管口两端必须封口，避免杂质、灰尘进入，避免因碰撞出现管壁剐伤、凹坑等；安装操作时必须采用专用的加工工具，并保证管路系统内部的清洁、干燥和高气密性。

6.1.3　PE管

PE 管（聚乙烯管）属于塑料管，可采用卡套（环）连接、压力连接及热熔连接，广泛应用于燃气管和水压为 1.0MPa、水温为 45℃以下的埋地水管。

图 6-4 为 PE 管的实物外形。

PE 管具有安装重量轻、柔韧性好、不生锈、耐腐蚀、管内摩擦损失小、塑性断裂特性、脆裂温度低、耐化学腐蚀性好的特点。

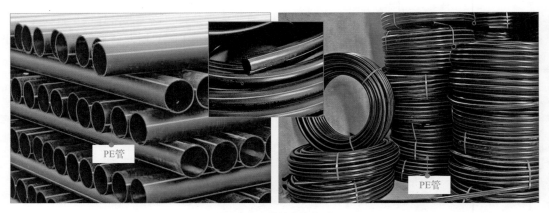

图6-4 PE管的实物外形

6.1.4 PP-R管

PP-R 管（聚丙烯管）也属于塑料管，可采用热熔连接、螺纹连接、法兰连接，用作水压为 2.0 MPa、水温为 95℃以下的生活给水管、热水管、纯净饮用水管。

图 6-5 为 PP-R 管的实物外形。

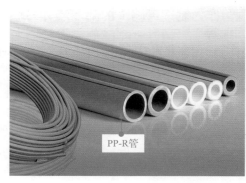
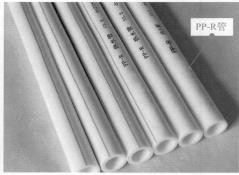

图6-5 PP-R管的实物外形

> **相关资料**　PP-R管具有卫生、质轻、耐压、耐腐蚀、阻力小、隔热保温、安装方便、使用寿命长、废料可回收等特点，使用时，应注意管材需符合设计的规格和允许压力等级的要求。

6.1.5 PVC管

PVC 管是近年来水暖市场中的一种新型管材，在给排水、水暖等系统施工中应用越来越广泛，并逐渐代替老式金属管材，在空调系统中主要用作冷凝水管。

PVC管按品种的不同可分为PVC-U管（硬聚氯乙烯管）、PVC-C管（氯化聚氯乙烯管）及PVC-M管（高抗冲聚氯乙烯管）。图6-6为PVC管的实物外形。

耐腐蚀、机械强度大，常作为给排水管道

保温性能好，耐高温，无污染，不易老化

性能与PVC-U管类似，具有良好的抗振性能

图6-6 PVC管的实物外形

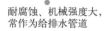

PVC是一种塑料，主要成分是聚氯乙烯。PVC管有金属管材不具备的优点，如安装拆卸方便、韧性和延展性强、易检修、美观、品种多等，但也有成本高、价格昂贵等缺点。

PVC管的规格尺寸与钢管相同，也采用公称通径（以DN16～180最多）进行标识。其中，DN16、DN20、DN25、DN32、DN40有三种不同的厚度（轻、中、重），见表6-2。

表6-2 PVC管的厚度

公称通径	厚度		
	轻/mm	中/mm	重/mm
DN16	1 ± 0.15	1.2 ± 0.3	1.6 ± 0.3
DN20	1.2 ± 0.2	1.5 ± 0.3	1.8 ± 0.3
DN25	1.3 ± 0.25	1.5 ± 0.3	1.9 ± 0.3
DN32	1.4 ± 0.3	1.8 ± 0.3	2.4 ± 0.3
DN40	1.8 ± 0.3	1.8 ± 0.3	2.0 ± 0.3

6.1.6 金属板材

板材是中央空调风道系统中制作风管的重要材料，常见的有镀锌薄钢板、不锈钢板及铝板等。

（1）镀锌薄钢板

镀锌薄钢板是指具有镀锌层的钢板板材，是中央空调系统中使用最为广泛的一种风管、风道制作材料。中央空调通风管路所用的薄钢板应满足表面光滑平整、厚薄均匀、无裂痕和结疤等要求。

图 6-7 为镀锌薄钢板的实物外形及应用。

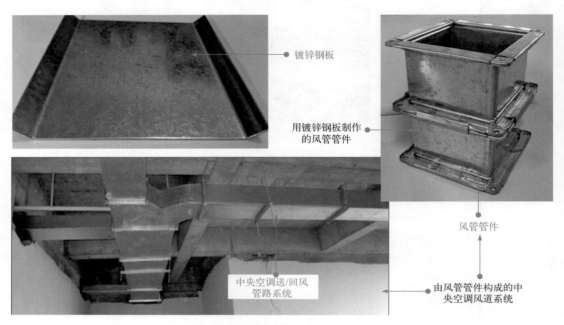

图6-7　镀锌薄钢板的实物外形及应用

镀锌薄钢板表面的镀锌层有防锈性能，使用时应注意保护。不同规格风管或风道所应采用的钢板厚度必须满足《通风与空调工程施工质量验收规范》的要求。表6-3为中央空调系统中送风、排风风管薄钢板的最小厚度。

表6-3　中央空调系统中送风、排风风管薄钢板的最小厚度

矩形风管最长边或圆形风管直径/mm	钢板最小厚度/mm（输送介质为空气）	
	风管有加强构件	风管无加强构件
<450	0.5	0.5
450～1000	0.6	0.8
1000～1500	0.8	1.0
>1500	根据实际需求选用	

（2）不锈钢板

不锈钢板具有不易锈蚀、耐腐蚀和表面光滑等特点，主要用于高温环境下的耐腐蚀通风管路。

图 6-8 为不锈钢板的实物外形及应用。

图6-8 不锈钢板的实物外形及应用

相关资料

不同规格风管所应采用的不锈钢板厚度见表6-4。

表6-4 不同规格风管所应采用的不锈钢板厚度

矩形风管最长边或圆形风管直径/mm	不锈钢板厚度/mm
100～500	0.5
560～1120	0.75
1250~2000	1.0

（3）铝板

铝板是指用金属铝制成的板材，具有防腐蚀性能好、传热性能良好等特点，多应用于风冷式中央空调系统中的风道。

图6-9为铝板的实物外形及应用。

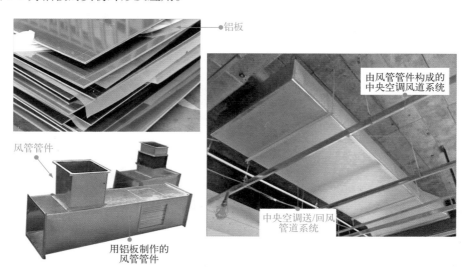

图6-9 铝板的实物外形及应用

相关资料

用铝板制作风道时多采用铆接形式连接。铆钉也应采用铝制铆钉。铝板风管用角钢作为连接法兰时，必须进行防腐蚀绝缘处理。

另外，铝板焊接后应用热水洗刷焊缝表面的焊渣残药。

不同规格风管所应采用的铝板厚度见表6-5。

表6-5 不同规格风管所应采用的铝板厚度

矩形风管最长边或圆形风管直径/mm	铝板厚度/mm
≤200	1.0～1.5
250～400	1.5～2.0
500～630	2.0～2.5
800～1000	2.5～3.0
1250～2000	3.0～3.5

6.1.7 玻璃钢

玻璃钢是一种非金属板材，具有强度高、防腐性和耐火性较好、成型工艺简单、刚度较差等特点，制作风管时应考虑满足刚度的要求。

图6-10为玻璃钢的实物外形。

玻璃钢板

玻璃钢风管

图6-10 玻璃钢的实物外形

相关资料

不同规格风管所应采用的玻璃钢厚度见表6-6。

表6-6 不同规格风管所应采用的玻璃钢厚度

矩形风管最长边或圆形风管直径/mm	玻璃钢厚度/mm
100～320	1.0
360～630	1.5
700～2000	2.0

6.1.8 硬塑料板

硬塑料板即硬聚氯乙烯板（PVC-U），具有强度和弹性高、耐腐蚀性好、热稳定性较差的特点，一般应用在 -10 ～ 60℃范围内。制作风管时，应选择表面平整、无伤痕、无气泡、厚薄均匀、无离层现象的板材。

图 6-11 为硬塑料板的实物外形。

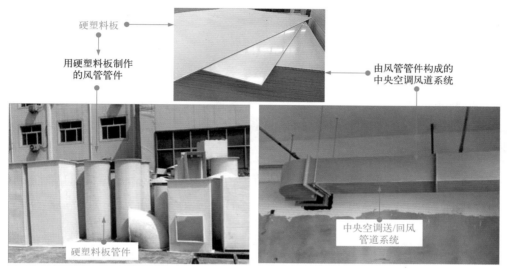

图6-11 硬塑料板的实物外形

采用硬塑料板可制作圆形风管和矩形风管，对应的厚度见表6-7。

表6-7 采用硬塑料板制作圆形风管和矩形风管对应的厚度

矩形硬塑料风管		圆形硬塑料风管	
矩形风管长边尺寸/mm	板材厚度/mm	圆形风管直径/mm	板材厚度/mm
120～320	3	100～320	3
400～500	4	360～630	4
630～800	5	700～1000	5
1100~1250	6	1120~2000	6
1600~2000	8		

6.1.9 型钢（扁钢、角钢、圆钢、槽钢和H形钢）

在中央空调系统施工中，型钢主要用于设备框架，风管法兰盘，加固圈及管路的支、吊、托架等。

常用的型钢种类有扁钢、角钢、圆钢、槽钢和 H 形钢，如图 6-12 所示。

图6-12 常见的型钢类型

扁钢和角钢用于制作风管法兰及加固圈。
圆钢主要用于制作吊架拉杆、管路卡环及散热器托钩。
槽钢主要用于制作箱体、柜体的框架结构及风机等设备的机座。
H形钢用于制作大型袋式除尘器的支架。

6.2 中央空调施工中的常用配件

6.2.1 管材配件（接头、弯头、三通等）

在中央空调系统施工中，管路除直通部分用到管材和板材外，还有分支转弯和变径等，因此要有各种不同的连接配件配合使用。

（1）钢管管材配件

钢管管材配件是指应用在管路连接、分支、转弯、变径、堵口等位置的配件，一般连接方式不同，配件的种类也不同。

① 采用套丝连接钢管，常见的配件主要包括管路延长连接配件（管路接头）、管路转弯连接配件（90°弯头、45°弯头）、管路分支连接配件（三通、四通）、管路变径用配件（异径弯头、接头）、管子堵口用配件（管堵）等。

a. 管路延长连接配件（管路接头）。管路延长连接配件一般是指管路接头，是用来连接两根管路的配件，常使用接头连接两根相同的管材或直径有差异、接口有差异的管路。

图 6-13 为钢管常用的管路延长连接配件。

图6-13 钢管常用的管路延长连接配件

b. 管路转弯连接配件（90°弯头、45°弯头）。管路转弯连接配件主要指各种弯头，是用来改变管路方向的配件，在中央空调系统施工中十分常见，常用的有 90°弯头、45°弯头。

图 6-14 为钢管常用的管路转弯连接配件。

图6-14 钢管常用的管路转弯连接配件

c. 管路分支连接配件（三通、四通）。管路分支连接配件主要指三通和四通配件，常见的有正三通、斜三通、异径三通、正四通及异径四通等。

钢管所采用的三通、四通多为可锻铸铁材质，管壁较厚，全部为螺纹接口，有镀锌和不镀锌之分，如图 6-15 所示。

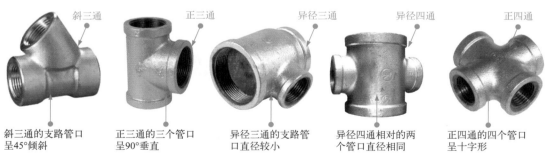

图6-15 钢管管路分支连接配件

d. 管路变径用配件（异径弯头、接头）。管路变径用配件主要指各种异径弯头和接头配件，如图 6-16 所示。

e. 管子堵口用配件（管堵）。管子堵口用配件一般被称为管堵、丝堵，又叫塞头，是堵塞管子的配件，可通过螺纹固定到管路接口上，也可直接插接作为临时管堵。

图 6-17 为钢管管子堵口用配件。

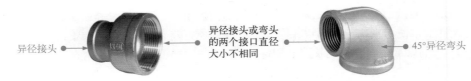

图6-16 钢管管路变径用配件

图6-17 钢管管子堵口用配件

② 采用焊接方式连接钢管时，常见的配件主要包括法兰及法兰垫片、螺栓等。

a. 法兰。法兰又叫法兰盘或突缘盘，安装在管材、配件或阀门的一端，用于管材与配件、阀门之间的连接。法兰上有孔眼，用于安装螺栓使两法兰紧密连接。常见的法兰有平焊法兰、对焊法兰及螺纹法兰，如图 6-18 所示。

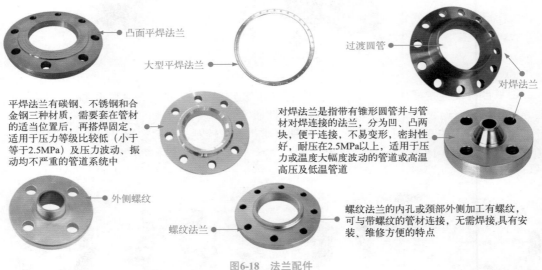

图6-18 法兰配件

b. 法兰垫片。由于法兰是直接接触连接在一起的，在受温度和压力的作用时，连接缝隙肯定会有泄漏，因此需要在两法兰盘之间添加垫片（垫料），保证连接部位的密封性。常见的法兰垫片有金属、非金属和组合式三大类。每类垫片又可按材质细分，都有自己的特点和应用领域。图 6-19 为法兰垫片的实物外形。

c. 螺栓。法兰连接除了需要用到垫片外，还需要螺栓收紧固定。法兰常用的螺栓有六角单头螺栓和六角双头螺栓（配有螺母）。螺栓的尺寸要根据法兰螺栓孔的大小和数量进行选配（螺栓比栓孔小 2 ~ 4mm）。平焊法兰常使用单头螺栓固定。对焊法兰常使用双头螺栓固定。图 6-20 为螺栓的实物外形。

金属法兰垫片采用钢、铝、铜、镍或乃尔合金等材料制成

组合垫片采用金属和非金属制成，有缠绕式和金属包覆式

金属法兰垫片

组合垫片

图6-19　法兰垫片的实物外形

单头螺栓一侧已铸好六角形头部，另一侧的螺纹用来拧上螺母

螺母

双头螺栓两侧都有螺纹，用来拧上螺母

六角单头螺栓

六角双头螺栓

图6-20　螺栓的实物外形

相关资料

螺栓在法兰连接时使用频率最多。表6-8为常见螺栓的规格参数。

表6-8　常见螺栓的规格参数

螺栓规格	螺母对边长度/mm	内六角宽度/mm	螺栓等级				
			4.8	6.8	8.8	10.9	12.9
			转矩/（N·m）				
M14	22	12	69	98	137	165	225
M16	24	14	98	137	206	247	353
M18	27	14	137	206	284	341	480
M20	30	17	179	296	402	569	680
M22	32	17	225	333	539	765	911
M24	36	19	314	470	686	981	1176
M27	41	19	441	637	1029	1472	1764
M30	46	22	588	882	1225	1962	2350
M33	50	24	735	1127	1470	2060	2450
M36	55	27	980	1470	1764	2453	2940
M39	60	27/30	1176	1764	2156	2943	3626
M42	65	32	1519	2352	2744	3826	4606

（2）铜管管材配件

制冷剂铜管连接一般采用焊接和螺纹连接。其中，焊接直接借助焊接工具和焊条连接，需要分支时，选配分歧管配合连接；螺纹连接则应选配纳子（连接螺母）连接。

图 6-21 为分歧管和纳子的实物外形及应用。

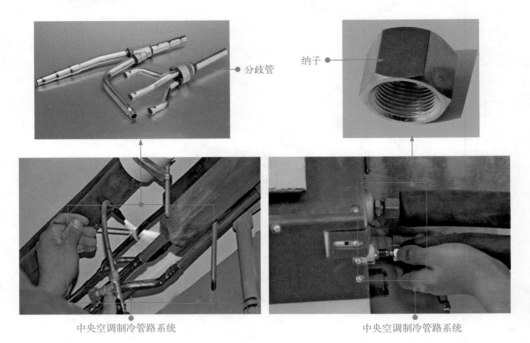

图6-21　分歧管和纳子的实物外形及应用

（3）塑料管材配件

前文中的 PE 管、PP-R 管、PVC 管均属于塑料管，这类管材的连接大多采用热熔连接方式，在安装施工的过程中，需要大量各种规格和用途的管材配件，如专用阀件、三通（同径和变径）、弯头、活接头、变径衬套等。

图 6-22 为常见的塑料管材配件。

6.2.2　阀门

阀门是液体输送过程中的控制部件，具有截止、调节、导流、防逆流、稳压、分流或泄压等多种功能，工作温度和工作压力范围非常大，应用比较广泛。

阀门有很多种类，在中央空调系统施工中比较常见的有闸阀、截止阀、球阀、蝶阀及止回阀、安全阀、减压阀、风量调节阀、三通调节阀、防火调节阀等。

（1）闸阀

普通闸阀从外观上看主要是由闸杆和闸板构成的，根据闸杆结构形式的不同可以分为明杆式和暗杆式，可以通过改变闸板的位置来改变通道的截面积，从而调节介质的流量，多用于给排水系统中。

| 塑料接头 | 塑料异径接头 | 45°弯头 | 90°弯头 | 异径弯头 |

| 外螺纹塑料管堵 | 内金属螺纹塑料管堵 | 插接式临时管堵 |

| 异径正三通 | 异径斜三通 | 异径四通 | 十字形四通 | Y形四通 |

图6-22 常见的塑料管材配件

图 6-23 为闸阀的实物外形。

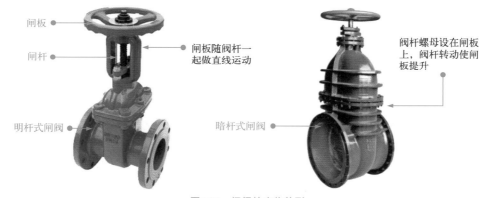

图6-23 闸阀的实物外形

闸板

闸杆

闸板随阀杆一起做直线运动

明杆式闸阀

阀杆螺母设在闸板上，阀杆转动使闸板提升

暗杆式闸阀

相关资料

普通闸阀具有结构紧凑、流阻小、密封可靠、使用寿命长等特点，外形尺寸较大，开闭时间长。闸阀的内部结构较复杂，若出现故障，则维修比较困难。

（2）截止阀

截止阀是利用塞形阀瓣与内部阀座的突出部分相配合来对介质的流量进行控制。

图 6-24 为截止阀的实物外形，主要是由手轮、螺母、垫料压盖、阀盘及阀杆等构成的。

（3）球阀

球阀的阀芯是一个中间开孔的球体，通过旋转球体改变孔的位置来对介质的流量进行控制，多用于给排水和供暖施工中，如暖气片前端的进水控制，在中央空调系统施工中应用较少。

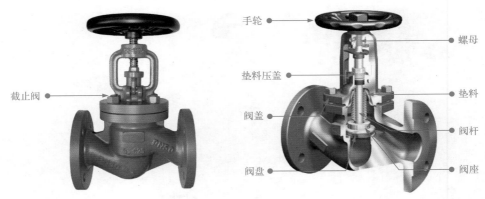

图6-24　截止阀的实物外形

图 6-25 为球阀的实物外形及特点。

图6-25　球阀的实物外形及特点

　　球阀具有结构简单、体积小、重量轻、操作方便、流阻小、应用范围广等特点，不适合在高温或有杂质的管路中使用。

（4）蝶阀

　　蝶阀的启闭件是一个圆盘形的蝶板。蝶板在操作手柄的控制下围绕阀轴旋转达到开启（开启角度为 0°～90°）与关闭或调节风量的目的，是一种结构简单的调节阀，在低压管路中常作为开关控制部件使用。

　　图 6-26 为蝶阀的实物外形及特点。

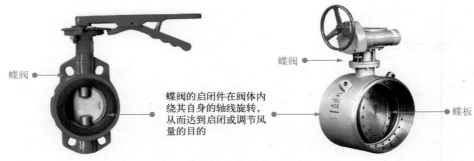

图6-26　蝶阀的实物外形及特点

蝶阀具有启闭方便迅速、省力、流体阻力小、调节性能好、操作方便等特点，但同时压力和工作温度范围小，高压下密封性较差。

（5）止回阀

止回阀又叫逆止阀、单向阀，是利用阀前阀后介质压力差而自动启闭的阀门，其内部介质只能朝单一方向流动，不能逆向流动。在中央空调系统施工中可在禁止回流的管路中使用，如在水泵的出口管路上作为水泵停机时的保护装置。止回阀根据结构不同可分为升降式和旋启式。

图6-27为止回阀的实物外形及特点。

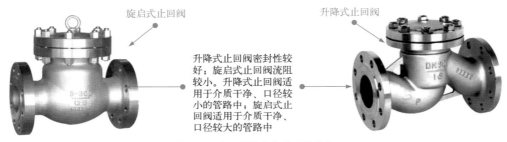

升降式止回阀密封性较好；旋启式止回阀流阻较小。升降式止回阀适用于介质干净、口径较小的管路中；旋启式止回阀适用于介质干净、口径较大的管路中

图6-27　止回阀的实物外形及特点

止回阀的阀门是自动工作的，在一个方向流动介质压力的作用下，阀瓣打开；流体反方向流动时，在介质压力和阀瓣自重的共同作用下，阀瓣闭合，切断介质流动。

为了方便阀门的维修、更换和安装，在阀门的外壳上标有阀门规格（公称通径、公称压力、工作压力、介质温度）和介质流动方向，见表6-9。

表6-9　阀体上标识的含义

标识形式	阀门规格				阀门形式	介质流动方向
	公称通径/mm	公称压力/MPa	工作压力/MPa	介质温度/℃		
→PN30/40→	40	3.0	—	—	直通式	进口与出口在同一或平行的中心线上
→P₃₂12/125→	125	—	12	320		
→PN30/50↓	50	3.0	—	—	直角式	进口与出口形成90°角
→P₄₄12/80↓	80	—	12	440		
→PN30/50↓	50	3.0	—	—		
→P₄₄12/80↓	80	—	12	440		
←PN16/50→	50	1.6	—	—	三通式	介质具有多个流动方向
←P₅₁10/100→	100	—	10	510		

（6）安全阀

安全阀可自动控制阀门，一般作为安全装置使用，当管路系统或设备中的介质压力超过规定的数值时，便自动开启安全阀排气降压，以免发生爆炸；当介质压力恢复正常后，安全阀自动关闭。

图 6-28 为安全阀的实物外形。

图6-28　安全阀的实物外形

（7）减压阀

减压阀是一个局部阻力可以变化的节流部件，通过改变节流面积，使通过的介质流速及流体的动能改变，在水暖施工中可在需要改变介质压力的管路中使用。

图 6-29 为减压阀的实物外形及特点。

减压阀可调节输出的压力

图6-29　减压阀的实物外形及特点

（8）风量调节阀

在中央空调管路系统中，风量调节阀用来调节支管的风量，可用于新风与回风的混合调节。

图 6-30 为风量调节阀的实物外形，是通过调整风阀叶片的开启角度来控制风量的。叶片在可调节范围内的任意位置均可固定，阀体一般通过法兰与风管连接。根据控制方式的不同，风量调节阀主要有手动风量调节阀和电动风量调节阀。

电动控制盒

调整手柄

风量调节阀
（手动）

风量调节阀
（电动）

图6-30　风量调节阀的实物外形

相关资料

手动风量调节阀通过操纵与调整手柄相连的连杆机构控制风量。电动风量调节阀在手动风量调节阀的基础上增加了电动执行机构，通过电动机调节叶片的开启控制风量。

（9）三通调节阀

三通调节阀可通过手柄调节主风管和支风管之间的风量配给，实现系统风量的平衡调节，一般安装在空调风管系统的三通管、直通管和分支管中。

图6-31为三通调节阀的实物外形。

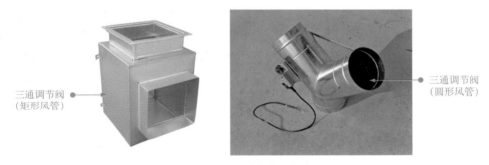

三通调节阀
（矩形风管）

三通调节阀
（圆形风管）

图6-31 三通调节阀的实物外形

（10）防火调节阀

在中央空调系统中，从空调机房出来的主风管、穿越楼板的风管和跨越防火分区的风管按消防规定必须安装防火阀，以防止发生火灾时，火势顺着风管蔓延。

图6-32为防火调节阀的实物外形。

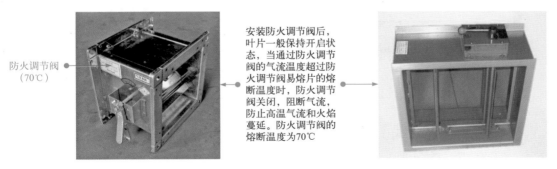

防火调节阀
（70℃）

安装防火调节阀后，叶片一般保持开启状态，当通过防火调节阀的气流温度超过防火调节阀易熔片的熔断温度时，防火调节阀关闭，阻断气流，防止高温气流和火焰蔓延。防火调节阀的熔断温度为70℃

图6-32 防火调节阀的实物外形

6.2.3 风口

风口是指中央空调系统室内末端的出风口或回风口部分，按照使用要求的不同，有各种形式的风口。

（1）双层百叶风口

双层百叶风口设有水平和垂直两种方向的叶片，通过调节水平、垂直方向的叶片角度调整气流的方向、扩散面等，在中央空调系统中多用作送风口。

根据制作材料的不同，常见的有铝合金双层百叶风口和木质类双层百叶风口，如图6-33所示。

图6-33　双层百叶风口的实物外形

（2）单层百叶风口

单层百叶风口是指仅设有一层百叶叶片的风口，一般可用作回风口和送风口。
图 6-34 为单层百叶风口的实物外形。

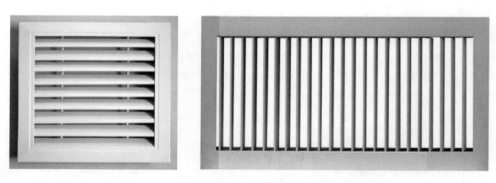

图6-34　单层百叶风口的实物外形

> **相关资料**
>
> 单层百叶风口用作回风口时，一般配有过滤器，风口是活动的，可以打开清洗过滤网；用作送风口时，可调节叶片角度控制气流的方向。

（3）散流器

散流器在中央空调系统中一般作为下送风口，结构形式多样，常见的有方形和圆形，有四面出风、三面出风等方式，如图 6-35 所示。

方形散流器　　　　　　　　　　　　圆形散流器

图6-35　散流器的实物外形

　　散流器的外框和内芯可分离，方便安装和检修，根据需要可在散流器的后端配置风量调节阀（人字阀），常见的是铝合金材质，也有采用木质的，可按需要选配。

（4）蛋格式回风口

蛋格式回风口的外形一般为方格状，外形较为美观，可与装潢配色，如图 6-36 所示。其缺点是清洗不方便，使用一段时间后滤网易脏，影响外观。

方形蛋格式回风口　　　　　　　　　　圆形蛋格式回风口

图6-36　蛋格式回风口的实物外形

（5）喷口

喷口可以通过选择合适的口径和风速达到需要的气流射程，或采用球形转动喷口调节送风角度，一般应用在一些较大空间的空气系统调节中。

图 6-37 为喷口的实物外形。该类封口具有风速高、风量大、需要的风口数量少的特点。

　　除了上述几种风口外，还有一种旋流风口，即在风口中设有起旋器，当空气通过风口时，可将气流变为旋转气流，这种风口具有诱导室内空气能力大、温度和风速衰减快的特点，适宜在送风温差大、层高低的空间中使用。

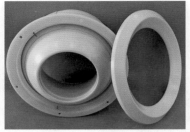

图6-37　喷口的实物外形

6.2.4　消声器

消声器是一种可降低和消除通风机噪声，避免噪声沿通风管路传入室内或影响周围环境的设备。中央空调管路系统所采用的消声器有多种形式，根据消声原理可分为两大类：阻性消声器和抗性消声器。

图 6-38 为消声器的实物外形。

阻性消声器　　　　　　　　　　　　抗性消声器

利用吸声材料或结构吸收噪声，降低噪声影响

利用管路截面突然扩张(或收缩)或旁接的共振腔反射噪声至声源，不能吸收噪声

图6-38　消声器的实物外形

相关资料

阻性消声器是借助安装在通风管路内壁上或管路中的吸声材料或结构的吸声功能，使沿管路传播的噪声部分转化为热能而消耗掉，从而达到消声的目的。

抗性消声器是借助管路截面的突然扩张（或收缩）或旁接的共振腔，使沿管路传播的某些特定频率或频段的噪声，在突变处向声源反射回去而不再向前传播，从而达到消声的目的，不直接吸收声能。

6.2.5　水泵

水泵是一种以电动机为动力核心的设备，一般应用在水冷式中央空调系统中作为水循环的动力。

中央空调水系统一般采用单吸式离心水泵，常见的有卧式和立式两种结构形式，如图6-39所示。

静音排水泵

卧式冷却水泵　　　　立式冷却水泵　　　　中央空调水循环系统中的水泵

图6-39　水泵的实物外形

6.2.6　风机

风机是指由风扇和电动机构成的可提供或排出风量的设备，在中央空调供排风系统中应用较多。

常用的风机按工作原理可分为离心式风机和轴流式风机，如图 6-40 所示。

离心式风机　　　　　　　　　　轴流式风机

图6-40　风机的实物外形

相关资料

离心式风机：一般多用叶片前弯式，具有风量大、静压高、噪声低等优点，但价格较轴流式风机贵，体积稍大，常用于防排烟系统和空调的供排风系统中。

轴流式风机：具有风量大、安装简便、价格低等特点，但静压较低、噪声大，常用于防排烟系统和空调的供排风系统中。

第7章 中央空调施工设备及工具仪表的使用

7.1 焊接设备

在中央空调管路施工中，焊接设备是常用的设备之一，常用的主要包括电焊设备、气焊设备和热熔焊接设备等。

7.1.1 电焊设备

电焊设备主要用于水循环管路（钢管等）的焊接，是水冷式中央空调和风冷式水循环中央空调管路安装连接中的主要焊接设备。

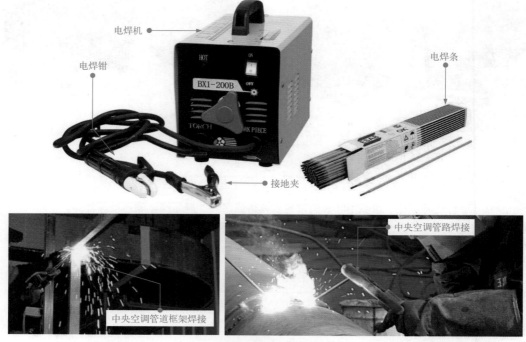

图7-1 电焊设备的实物外形及应用

（1）电焊设备的组成

图 7-1 为电焊设备的实物外形及应用。一般来说，电焊设备主要包括电焊机、电焊钳、电焊条及接地夹等。

① 电焊机　电焊机根据输出电压的不同，可以分为直流电焊机和交流电焊机，如图 7-2 所示。

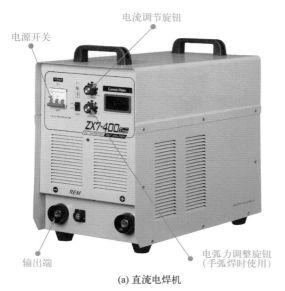

电源开关
电流调节旋钮
输出端
电弧力调整旋钮
（手弧焊时使用）

(a) 直流电焊机

电流调节旋钮
输出端

(b) 交流电焊机

图7-2　电焊机的特点

> **相关资料**
>
> 直流电焊机的电源输出端有正、负极之分，焊接时，电弧两端极性不变。
> 交流电焊机的电源是一种特殊的降压变压器，具有结构简单、噪声小、价格便宜、使用可靠、维护方便等优点。

② 电焊钳　电焊钳需要结合电焊机同时使用。电焊钳的外形像一个钳子，如图 7-3 所示。其手柄通常采用塑料或陶瓷制作，具有防护、防电击、耐高温、耐焊接飞溅及耐跌落等多重保护功能；夹子采用铸造铜制作而成，主要用来夹持或操纵电焊条。

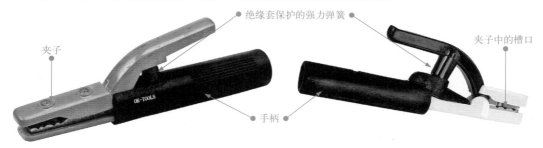

夹子
绝缘套保护的强力弹簧
夹子中的槽口
手柄

图7-3　电焊钳的特点

③ 电焊条　电焊条主要是由焊芯和药皮两部分构成的，如图 7-4 所示。其头部为引弧端，尾部有一段无涂层的裸焊芯，便于电焊钳夹持和利于导电。焊芯可作为填充金属实现对焊缝的填充连接，药皮具有助焊、保护、改善焊接工艺的作用。

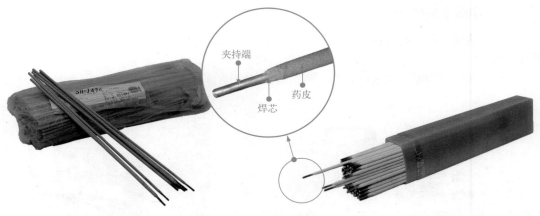

图7-4 电焊条的特点

选用电焊条时，需要根据焊件的厚度选择合适粗细的电焊条。表7-1为焊件厚度与电焊条直径对照匹配表。

表7-1 焊件厚度与电焊条直径对照匹配表

焊件厚度/mm	2	3	4~5	6~12	>12
电焊条直径/mm	2	3.2	3.2~4	4~5	5~6

（2）电焊设备的接线

在进行电焊操作时，一定要先检查电焊设备，确保焊接环境的负荷符合要求后方可进行电焊操作，在电焊操作期间需穿戴电焊防护用具。

如图 7-5 所示，将电焊钳通过连接线缆与电焊机上的电焊钳连接端口连接（通常带有标识），接地夹通过连接线缆与电焊机上的接地夹连接端口连接。焊接时，将接地夹夹在水循环制冷管路上后，用电焊钳夹持电焊条即可进行电焊操作。

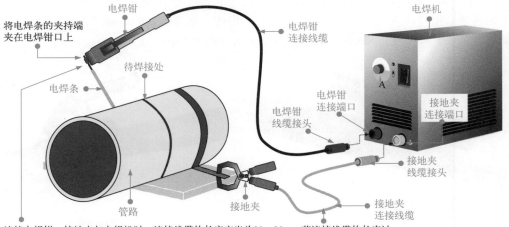

连接电焊钳、接地夹与电焊机时，连接线缆的长度应当为20~30m。若连接线缆的长度过长，则会增大电压降；若连接线缆的长度过短，则可能会导致操作不便

直流电焊机输出电流分正、负极，连接方式分为直流正接和直流反接。直流正接是将焊件接到电源正极，焊条接到负极；直流反接则相反。直流正接适合焊接厚焊件，直流反接适合焊接薄焊件。交流电焊机输出无极性之分，可随意搭接

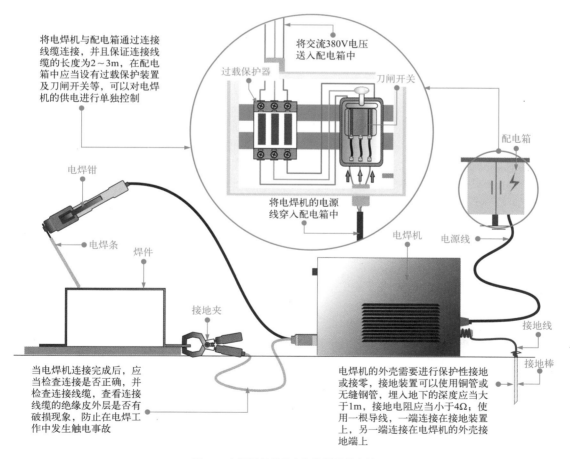

(a) 直流正接　　　　　　　　　　　　　(b) 直流反接

图7-5　电焊设备的接线

图 7-6 为电焊设备的供电与接地连接方法。

将电焊机与配电箱通过连接线缆连接，并且保证连接线缆的长度为2～3m，在配电箱中应当设有过载保护装置及刀闸开关等，可以对电焊机的供电进行单独控制

将交流380V电压送入配电箱中

过载保护器　　刀闸开关

将电焊机的电源线穿入配电箱中

配电箱

电焊钳

电焊条　焊件

电焊机　电源线

接地夹

接地线

接地棒

当电焊机连接完成后，应当检查连接是否正确，并检查连接线缆，查看连接线缆的绝缘皮外层是否有破损现象，防止在电焊工作中发生触电事故

电焊机的外壳需要进行保护性接地或接零，接地装置可以使用铜管或无缝钢管，埋入地下的深度应当大于1m，接地电阻应当小于4Ω；使用一根导线，一端连接在接地装置上，另一端连接在电焊机的外壳接地端上

图7-6　电焊设备的供电与接地连接方法

（3）电焊的引弧方法

电焊包括两种引弧方式，即划擦法和敲击法，如图 7-7 所示。

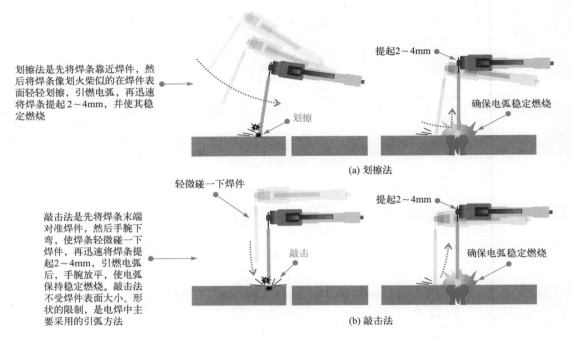

划擦法是先将焊条靠近焊件，然后将焊条像划火柴似的在焊件表面轻轻划擦，引燃电弧，再迅速将焊条提起 2～4mm，并使其稳定燃烧

提起 2～4mm

确保电弧稳定燃烧

划擦

(a) 划擦法

轻微碰一下焊件

敲击法是先将焊条末端对准焊件，然后手腕下弯，使焊条轻微碰一下焊件，再迅速将焊条提起 2～4mm，引燃电弧后，手腕放平，使电弧保持稳定燃烧。敲击法不受焊件表面大小、形状的限制，是电焊中主要采用的引弧方法

提起 2～4mm

确保电弧稳定燃烧

敲击

(b) 敲击法

图7-7　电焊的引弧方法

（4）电焊的运条操作

由于焊接起点处的温度较低，引弧后，可先将电弧稍微拉长，对起点处预热后，再适当缩短电弧正式焊接，如图 7-8 所示。在焊接时，需要匀速推动电焊条，使焊件的焊接部位与电焊条充分熔化、混合，形成牢固的焊缝。

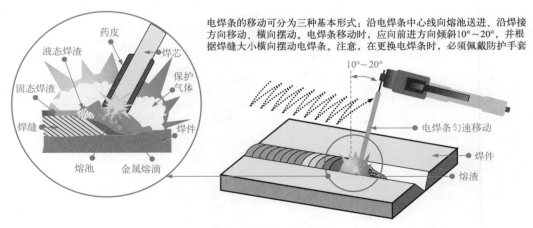

药皮

液态焊渣

焊芯

固态焊渣

保护气体

焊缝

焊件

熔池

金属熔滴

电焊条的移动可分为三种基本形式：沿电焊条中心线向熔池送进、沿焊接方向移动、横向摆动。电焊条移动时，应向前进方向倾斜10°～20°，并根据焊缝大小横向摆动电焊条。注意，在更换电焊条时，必须佩戴防护手套

10°～20°

电焊条匀速移动

焊件

熔渣

图7-8　电焊的运条操作

在焊接较厚的焊件时，为了获得较宽的焊缝，电焊条应沿焊缝横向进行有规律的摆动。根据焊接要求的不同，运条的方式也有所区别，如图7-9所示。

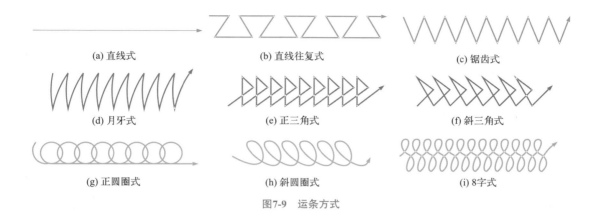

图7-9　运条方式

（5）电焊的灭弧（收弧）操作

一条焊缝焊接结束时需要执行灭弧（收弧）操作，通常有画圈法、反复断弧法和回焊法，如图 7-10 所示。

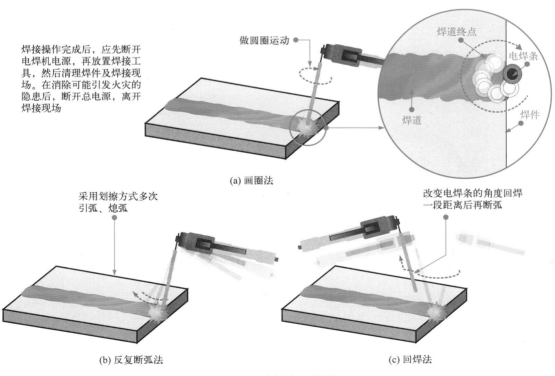

图7-10　电焊的灭弧操作

7.1.2 气焊设备

气焊设备是中央空调制冷管路焊接的专用设备，是利用可燃气体与助燃气体混合燃烧生成的火焰作为热源，通过熔化焊条，将金属管路焊接在一起。

如图 7-11 所示，气焊设备主要包括氧气瓶、燃气瓶、焊枪和连接软管等。

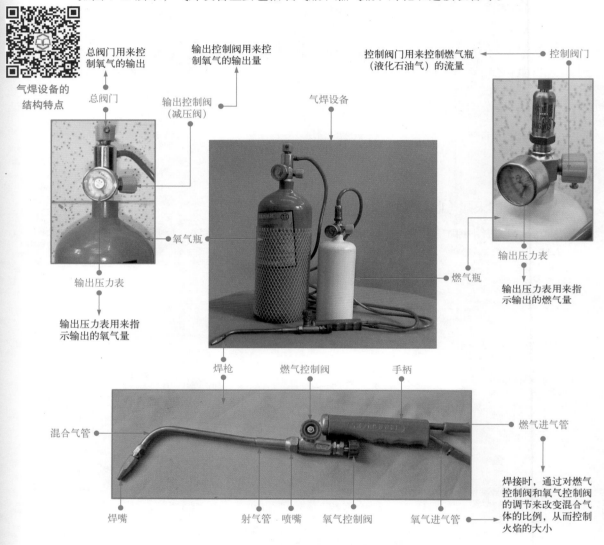

气焊设备的结构特点

总阀门用来控制氧气的输出

总阀门

输出控制阀（减压阀）

输出控制阀用来控制氧气的输出量

气焊设备

控制阀门用来控制燃气瓶（液化石油气）的流量

控制阀门

氧气瓶

燃气瓶

输出压力表

输出压力表用来指示输出的氧气量

输出压力表

输出压力表用来指示输出的燃气量

焊枪   燃气控制阀   手柄

混合气管

燃气进气管

焊嘴   射气管 喷嘴   氧气控制阀   氧气进气管

焊接时，通过对燃气控制阀和氧气控制阀的调节来改变混合气体的比例，从而控制火焰的大小

图7-11 气焊设备的结构组成

图 7-12 为气焊设备的焊接操作。

7.1.3 热熔焊接设备

热熔焊接设备是中央空调系统中连接各种塑料管路时常用的焊接设备。目前，常用的热熔焊接设备包括热熔焊机和手持热熔焊接器。

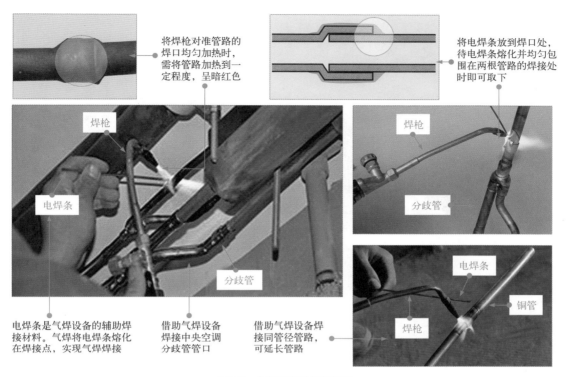

将焊枪对准管路的焊口均匀加热时，需将管路加热到一定程度，呈暗红色

将电焊条放到焊口处，待电焊条熔化并均匀包围在两根管路的焊接处时即可取下

焊枪

焊枪

电焊条

分歧管

电焊条

分歧管

铜管

焊枪

电焊条是气焊设备的辅助焊接材料。气焊将电焊条熔化在焊接点，实现气焊焊接

借助气焊设备焊接中央空调分歧管管口

借助气焊设备焊接同管径管路，可延长管路

图7-12　气焊设备的焊接操作

（1）热熔焊机

热熔焊机是一种通过电加热实现塑料管材热熔对焊连接的设备。图 7-13 为常见热熔焊机的实物外形。

图7-13　常见热熔焊机的实物外形

使用热熔焊机焊接管路时，一般需要先将两根待熔接管路的管口切割为垂直切口，除去毛刺后，清洁熔接部位，然后将管路固定在热熔焊机中，根据管路管径进行相应时间的加热和熔接。图 7-14 为热熔焊机焊接管路的应用。

热熔焊机　　　　　　　　　　　待连接管路

图7-14　热熔焊机焊接管路的应用

相关资料

使用热熔焊机连接管路时，不同管径管路的加热时间、热熔深度等不同，见表7-2（具体根据实际热熔焊机规格的不同有所不同，参考具体的说明书）。

表7-2　热熔焊机焊接管路的相关要求

管路外径/mm	热熔深度/mm	加热时间/s	冷却时间/s	管路外径/mm	热熔深度/mm	加热时间/s	冷却时间/s
20	14	5	3	63	24	24	6
25	16	7	3	75	26	30	8
32	20	8	4	90	32	40	8
40	21	12	4	110	38.5	50	10
50	22.5	18	5				

热熔器的特点与使用

（2）手持热熔焊接器

手持热熔焊接器是一种便携式的热熔焊机。在中央空调管路施工中，常常会使用手持热熔焊接器对敷设的管路进行连接或加工。手持热熔焊接器由主体和各种大小不同的接头组成，可以根据不同直径的管路选择合适的接头。图7-15为手持热熔焊接器的实物外形。

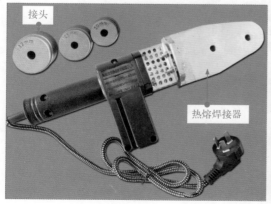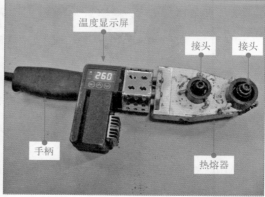

图7-15　手持热熔焊接器的实物外形

手持热熔焊接器主要用于实现两个塑料管路的连接，通常应用于冷凝水管路或水循环管路的连接。

图 7-16 为手持热熔焊接器的实际应用。

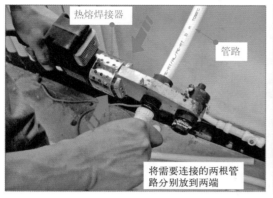
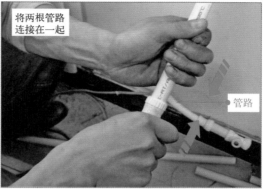

图7-16　手持热熔焊接器的实际应用

7.2　切割设备

切割设备是指将管路切断的设备或工具。在中央空调管路施工中，常用的切割设备主要包括切管器、钢管切割刀、管子剪（管子割刀、切管刀）、管路切割机（管道切割机）等。

7.2.1　切管器

切管器主要用于中央空调制冷剂铜管的切割，在安装中央空调时，经常需要使用切管器切割不同长度和不同直径的铜管。

图 7-17 为切管器的实物外形。切管器主要由刮管刀、滚轮、刀片及进刀旋钮组成。

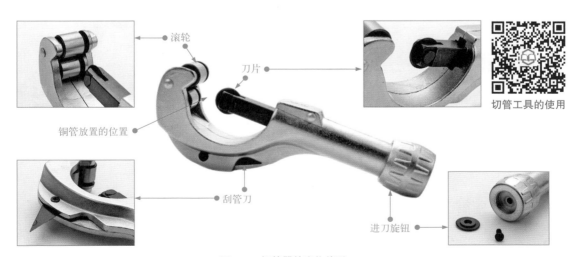

切管工具的使用

图7-17　切管器的实物外形

根据中央空调制冷剂管路的管径不同，可选择不同规格的切管器切割。

图 7-18 为不同规格的切管器及使用方法。

小规格切管器

大规格切管器

中规格切管器

切割直径为3～22mm   切割直径为4～28mm   切割直径为5～50mm

图7-18　不同规格的切管器及使用方法

7.2.2　钢管切割刀

钢管切割刀是指专门用于切割钢管的切割设备。其切割方法及原理与切管器相同，不同的是钢管切割刀的规格较大，如图 7-19 所示。

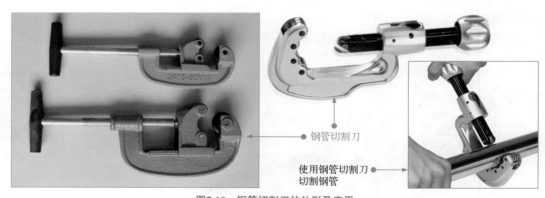

钢管切割刀

使用钢管切割刀
切割钢管

图7-19　钢管切割刀的外形及应用

7.2.3　管子剪

管子剪是指用来裁剪管路的工具，一般用于塑料管路的切割。

图 7-20 为管子剪的实物外形及应用。

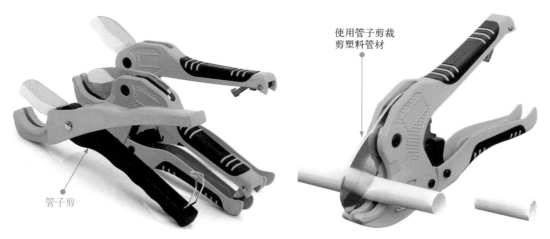

图7-20　管子剪的实物外形及应用

7.2.4　管路切割机

管路切割机是指专门用于切割管路的设备。在中央空调系统的施工操作中，常用的管路切割机主要有砂轮管路切割机、手动管路切割机、数控管路切割机及手提式切割机。图 7-21 为管路切割机的实物外形。

图7-21　管路切割机的实物外形

7.3 加工工具

7.3.1 倒角器

倒角器是用于中央空调制冷剂铜管切割后的修整处理工具。在切割中央空调制冷剂铜管后，为避免管口有毛刺，一般借助倒角器将管口进行倒角处理。

图 7-22 为倒角器的实物外形。倒角器主要由倒内角刀片、倒外角刀片等组成。

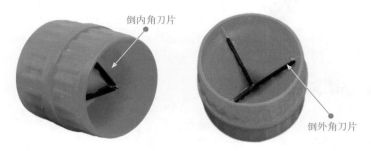

图7-22　倒角器的实物外形

使用倒角器修整制冷剂铜管切口，使制冷剂铜管的垂直切口倒角去除毛刺，如图 7-23 所示。

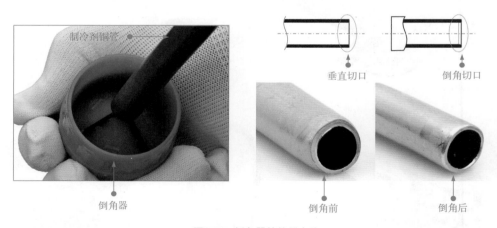

图7-23　倒角器的使用方法

 提示

除了使用倒角器修整管路的切割口外，还可借助锉刀和刮刀去除切口毛刺，如图 7-24 所示。

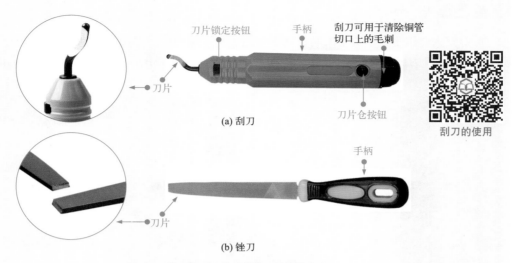

(a) 刮刀

刀片锁定按钮　手柄　刮刀可用于清除铜管切口上的毛刺

刀片

刀片仓按钮

刮刀的使用

手柄

刀片

(b) 锉刀

图7-24　锉刀和刮刀的实物外形及使用方法

7.3.2　坡口机

坡口机是指对管路管口进行坡口处理的设备。为了确保管路焊接的质量及接头能够焊透而不出现工艺缺陷，在焊接之前要对待焊管路进行坡口处理。常见的坡口机主要有便携式坡口机和管路切割坡口机（管道切割坡口机），如图 7-25 所示。

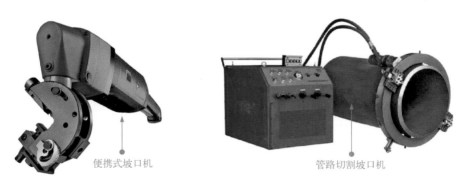

便携式坡口机

管路切割坡口机

图7-25　坡口机的实物外形

 提示

便携式坡口机使用灵活，能实现不同规格的坡口处理。管路切割坡口机兼具管路切割和坡口处理，将切割管路和坡口处理一步完成，非常方便、快捷。

7.3.3 扩管器

扩管器主要用于对中央空调制冷剂铜管进行扩口操作，一般用于扩喇叭口（纳子连接时使用）。图 7-26 为扩管器的结构和应用。扩管器主要由顶压器和夹板组成。

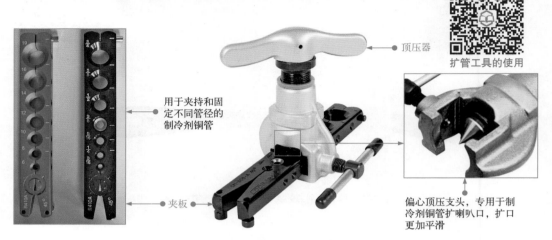

扩管工具的使用

用于夹持和固定不同管径的制冷剂铜管

顶压器

夹板

偏心顶压支头，专用于制冷剂铜管扩喇叭口，扩口更加平滑

图7-26　扩管器的结构和应用

制冷剂铜管扩管器通常有两种规格，如图 7-27 所示：一种是 R410a 制冷剂专用扩管器，另一种是传统扩管器。若使用传统扩管器扩口，则 R410a 制冷剂铜管应比 R22 制冷剂铜管伸出夹板长度多 0.5mm。

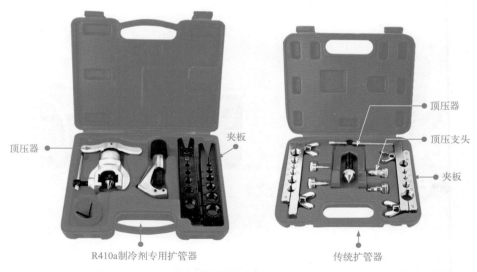

顶压器

夹板

顶压器

顶压支头

夹板

R410a制冷剂专用扩管器

传统扩管器

图7-27　扩管器的种类

 提示

目前，制冷剂管路用的切管器、倒角器、扩管器通常集中置于专用的工具箱中配套使用，使用和收纳管理更加方便，如图 7-28 所示。

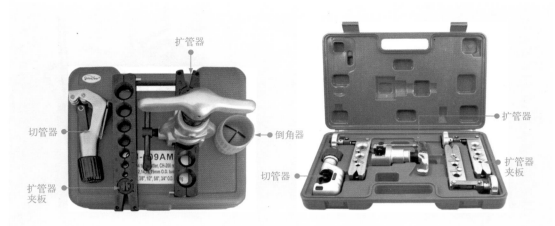

图7-28 制冷管路加工工具箱

7.3.4 胀管器

胀管器主要用于连接中央空调制冷剂铜管时扩大管径。图 7-29 为胀管器的实物外形，其主要由胀杆和胀头组成。

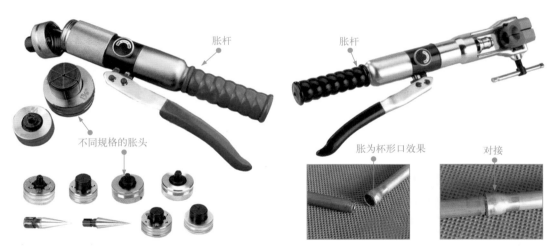

图7-29 胀管器的实物外形

7.3.5 弯管器

弯管器主要用于弯曲配管。在安装和连接中央空调制冷剂管路需要弯曲时，必须借助专用的弯管器，切不可徒手掰折。

弯管器有手动弯管器和电动弯管器，如图 7-30 所示。

不同管径的铜管可选用不同规格的弯管器，一般大管径制冷剂铜管多采用电动弯管器，小管径铜管可采用手动弯管器，如图 7-31 所示。

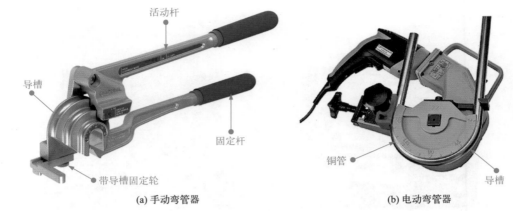

活动杆

导槽

固定杆

带导槽固定轮

(a) 手动弯管器

铜管

导槽

(b) 电动弯管器

图7-30 弯管器的实物外形

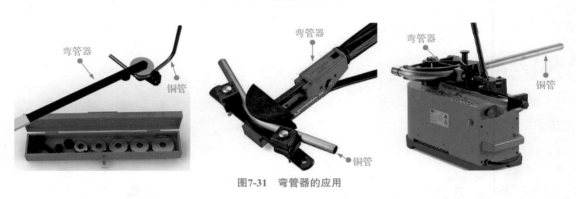

弯管器

铜管

弯管器

铜管

弯管器

铜管

铜管

图7-31 弯管器的应用

7.3.6 套丝机

　　套丝机又称绞丝机，一般由板牙头、进刀手轮、机体等组成。常见的套丝机主要有台式和便携式两种，如图 7-32 所示。

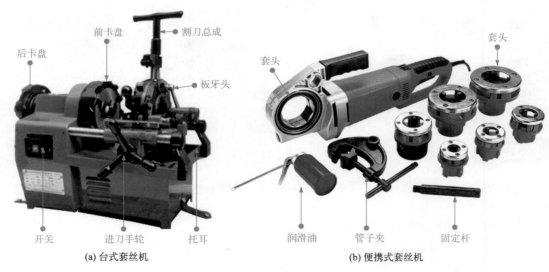

前卡盘

后卡盘

割刀总成

板牙头

套头

套头

开关

进刀手轮

托耳

润滑油

管子夹

固定杆

(a) 台式套丝机

(b) 便携式套丝机

图7-32 套丝机的实物外形

套丝机主要用来加工管路，为管路外壁或内壁加工对应的螺纹，方便多条管路的连接。以较常见的手持式套丝机为例，图 7-33 为手持式套丝机的操作方法。

① 将待套螺纹的管材拧上固定杆，拧紧管子夹

② 将合适的套头装到套丝机上

④ 设定控制开关为套螺纹方向，同时按下两个启动按钮，开始套螺纹操作

③ 将固定好管材的固定杆插入手持式套丝机的固定孔中

注意，套螺纹过程需要及时补充润滑油

⑤ 套螺纹完成后，将方向控制开关拨动到退刀位置，将管材连同固定杆退出，检查螺纹并清理铁屑

图7-33 手持式套丝机的操作方法

7.3.7 合缝机和咬口机

在中央空调管路系统施工操作中，合缝机是风管施工中的重要设备，主要对风管进行合缝处理，使其最终成型。图 7-34 为合缝机的实物外形。

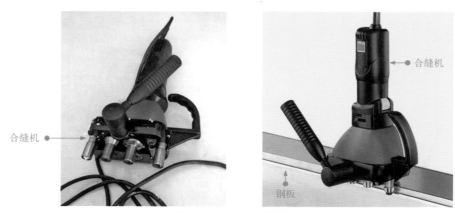

图7-34 合缝机的实物外形

在中央空调管路系统施工操作中，风管施工中的咬口操作十分关键，通常由咬口机完成。咬口机种类多样，主要可分为专项功能咬口机和多功能咬口机。专项功能咬口机往往只能对应一种咬口形式，多功能咬口机则可以完成多种形式的咬口操作，如图 7-35 所示。

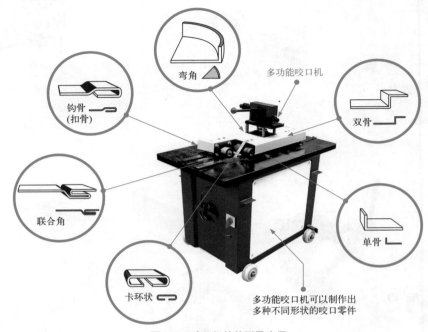

图7-35　咬口机的外形及应用

7.4 钻孔工具

7.4.1 冲击电钻

冲击电钻是一种用于钻孔的钻凿工具。钻头采用硬度很高的合金钢制成。图 7-36 为冲击电钻的实物外形。

冲击电钻多用于胀管的钻孔操作，在安装固定螺钉、吊装杆等装置时应用较多，如图 7-37 所示。

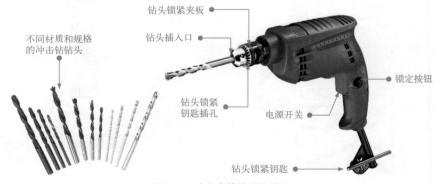

图7-36　冲击电钻的实物外形

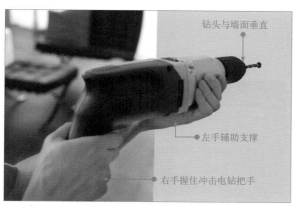

图7-37　冲击电钻的应用

> **相关资料**
>
> 　　使用冲击电钻时，应根据需要开孔的大小选择合适的钻头。安装钻头时，要确保钻头插入钻头插入口，并用钻头锁紧钥匙将钻头插入口处的钻头锁紧夹板拧紧，使钻头牢牢固定后，用右手握住冲击电钻的把手，用左手托住冲击电钻的前部，使钻头与墙面保持垂直，按动电源开关，把持住冲击电钻，用力将冲击电钻向墙体推进。

7.4.2　墙壁钻孔机

　　墙壁钻孔机是指专门用于墙体钻孔的设备，根据钻头不同有多种规格。在中央空调系统中，室内机与室外机之间的联机管路均通过墙面钻孔实现连接，如图 7-38 所示。

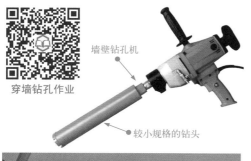

图7-38　墙壁钻孔机的实物外形及应用

7.4.3　台钻

　　在中央空调系统施工中，台钻也是不可缺少的钻凿工具。台钻的体积小巧、操作简便，通常安装在专用工作台上使用。

图 7-39 为台钻的实物外形及应用。台钻主要是由摇把、头架、主轴、手柄、底座、立柱、电动机、传动部分、电气部分等构成的。

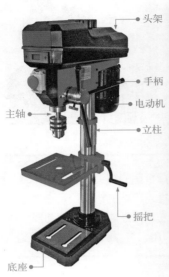

使用台钻对物体钻孔

图7-39　台钻的实物外形及应用

台钻的钻孔直径一般为 32mm 以下，最大不超过 32mm。其主轴变速一般通过改变三角带在塔形带轮上的位置来实现，主轴进给靠手动操作。

> **相关资料**
>
> 使用台钻时应注意以下几点。
> ① 在使用前应知晓台钻的结构与性能及各手柄的作用和润滑部位。
> ② 在使用过程中，台钻的工作台要保持清洁。
> ③ 头架在移动之前，必须先松开锁紧手柄，调整后的头架要紧固好。
> ④ 台钻变速时，应先关闭电源开关，使台钻停机，再进行调整工作。
> ⑤ 钻通工件上的孔时，必须使钻头钻通底座上的让刀孔，或在工件下垫上垫铁，以免钻坏工作台。
> ⑥ 若台钻在工作时发出异常声响或出现故障，应立即切断电源，停止钻孔工作。
> ⑦ 钻孔完毕后，应清理台钻上的铁屑及灰尘，并对需要润滑的部件润滑。
> 台钻的功能与冲击钻类似，冲击能力更强。

7.5　测量工具和仪表

7.5.1　三通压力表

三通压力表主要用于中央空调管路系统安装完成后的气密性实验。图 7-40 为三通压力表的实物外形。三通压力表主要由压力表头、控制阀门、接口 A、接口 B 组成。

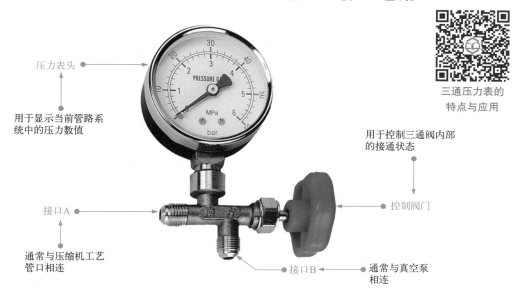

压力表头

用于显示当前管路系统中的压力数值

接口A

通常与压缩机工艺管口相连

用于控制三通阀内部的接通状态

控制阀门

接口B

通常与真空泵相连

三通压力表的特点与应用

图7-40　三通压力表的实物外形

 ## 提示

　　用三通压力表时应注意控制阀门的状态，即在明确控制阀门打开和关闭的状态下，三通压力表内部三个接口的接通状态：当控制阀门处于打开状态时，三个接口均被打开，处于三通状态；当控制阀门处于关闭状态时，一个接口被关闭，压力表接口与另一个接口仍被打开。

　　三通压力表由三通阀、压力表头和控制阀门构成。

　　图7-41为三通压力表的控制状态。

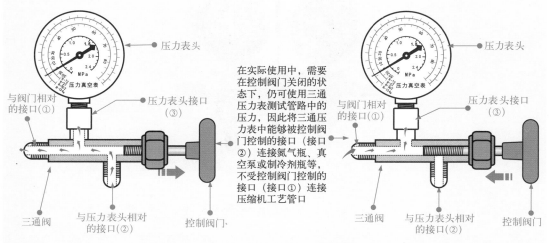

压力表头

与阀门相对的接口（①）

压力表头接口（③）

三通阀

与压力表头相对的接口（②）

控制阀门

在实际使用中，需要在控制阀门关闭的状态下，仍可使用三通压力表测试管路中的压力，因此将三通压力表中能够被控制阀门控制的接口（接口②）连接氮气瓶、真空泵或制冷剂瓶等，不受控制阀门控制的接口（接口①）连接压缩机工艺管口

压力表头

与阀门相对的接口（①）

压力表头接口（③）

三通阀

与压力表头相对的接口（②）

控制阀门

图7-41　三通压力表的控制状态

中央空调大多采用新型环保的 R410a 制冷剂。该制冷剂要求管路压力较大，因此，所选三通压力表的量程应至少大于 8MPa。

图 7-42 为三通压力表在中央空调气密性实验中的应用。

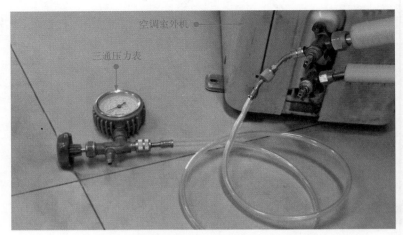

图7-42　三通压力表在中央空调气密性实验中的应用

7.5.2　双头压力表

双头压力表也称五通压力表，主要用于中央空调管路系统的抽真空，充注制冷剂和检修、检查管路。

图 7-43 为双头压力表的实物外形。

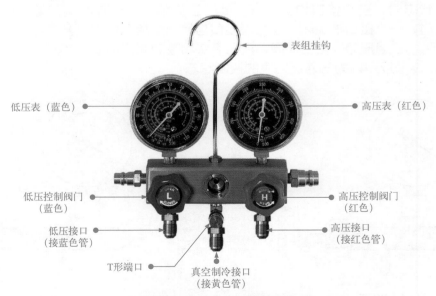

图7-43　双头压力表的实物外形

R410a 制冷剂管路所用双头压力表与 R22 制冷剂管路所用双头压力表的结构和功能均相同。不同的是，由于 R410a 制冷剂管路的压力较大，因此 R410a 制冷剂管路所用双头压力表的最大量程也较大，如图 7-44 所示。

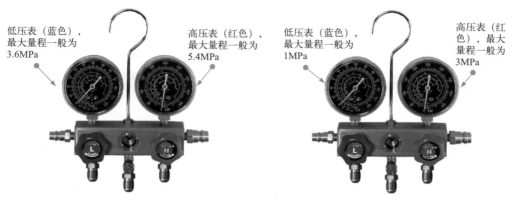

(a) R410a制冷剂管路所用双头压力表　　　　　(b) R22制冷剂管路所用双头压力表

图7-44　R410a制冷剂和R22制冷剂管路所用双头压力表的比较

7.5.3　真空表

真空表是一种准确计量真空压力的仪表，一般用于中央空调制冷管路抽真空操作中。图7-45 为真空表的实物外形。该类仪表量程一般从负压开始。

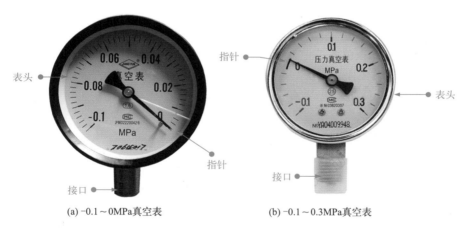

(a) -0.1～0MPa真空表　　　　　　　(b) -0.1～0.3MPa真空表

图7-45　真空表的实物外形

7.5.4　水平尺、角尺和卷尺

水平尺、角尺和卷尺都是中央空调系统施工中常用的测量工具。三种尺的功能不同，用法也不同。

（1）水平尺

在中央空调系统的施工操作现场，水平尺（见图 7-46）主要用来测量水平度和垂直度，是设备安装时用来测量水平度和垂直度的专用工具，也称水平检测仪。水平尺的精确度高、造价低，携带方便。在水平尺上一般会设有两个到三个水平柱，主要用来测量垂直度和水平度等，有些水平尺上还带有标尺，可以短距离测量。

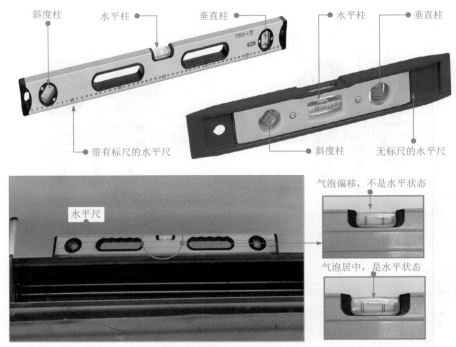

斜度柱　水平柱　垂直柱　水平柱　垂直柱

带有标尺的水平尺　斜度柱　无标尺的水平尺

水平尺

气泡偏移，不是水平状态

气泡居中，是水平状态

图7-46　水平尺的实物外形及应用

（2）角尺

角尺也是中央空调系统施工中常用的一种具有圆周度数的角形测量工具，主要由角尺座和尺杆组成。角尺座的主要功能是定位。图 7-47 为角尺的功能特点及应用。

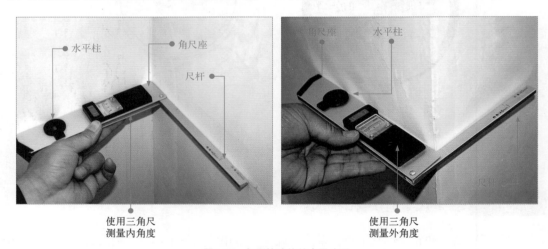

水平柱　角尺座　尺杆

角尺座　水平柱

使用三角尺测量内角度

使用三角尺测量外角度

图7-47　角尺的功能特点及应用

（3）卷尺

在中央空调系统施工中，卷尺是必不可少的测量工具，主要用来测量管路、线路、设备等之间的高度和距离。卷尺通常以长度和精确值来区分。目前，常用的卷尺一般都设有固定按钮和复位按钮，测量时可以方便地自由伸缩并固定刻度尺伸出的长度。

图 7-48 为卷尺的功能特点及应用。

图7-48 卷尺的功能特点及应用

7.5.5 称重计

称重计是用来称重量的设备。在中央空调制冷剂充注操作中，往往需要借助称重计来称量制冷剂加入的重量，从而使充注的制冷剂等同于制冷剂的标称重量。

图 7-49 为称重计的实物外形，称重时，可将制冷剂钢瓶直接置于称重计置物板上。

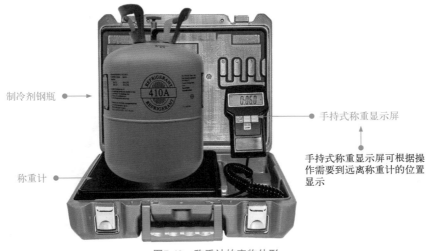

图7-49 称重计的实物外形

中央空调在充注制冷剂时，可将制冷剂钢瓶置于称重计上，根据标称充注重量计算出减重数值，连接管路开始充注，当称重计数值降低至计算数值时，停止充注，如图 7-50 所示。

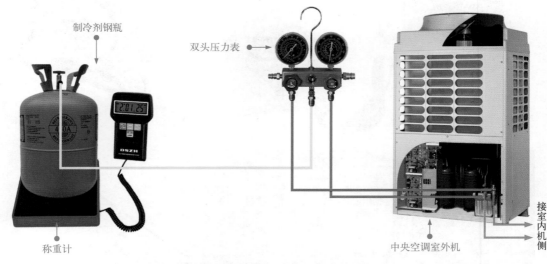

图7-50　借助称重计充注制冷剂示意图

7.5.6　检漏仪

检漏仪是用于检查中央空调制冷剂有无泄漏的仪表。目前，应用于制冷剂检漏方面的检漏仪根据检测原理及检测对象的不同，可以分为卤素检漏仪、氦检漏仪和氢检漏仪，根据外形结构的不同又可分为便携式检漏仪、台式检漏仪和移动式检漏仪。

图 7-51 为检漏仪的实物外形及使用方法。

提示

中央空调系统中的制冷剂类型不同，检漏时所选检漏仪的类型也不相同。例如，如果在实际施工的中央空调系统中采用规格为 R410a 的制冷剂，这种制冷剂中不含氟，是由多种化学成分混合而成的，则在选择检漏仪时不能使用检测 CFC 或 HCFC 的氟利昂检漏仪，应使用氢检漏仪。

便携式卤素检漏仪　　　　　　　台式氢检漏仪　　　　　　移动式氢检漏仪

 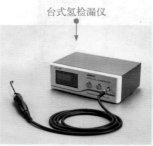 

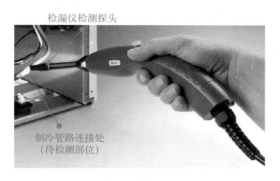
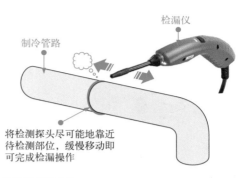

图7-51 检漏仪的实物外形及使用方法

7.6 辅助设备

7.6.1 真空泵

真空泵是对中央空调制冷剂管路进行抽真空操作的重要设备。中央空调制冷剂管路在安装或检修完毕后都要进行抽真空操作。

图7-52为中央空调抽真空操作中常见的真空泵实物外形。

图7-53为真空泵在中央空调制冷剂管路抽真空操作中的应用示意图。真空泵通过管路与双头压力表连接后，再与中央空调室外机管路连接，实现抽真空操作。

图7-52 中央空调抽真空操作中常见的真空泵实物外形

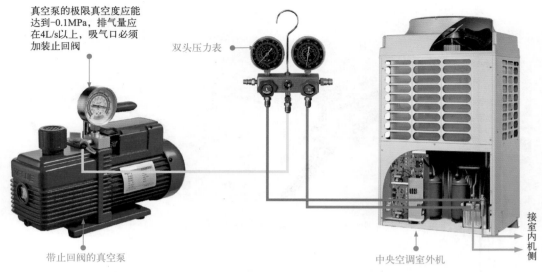

真空泵的极限真空度应能
达到-0.1MPa,排气量应
在4L/s以上,吸气口必须
加装止回阀

双头压力表

带止回阀的真空泵

中央空调室外机

接室内机侧

图7-53 真空泵在中央空调制冷剂管路抽真空操作中的应用示意图

提示

通常,普通制冷剂(如R22)管路抽真空操作时使用普通真空泵即可,中央空调采用R410a制冷剂的管路,需选用带止回阀的真空泵,如图7-54所示。

止回阀

带止回阀的真空泵
(R410a制冷剂管路使用)

普通真空泵
(R22制冷剂管路使用)

图7-54 不同制冷剂管路所选用真空泵的区别

7.6.2 电动试压泵

电动试压泵是一种进行压力实验或提供压力的设备,可用于水或液压油等介质,适用于各种压力容器、管路、阀门等,在中央空调系统中可作为管路试压、制冷剂罐装等场合。

常见的电动试压泵主要有便携式电动试压泵和台式电动试压泵,如图7-55所示。

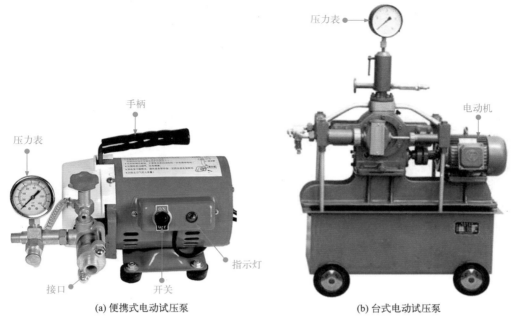

压力表

手柄

电动机

压力表

ON OFF

接口　　开关　　指示灯

(a) 便携式电动试压泵　　　　　　　　(b) 台式电动试压泵

图7-55　电动试压泵的实物外形

7.6.3　制冷剂钢瓶

制冷剂是中央空调管路系统中完成制冷循环的介质，在充入中央空调管路系统前存放在制冷剂钢瓶中。

图 7-56 为不同制冷剂钢瓶的实物外形，在中央空调管路系统中一般采用环保型的 R410a 制冷剂。

阀门

用于控制制冷剂的释放和关闭

充注制冷剂时，制冷剂的流量大小主要通过制冷剂钢瓶上的控制阀门控制；不充注时，一定要将阀门拧紧，以免制冷剂泄漏污染环境

R22
制冷剂钢瓶

R407C
制冷剂钢瓶

R410a
制冷剂钢瓶（粉色）

图7-56　不同制冷剂钢瓶的实物外形

制冷剂通常都封装在钢瓶中，常见的钢瓶可以分为带虹吸功能和不带虹吸功能两种，如图 7-57 所示。带虹吸功能的制冷剂钢瓶可以正置充注制冷剂，不带虹吸功能的制冷剂钢瓶需要倒置充注制冷剂。

带虹吸功能的制冷剂钢瓶　　　　　不带虹吸功能的制冷剂钢瓶　　　　充注制冷剂时，钢瓶倒置，箭头朝上使用

虹吸管

制冷剂液体

图7-57　制冷剂钢瓶的内部结构图

 提示

不同类型制冷剂的化学成分不同，性能也不相同。表7-3为R22、R407C及R410a制冷剂性能的对比。

表7-3　R22、R407C及R410a制冷剂性能的对比

制冷剂	R22	R407C	R410a
制冷剂类型	旧制冷剂（HCFC）	新制冷剂（HFC）	
成分	R22	R32/R125/R134a	R32/R125
使用制冷剂	单一制冷剂	非共沸混合制冷剂	非共沸混合制冷剂
氟	有	无	无
沸点/℃	−40.8	−43.6	−51.4
蒸气压力（25℃）/MPa	0.94	0.9177	1.557
臭氧破坏系数（ODP）	0.055	0	0
制冷剂填充方式	气体	以液态从钢瓶取出	以液态从钢瓶取出
冷媒泄漏是否可以追加填充	可以	不可以	可以

制冷设备从发明到普及一直都在进行制冷技术的不断改进。其中，制冷剂的技术革新是很重要的一方面。制冷剂属于化学物质，早期的制冷剂由于使用材料与制造工艺的问题，制冷效果不是很理想，并且对人体和环境影响很大。这就使制冷剂的设计人员不断对制冷剂的替代品进行技术革新。我国制冷设备的技术革新较落后，目前市面上制冷剂型号较多。

制冷剂R22：空调器中使用率最高的制冷剂，许多老型号空调器都采用R22作为制冷剂，含有氟利昂，对臭氧层破坏严重。

　　制冷剂R407C：一种不破坏臭氧层的环保制冷剂，与R22有极为相近的特性和性能，应用于各种空调系统和非离心式制冷系统中，可直接应用于原R22的制冷系统，不用重新设计系统，只需更换原系统的少量部件及将原系统内的矿物冷冻油更换为能与R407C互溶的润滑油，就可直接充注R407C，实现原设备的环保更换。

　　制冷剂R410a：一种新型环保制冷剂，不破坏臭氧层，具有稳定、无毒、性能优越等特点，工作压力约为普通使用R22制冷剂空调的1.6倍，制冷（暖）效率高，可提高空调的工作性能。

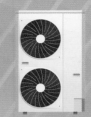

第8章 中央空调管路的加工连接

8.1 中央空调制冷管路的加工

8.1.1 中央空调制冷管路的切管操作

　　中央空调的制冷管路是一个封闭的循环系统，在对中央空调中的管路进行安装或对部件进行检修时，经常需要对管路中部件的连接部位、过长的管路或不平整的管口等进行切割，以便实现中央空调管路的安装及部件的代换、检修或焊接。

　　中央空调制冷管路的切管操作需要借助切管器、倒角器或刮刀等进行。切管前，先根据所切管路的管径选择合适规格的切管器，并做好切管器的初步调整和准备，如图8-1所示。

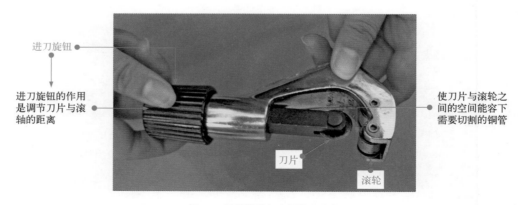

进刀旋钮

进刀旋钮的作用是调节刀片与滚轴的距离

使刀片与滚轮之间的空间能容下需要切割的铜管

刀片

滚轮

图8-1　切管器的初步调整和准备

　　调整好切管器后，先将需要切割的管路放置在切管工具中并进行位置的调整，调整时应注意切管工具的刀片垂直并对准管路，使刀片接触被切管的管壁，然后便可按照切管的操作规范进行切管操作，如图8-2所示。

刀片必须垂直并对准管路

将铜管垂直放置在切管器的刀片和滚轮之间 ❶

使切管器的刀片接触铜管的管壁 ❸

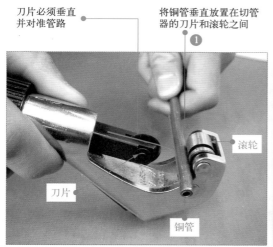

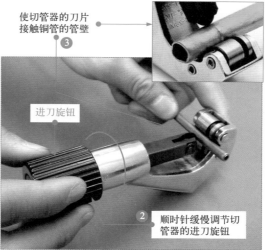

滚轮

进刀旋钮

刀片

铜管

❷ 顺时针缓慢调节切管器的进刀旋钮

❹ 手捏住铜管转动切管器，使其绕铜管顺时针方向旋转

在切管过程中应始终保持滚轮与刀片垂直压向铜管，绝不能侧向扭动，同时要防止进刀过快、过深，以免崩裂刀刃或造成铜管变形

切割中的铜管

进刀旋钮

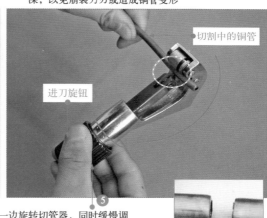

进刀与切割同时进行，以保证铜管在切管器刀片和滚轮间始终受力均匀

❺ 一边旋转切管器，同时缓慢调节切管器末端的进刀旋钮，直到管路被切割开

图8-2 中央空调制冷管路的切管操作方法

 提示

　　值得注意的是，使用切管器进行切管操作时，应顺时针旋转切管器，且在旋转过程中，适当调节进刀旋钮，逐渐进刀，切忌进刀过度，导致铜管管口变形，切口必须保持平滑，如图8-3所示。

　　另外，中央空调制冷管的切管操作不允许使用钢锯和砂轮机切割，以免出现管口变形、铜管内壁不均匀、铜屑进入管内堵塞电子膨胀阀，影响管路安装质量，造成系统无法正常运行的情况。

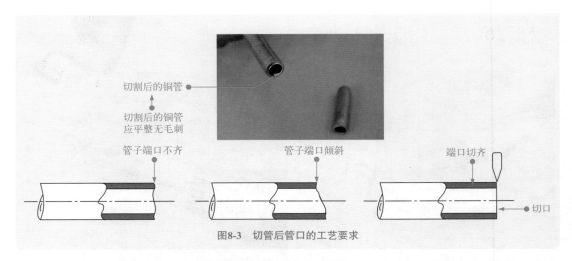

图8-3 切管后管口的工艺要求

使用切管器切割制冷管路完成后，还要注意去除缩径和毛刺，即借助倒角器或刮刀等，除去管口毛刺，如图8-4所示。

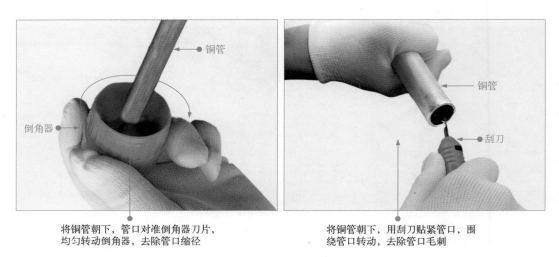

将铜管朝下，管口对准倒角器刀片，均匀转动倒角器，去除管口缩径

将铜管朝下，用刮刀贴紧管口，围绕管口转动，去除管口毛刺

图8-4 去除切开的管口缩径和毛刺

 提示

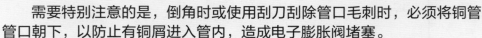

需要特别注意的是，倒角时或使用刮刀刮除管口毛刺时，必须将铜管管口朝下，以防止有铜屑进入管内，造成电子膨胀阀堵塞。

去除毛刺必须彻底，否则管口进行扩口后可能会发生漏气现象，直接影响配管安装质量。

8.1.2 中央空调制冷管路的弯管操作

在安装中央空调的过程中，为了适应制冷铜管的安装需要，减少系统管路焊接环节，往往需要对铜管进行弯曲，为了避免因弯曲而造成管壁有凹瘪的现象，需借助专门的弯管器进行操作，以保证制冷系统正常的循环效果。

中央空调制冷管路的弯管加工方法一般包括手动弯管（适用管径范围为 $\phi 6.35 \sim 12.7$ 的细铜管）和电动弯管（适用管径范围为 $\phi 6.35 \sim 44.45$ 的铜管）两种，如图 8-5 所示。

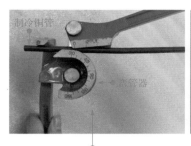

将铜管放入弯管口内并确保钢管的一端固定完好

铜管在弯管器上时应使铜管与弯管器贴合，并用力扳动手柄

操作弯管器时，应双手同时用力向内扳动

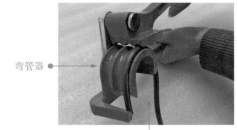
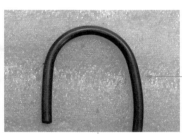

根据管路连接和安装需求，将管路弯至固定的角度

铜管弯曲后，管壁不能出现凹瘪或变形的情况

制冷管路的切管与弯管

(a) 手动弯管的操作方法

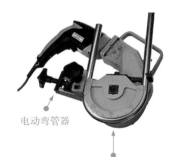

电动弯管操作与手动弯管操作基本相同，即根据安装需要确定弯管的角度，将待弯曲的铜管插入电动弯管器的弯头中，接通电源开始弯管

与手动弯管不同的是，电动弯管的动力来自电动机，无需手动费力

(b) 电动弯管的操作方法

图8-5　中央空调制冷管路的弯管方法

 提示

　　制冷管路弯管操作中，管道弯管的弯曲半径应为其直径的 3 ~ 5 倍，铜管弯曲变形后的短径与原直径之比应大于 2/3。弯管后，铜管内侧不能

起皱或变形，如图8-6所示；另外，管道的焊接接口不应放在弯曲部位，接口焊缝距管道或管件弯曲部位的距离应不小于100mm。

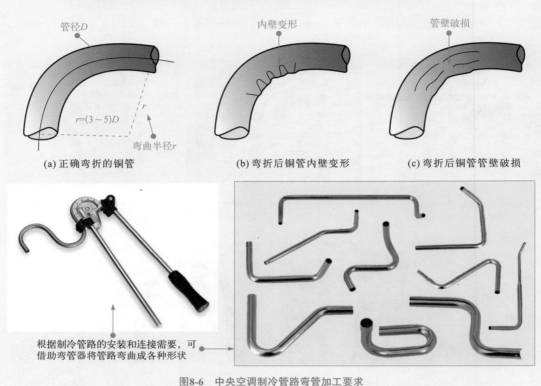

(a) 正确弯折的铜管　(b) 弯折后铜管内壁变形　(c) 弯折后铜管管壁破损

根据制冷管路的安装和连接需要，可借助弯管器将管路弯曲成各种形状

图8-6　中央空调制冷管路弯管加工要求

8.1.3　中央空调制冷管路的扩管操作

中央空调的扩管操作是指将制冷配管管口扩成喇叭口，应用于需要进行纳子连接的场合。中央空调制冷系统多采用新型 R410a 制冷剂，因此这里选用 R410a 制冷管路专用扩管器进行扩管操作演示。

使用 R410a 制冷管路专用扩管器的扩管操作如图 8-7 所示，扩口操作要求铜管管口平整、无毛刺、无翻边现象。

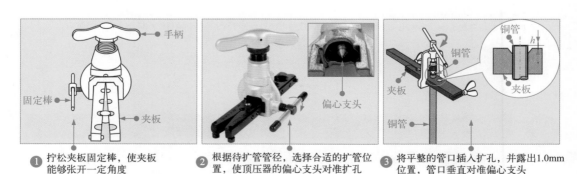

❶ 拧松夹板固定棒，使夹板能够张开一定角度

❷ 根据待扩管管径，选择合适的扩管位置，使顶压器的偏心支头对准扩孔

❸ 将平整的管口插入扩孔，并露出1.0mm位置，管口垂直对准偏心支头

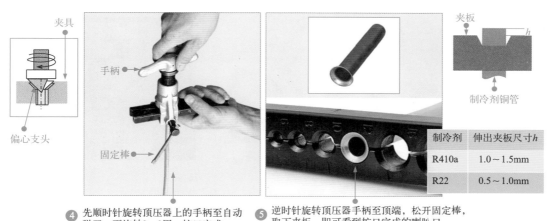

④ 先顺时针旋转顶压器上的手柄至自动弹开，再旋转2~3圈，扩口完成

⑤ 逆时针旋转顶压器手柄至顶端，松开固定棒，取下夹板，即可看到扩口完成的喇叭口

制冷剂	伸出夹板尺寸h
R410a	1.0~1.5mm
R22	0.5~1.0mm

图8-7　中央空调制冷管路的扩口（喇叭口）方法

提示

　　值得注意的是，不同管径的制冷铜管，扩喇叭口的形状和尺寸不同，如图8-8所示。

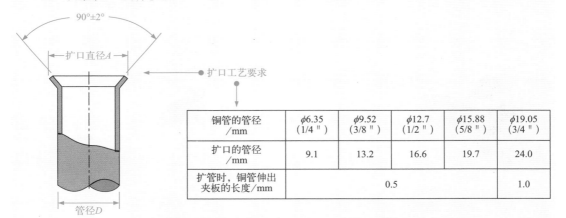

铜管的管径/mm	ϕ6.35（1/4″）	ϕ9.52（3/8″）	ϕ12.7（1/2″）	ϕ15.88（5/8″）	ϕ19.05（3/4″）
扩口的管径/mm	9.1	13.2	16.6	19.7	24.0
扩管时，铜管伸出夹板的长度/mm	0.5				1.0

图8-8　不同管径制冷铜管喇叭口的形状和尺寸要求

　　使用扩管器扩喇叭口后，要求扩口与母管同径，不可出现偏心情况，不应产生纵向裂纹，否则需要割掉管口重新扩口，图8-9为其工艺要求和合格喇叭口与不合格喇叭口的对照比较。

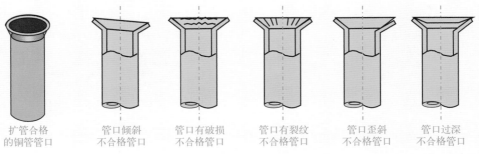

扩管合格的铜管管口　　管口倾斜不合格管口　　管口有破损不合格管口　　管口有裂纹不合格管口　　管口歪斜不合格管口　　管口过深不合格管口

图8-9

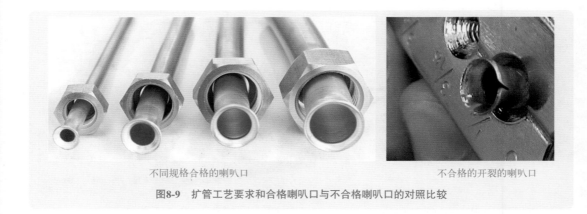

不同规格合格的喇叭口　　不合格的开裂的喇叭口

图8-9　扩管工艺要求和合格喇叭口与不合格喇叭口的对照比较

8.1.4　中央空调制冷管路的胀管操作

在中央空调制冷管路连接操作中，两根同管径的管路钎焊连接时，需要将其中一根的管口进行胀管操作，即胀大管口管径，使另一根管口能够插入胀开的管口中。胀管操作需要借助专用的胀管器加工，如图8-10所示。

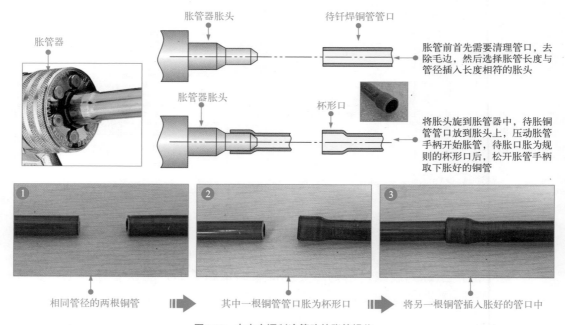

胀管器胀头　　待钎焊铜管管口

胀管器

胀管前首先需要清理管口，去除毛边，然后选择胀管长度与管径插入长度相符的胀头

胀管器胀头　　杯形口

将胀头旋到胀管器中，待胀铜管管口放到胀头上，压动胀管手柄开始胀管，待胀口胀为规则的杯形口后，松开胀管手柄取下胀好的铜管

① 相同管径的两根铜管　　② 其中一根铜管管口胀为杯形口　　③ 将另一根铜管插入胀好的管口中

图8-10　中央空调制冷管路的胀管操作

 提示

在胀管操作中，要求胀口不可有纵向裂纹、胀口不能出现歪斜情况，且在中央空调系统中不同管径的铜管所要求的承插深度不同。图8-11为中央空调制冷管路胀管操作的工艺要求。

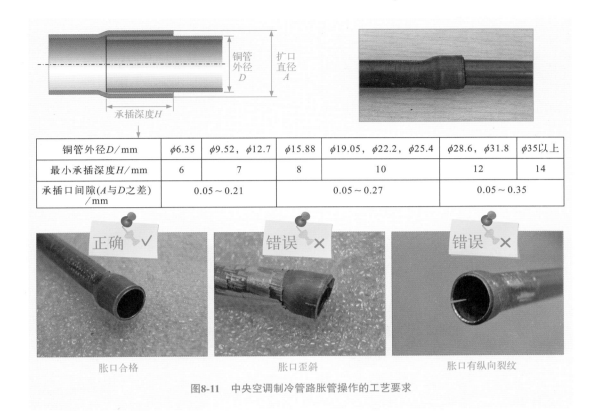

铜管外径D/mm	$\phi6.35$	$\phi9.52$，$\phi12.7$	$\phi15.88$	$\phi19.05$，$\phi22.2$，$\phi25.4$	$\phi28.6$，$\phi31.8$	$\phi35$以上
最小承插深度H/mm	6	7	8	10	12	14
承插口间隙(A与D之差)/mm	0.05～0.21			0.05～0.27	0.05～0.35	

胀口合格　　　　　　　　　　胀口歪斜　　　　　　　　　　胀口有纵向裂纹

图8-11　中央空调制冷管路胀管操作的工艺要求

8.2　中央空调制冷管路的连接

8.2.1　中央空调制冷管路的承插钎焊连接

承插钎焊连接是指借助气焊设备将承插接口进行焊接，且在焊接过程中，向制冷管路中充入氮气（0.03～0.05MPa），以防止在焊接时产生氧化物而造成系统堵塞。

中央空调制冷管路的承插钎焊连接大致可分为四个步骤，即承插钎焊设备的连接、气焊设备的点火操作、焊接操作、气焊设备关火。

（1）承插钎焊设备的连接

如图 8-12 所示，中央空调制冷管路焊接前，先将待焊接的两根管路按照图 8-12 方法和要求进行承插连接，然后在焊接管路一侧连接氮气钢瓶，同时准备好气焊设备、焊剂、焊料等，做好焊接准备。

（2）气焊设备的点火操作

如图 8-13 所示，气焊设备的操作有着严格的规范和操作顺序要求，焊接管路前必须严格按照要求进行气焊设备的点火操作。

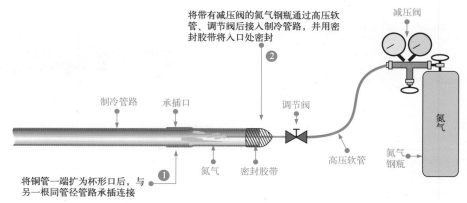

将带有减压阀的氮气钢瓶通过高压软管、调节阀后接入制冷管路，并用密封胶带将入口处密封 ❷

减压阀

制冷管路　承插口　调节阀　氮气

将铜管一端扩为杯形口后，与另一根同管径管路承插连接 ❶

氮气　密封胶带　高压软管　氮气钢瓶

图8-12　中央空调制冷管路承插钎焊设备的连接示意图

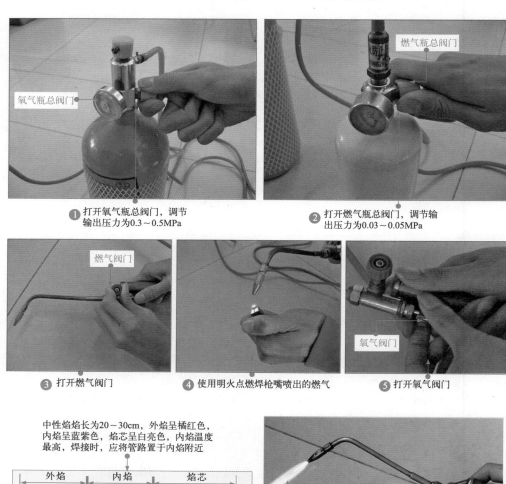

氧气瓶总阀门

❶ 打开氧气瓶总阀门，调节输出压力为0.3～0.5MPa

燃气瓶总阀门

❷ 打开燃气瓶总阀门，调节输出压力为0.03～0.05MPa

燃气阀门

❸ 打开燃气阀门

❹ 使用明火点燃焊枪嘴喷出的燃气

氧气阀门

❺ 打开氧气阀门

中性焰焰长为20～30cm，外焰呈橘红色，内焰呈蓝紫色，焰芯呈白亮色，内焰温度最高，焊接时，应将管路置于内焰附近

外焰　内焰　焰芯

20～30cm

❻ 将焊枪的火焰调整到中性焰。中性焰的火焰不要离开焊枪嘴，也不要出现回火现象

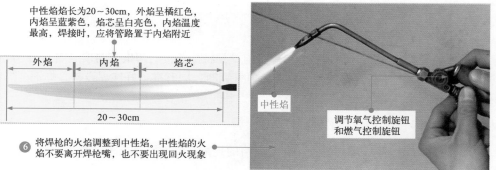

中性焰

调节氧气控制旋钮和燃气控制旋钮

图8-13　气焊设备的点火操作

提示

在调节火焰时，如氧气或燃气开得过大，不易出现中性火焰，反而成为不适合焊接的过氧焰或碳化焰。其中过氧焰温度高，火焰逐渐变成蓝色，焊接时会产生氧化物；而碳化焰的温度较低，无法焊接管路。

（3）焊接操作

如图8-14所示，打开氮气钢瓶，待焊接管路中充入氮气，管路中空气吹净后，继续充氮，同时将气焊设备火焰对准承插接口部分，对待焊接管路进行预热，然后加入焊料焊接承插口部分。

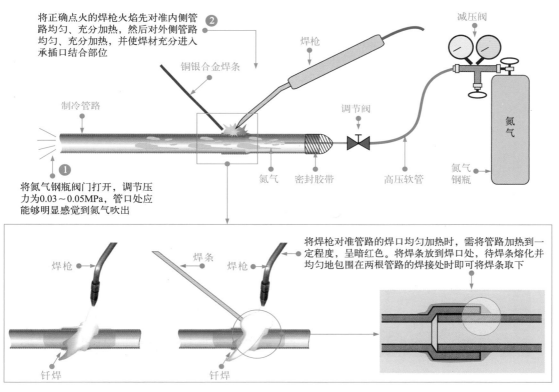

图8-14　承插钎焊的操作方法

提示

中央空调制冷管路钎焊开始前，需要注意清洁钎焊部位，确认承插口间隙合适（以承插后垂直放置靠摩擦力管路不分离为准），焊接方向一般以向下或水平方向焊接为宜，禁止仰焊，如图8-15所示，且承插接口的承口方向应与管路中制冷剂的流向相反。

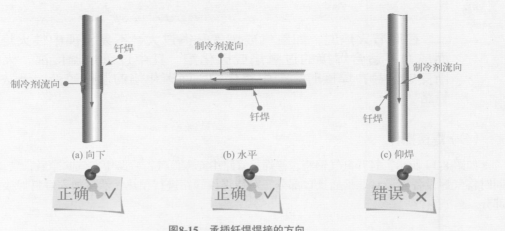

图8-15 承插钎焊焊接的方向

焊接时，向制冷管路中充入氮气时，氮气压力一般以0.03～0.05MPa为宜，也可根据制冷管路管径大小，适当调节减压阀使氮气压力适宜钎焊（以钎焊管路未连接氮气钢瓶一端有明显的氮气气流为宜）。若未充氮焊接，铜管内壁会产生黑色的氧化铜，当管路投入使用后，氧化铜会随着制冷剂流动堵塞过滤器滤网、电子膨胀阀、回油组件等，造成严重故障。图8-16为充氮焊接与未充氮焊接管内壁比较对照图。

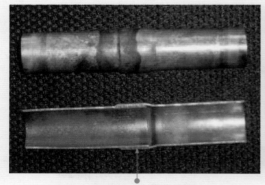
未充氮气保护焊接后的制冷铜管内发生氧化（内壁附着一层氧化铜）

充氮气保护焊接后的制冷铜管内光亮如新

图8-16 充氮焊接与未充氮焊接管内壁比较对照图

另外，若采用硬钎焊，应使用含银2%的银焊条，气焊设备火焰调整至中性焰，避免过氧化焊接。

（4）焊接后气焊设备的关火

如图8-17所示，焊接完成后，气焊设备关火也必须严格按照操作要求和顺序进行，避免出现回火现象。

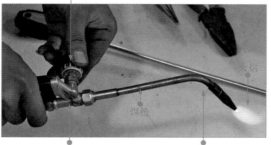

② 关闭燃气控制阀

焊缝表面光滑，填角均匀饱满，圆弧过渡。钎焊部位无过烧、焊堵、裂纹等情况，焊缝无气孔、虚焊、焊渣等情况

焊接后的铜管

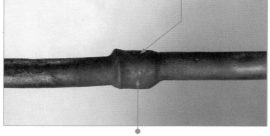

① 先关闭氧气控制阀

③ 依次关闭燃气和氧气瓶上的阀门

④ 焊接完毕后，检查焊接部位是否牢固、平滑，有无明显焊接不良的的问题

图8-17　焊接后气焊设备的关火

提示

　　制冷管路钎焊完成后，需要再继续通氮气 3 ～ 5min，直到管路自然冷却，不会产生氧化物为止。不可使用冷水冷却钎焊部位，以免因铜管和焊材的收缩率不一致导致裂纹。焊接位置要求应无砂眼和气泡，焊缝饱满平滑。值得注意的是，承插钎焊焊接必须为杯形口，不可用喇叭口对接焊接，如图8-18所示。

同管径管路不可扩喇叭口焊接

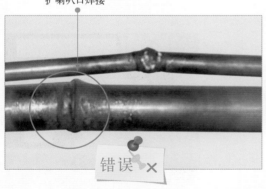

错误 ✗

同管径管路应胀杯形口焊接

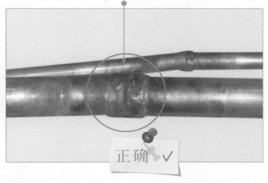

正确 ✓

图8-18　承插钎焊焊接的错误与正确方法比较

8.2.2　中央空调制冷管路的螺纹连接

　　螺纹连接是指借助套在管路上的纳子（螺母）与管口螺纹拧紧，实现管路与管件连接的方法。在中央空调制冷管路安装操作中，室内机与制冷管路之间、室外机液体截止阀与制冷管路之间一般采用螺纹连接。

（1）螺纹连接前的扩口操作

　　制冷管路采用螺纹连接时，需要借助专用的扩管器将管路的管口扩为喇叭口。扩口前，将规格匹配的纳子（纳子的最小内径略大于待连接管路的管径）套在管路，如图 8-19 所示。

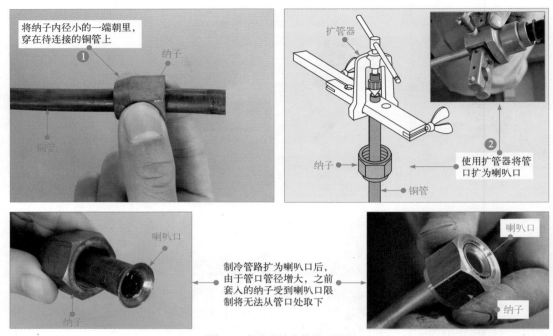

图8-19　螺纹连接前的扩口操作

（2）螺纹连接的方法

以室内机与制冷管路连接为例，将扩好的喇叭口对准室内机管路螺纹接口，将纳子旋拧到螺纹上，并借助两把力矩扳手拧紧，确保连接紧密，如图 8-20 所示。

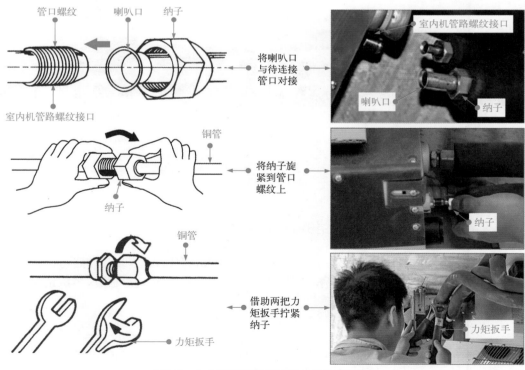

图8-20　中央空调制冷管路螺纹连接的操作方法

8.3 中央空调风管路的加工与连接

风管路是风冷式风循环中央空调系统中的重要管路。风管路安装前需要先对风管路相关的材料和设备进行加工和连接处理，然后按照管路的施工要求和规范安装即可。

8.3.1 中央空调风管路的连接关系

风冷式风循环中央空调系统中，室外机与室内末端设备通过风管路连接，由风管路输送冷 / 热风实现制冷 / 制热功能。

图 8-21 为风冷式风循环中央空调系统中风管路的连接关系示意图。风管路主要由风道和风道设备（静压箱、风量调节阀、法兰等）构成。

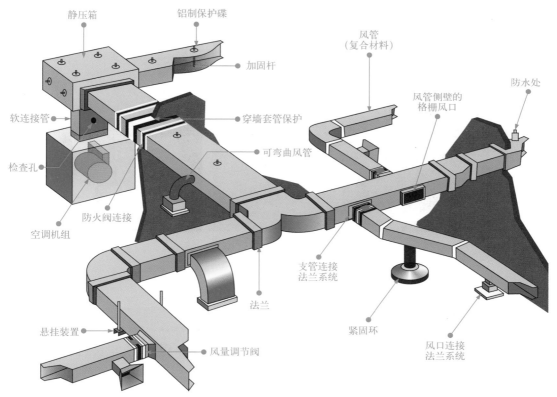

图8-21 风冷式风循环中央空调系统中风管路的连接关系示意图

风道是风冷式风循环中央空调主要的送风传输通道。在安装风道时，应先根据安装环境实地测量和规划，按照要求制作出多段风管，然后依据设计规划，将多段风管接在一起，并与相应的风道设备连接组合、固定。

8.3.2 中央空调风管的加工和制作

风管是中央空调送风的管道。通常，在进行中央空调安装过程中，风管的制作都采用现场丈量、加工，通过咬口连接、铆接和焊接等方式加工成型并连接。

因此，在制作风管前，一定要先根据设计要求对风管的长度和安装方式进行核查，并结合实际安装环境及丈量结果做出风管制作方案；然后根据实际丈量尺寸，确定风管的大小和数量核算板材。

目前，风管按照制作的材料主要有金属材料风管和复合材料风管两种。其中，金属材料的风管最为常见，许多中央空调中都采用镀锌钢板为材料。这种材料的风管在加工制作时应先按照规定尺寸下料，进行剪板和倒角。

（1）镀锌钢板的剪切和倒角

切割镀锌钢板多采用剪板机，将需要裁切的尺寸直接输入电脑，剪板机便会自动根据输入的尺寸完成精确的切割。图 8-22 为镀锌钢板的剪切和倒角。

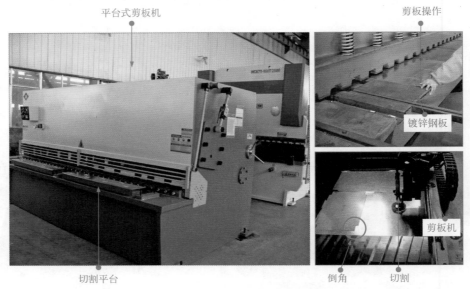

图8-22　镀锌钢板的剪切和倒角

💡 **提示** ≫

在剪板/倒角操作时，一定要注意人身安全，手严禁伸入到切割平台的压板空隙中。在剪板操作时，手尽可能远离刀口（最近距离不得少于5cm）；如果使用脚踏式剪板机，在调整板料时，脚不要放在踏板上，以免误操作导致割伤事故或材料损伤。

（2）镀锌钢板的咬口

剪板/倒角完成后，接下来就要对切割成型的镀锌钢板进行咬口操作。咬口也称咬边（或辘骨），主要用于板材边缘的加工，使板材便于连接。

如图 8-23 所示，镀锌钢板常见的咬口连接方式主要有按扣式咬口连接、联合角咬口（东洋骨）连接、转角咬口（驳骨）连接、单咬口（勾骨）连接、立咬口（单/双骨）连接及抽条咬口（剪烫骨）连接等。

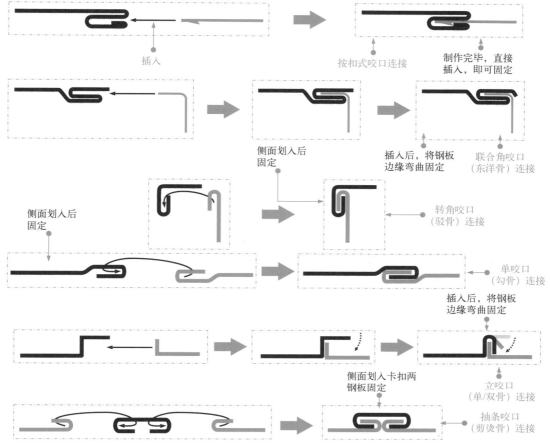

插入

按扣式咬口连接

制作完毕，直接
插入，即可固定

侧面划入后
固定

插入后，将钢板
边缘弯曲固定

联合角咬口
（东洋骨）连接

侧面划入后
固定

转角咬口
（驳骨）连接

单咬口
（勾骨）连接

插入后，将钢板
边缘弯曲固定

侧面划入卡扣两
钢板固定

立咬口
（单/双骨）连接

抽条咬口
（剪烫骨）连接

图8-23 镀锌钢板常见的咬口连接方式

（3）镀锌钢板的折方（或圈圆）

咬口操作完成后，便可以根据设计规划对咬口成型的镀锌钢板进行折方（或圈圆）操作。

如图 8-24 所示，通常，风管的形状主要有矩形和圆形。如果需要制作矩形风管，则利用折方机对加工好的镀锌钢板进行弯折，使其折成矩形。若需要制作圆形风管，则可利用圈圆机进行圈圆操作。

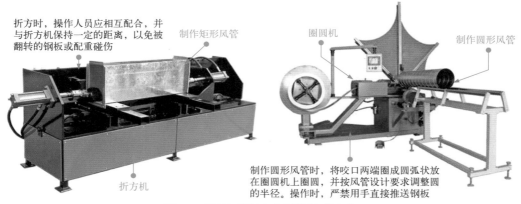

折方时，操作人员应相互配合，并
与折方机保持一定的距离，以免被
翻转的钢板或配重碰伤

制作矩形风管

圈圆机

制作圆形风管

折方机

制作圆形风管时，将咬口两端圈成圆弧状放
在圈圆机上圈圆，并按风管设计要求调整圆
的半径。操作时，严禁用手直接推送钢板

图8-24 镀锌钢板折方（或圈圆）的方法

图8-25为复合材料风管的折方方法。复合材料的板材可先切成不同的样式，再进行拼接。矩形风管的拼接可采用一片法、U形两片法、L形两片法和四片法。

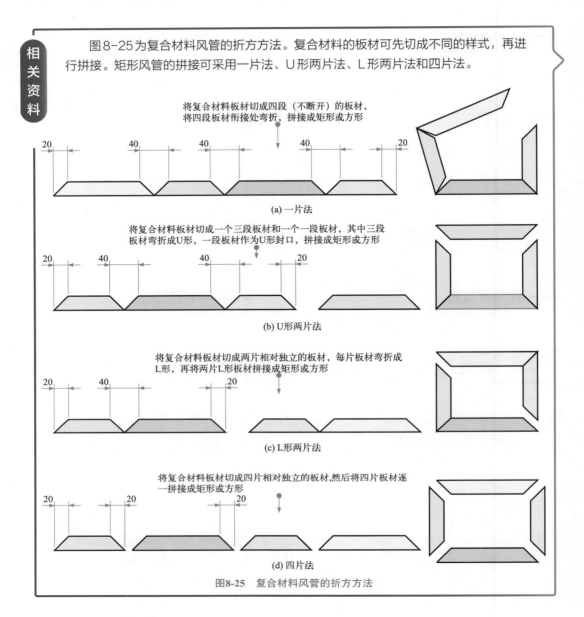

将复合材料板材切成四段（不断开）的板材，将四段板材衔接处弯折，拼接成矩形或方形

(a) 一片法

将复合材料板材切成一个三段板材和一个一段板材，其中三段板材弯折成U形，一段板材作为U形封口，拼接成矩形或方形

(b) U形两片法

将复合材料板材切成两片相对独立的板材，每片板材弯折成L形，再将两片L形板材拼接成矩形或方形

(c) L形两片法

将复合材料板材切成四片相对独立的板材，然后将四片板材逐一拼接成矩形或方形

(d) 四片法

图8-25　复合材料风管的折方方法

（4）风管的合缝处理

风管折制成方形（或圈成圆形）后，要对风管进行合缝处理，使之最终成型。一般可使用专用的合缝机完成合缝操作。

如图 8-26 所示，借助专用的镀锌钢板合缝机，对板材拼接位置进行合缝。需要注意的是，在联合角、转角及单 / 双骨等位置合缝时，应操作仔细、缓慢，必须确保合缝效果完好，不能有开缝、漏缝情况。

8.3.3　中央空调风管的连接

通常，金属材料的风管采用法兰连接及铆接的方法进行连接，复合材料风管可以采用错位无法兰插接式连接。

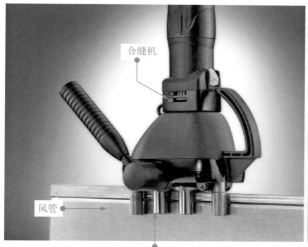

将合缝机底部夹持到待合
缝的板材拼接位置

合缝机可根据风管走
向进行合缝

联合角咬口(东洋骨)合缝操作　　转角咬口(驳骨)合缝操作　　立咬口(单/双骨)合缝操作

图8-26　风管合缝的处理方法

（1）金属材料风管的法兰连接

法兰连接借助法兰角连接器将一段风管与另一段风管进行连接和固定。图 8-27 为采用金属材料制作的风管借助法兰角实现连接的方法。

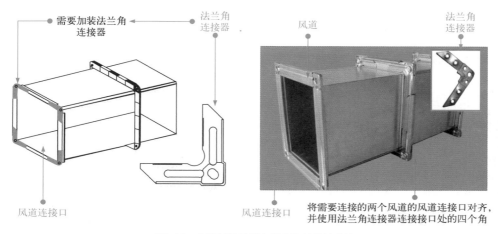

图8-27　金属材料风管之间的法兰连接方法

（2）金属材料风管的铆接

铆接是指利用铆钉实现一段风管与另一段风管的连接和固定。图 8-28 为采用金属材料制作的风管借助铆钉实现铆接的方法。

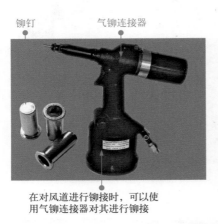

铆钉　　气铆连接器

在对风道进行铆接时，可以使用气铆连接器对其进行铆接

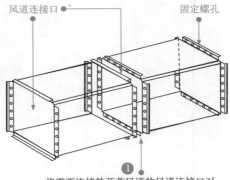

风道连接口　　固定螺孔

❶将需要连接的两节风道的风道连接口对齐，并确保连接口上的固定螺孔对齐

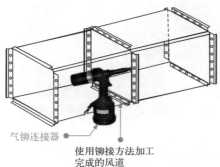

气铆连接器

使用铆接方法加工完成的风道

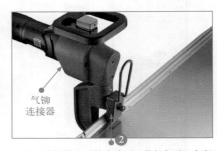

气铆连接器

❷当两个风道连接口对接完成后，将铆钉放入气铆连接器中，使连接器对准需要连接的螺孔，按下气铆连接器上的开关，使铆钉进入固定螺孔

图8-28　金属材料风管之间的铆接方法

风管在加工和连接中，除了按照上述操作方法进行相应的加工处理外，往往还需要根据实际的安装位置进行必要的加工处理和连接，图 8-29 为风冷式风循环中央空调多段风管的连接效果。

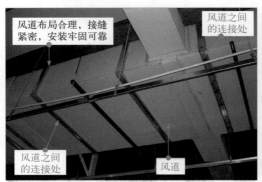

风道布局合理，接缝紧密，安装牢固可靠

风道之间的连接处

风道之间的连接处　　风道

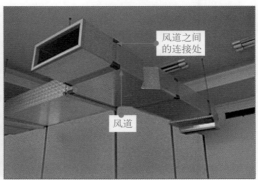

风道之间的连接处

风道

图8-29　风冷式风循环中央空调多段风管的连接效果

（3）复合材料风管的插接

如图 8-30 所示，玻镁复合风管可以采用错位无法兰插接式连接，将风管的连接插口对齐，将专用的黏合剂涂抹在风管连接口上，然后对接插入即可。

涂抹黏合剂

风管

风管

图8-30　复合材料风管的插接方法

8.3.4　中央空调风管路的风道设备与管路的连接

风管路中除了主体风管外，往往安装有多种风道设备，如静压箱、风量调节阀等，因此还需要将静压箱与风管连接、风量调节阀与风管连接。

图 8-31 为风量调节阀与静压箱，由图可以看出，风量调节阀与静压箱上都有法兰角连接器的安装部位，与风管之间的连接方式基本相同。

静压箱

法兰角连接器
安装部位

风量调节阀

法兰角连接器
安装部位

图8-31　中央空调风管路中的风量调节阀与静压箱

（1）静压箱与风管之间的连接

根据静压箱接口的类型，连接静压箱和风管一般采用法兰角连接器连接。图 8-32 为静压箱与风管之间使用法兰角连接器进行连接的操作方法。

（2）风量调节阀与风管之间的连接

根据风量调节阀接口的类型，连接风量调节阀和风管一般采用插接法兰条与勾码连接。图 8-33 为风量调节阀与风管之间通过插接法兰条与勾码连接的方法。

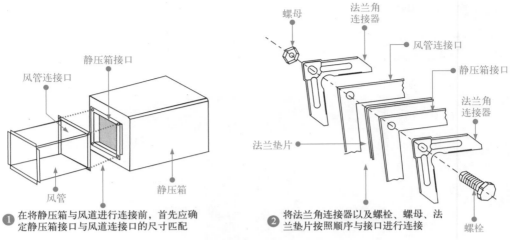

❶ 在将静压箱与风道进行连接前，首先应确定静压箱接口与风道连接口的尺寸匹配

❷ 将法兰角连接器以及螺栓、螺母、法兰垫片按照顺序与接口进行连接

图8-32　静压箱与风管之间的连接方法

❶ 将风量调节阀与风管连接口进行连接时，连接口应相匹配

通常风管与风量调节阀进行连接时，可以使用插接法兰条与勾码进行连接

❷ 将两个插接法兰条分别插入风管连接口与风量调节阀连接口中间，并使用勾码对其进行固定

❸ 使用勾码连接完成后，应当将螺栓拧紧，使其紧固

图8-33　风量调节阀与风管之间的连接方法

8.3.5　中央空调风道的吊装

　　中央空调的风道多采用吊装的方法安装在天花板上。吊装时应先根据风道的宽度选择合适的钢筋吊架，然后在确定的安装位置上，使用电钻打孔，并将全螺纹吊杆安装在打好的孔中。安装好吊杆后，将连接好的风道固定到吊杆上即可。

　　图 8-34 为使用吊杆吊装风道的操作方法。

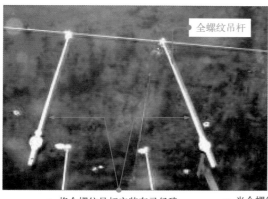

❶ 将全螺纹吊杆安装在已经确定好的位置上

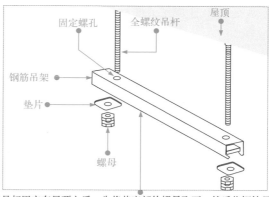

❷ 当全螺纹吊杆固定在屋顶之后，先将其底部的螺母取下，然后将钢筋吊架上的固定螺孔对准全螺纹吊杆，使其穿过，使用垫片和螺母进行固定

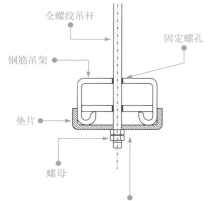

❸ 当全螺纹吊杆穿入钢筋吊架的固定螺孔和垫片后，应使用双螺母将其拧紧固定

❹ 将钢筋吊架固定完成后，应当检查钢筋吊架是否保持水平

❺ 当钢筋吊架安装完成后，即可将风道安装至吊架上端，风道安装好后，安装人员需要站在工程架上对风道进行连接

❻ 当风道固定在钢筋吊架上之后，应检查风道两端与钢筋吊架两端的距离

图8-34　使用吊杆吊装风道的操作方法

8.4　中央空调水管路的加工与连接

水管路是风冷式水循环中央空调和水冷式中央空调中的重要管路系统。水管路安装前

需要先对水管路相关的材料和设备进行加工和连接，然后按照管路的施工要求和规范进行安装。

8.4.1 中央空调水管路的连接关系

（1）风冷式水循环中央空调中水管路的连接关系

图 8-35 为风冷式水循环中央空调水管路系统的安装连接关系示意图。风冷式水循环中央空调水管路主要由管道、接头及闸阀、仪表等构成。

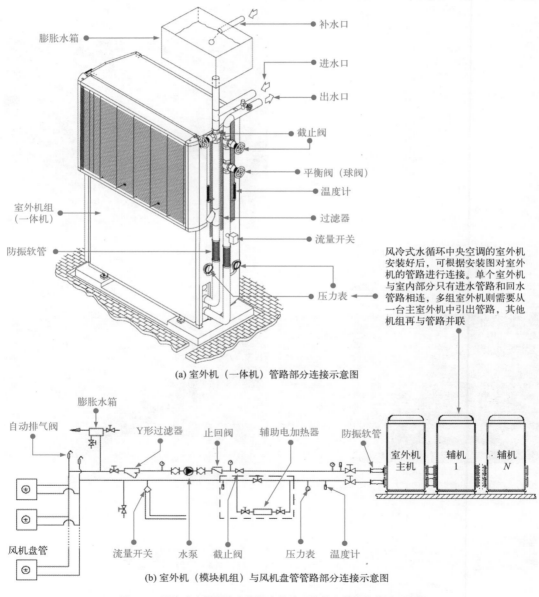

膨胀水箱

补水口

进水口

出水口

截止阀

平衡阀（球阀）

温度计

室外机组（一体机）

过滤器

流量开关

防振软管

风冷式水循环中央空调的室外机安装好后，可根据安装图对室外机的管路进行连接。单个室外机与室内部分只有进水管路和回水管路相连，多组室外机则需要从一台主室外机中引出管路，其他机组再与管路并联

压力表

(a) 室外机（一体机）管路部分连接示意图

膨胀水箱

自动排气阀

Y形过滤器

止回阀

辅助电加热器

防振软管

室外机主机

辅机 1

辅机 N

风机盘管

流量开关

水泵

截止阀

压力表

温度计

(b) 室外机（模块机组）与风机盘管管路部分连接示意图

图8-35 风冷式水循环中央空调水管路系统的安装连接关系示意图

（2）水冷式中央空调中水管路的连接关系

如图 8-36 所示，水冷式中央空调水管路的连接是指将所有用来使水系统正确、安全运行的设备和控制部件采用正确的顺序和方法安装连接。正确连接管路系统也是决定水冷式中央空调系统性能的关键步骤。

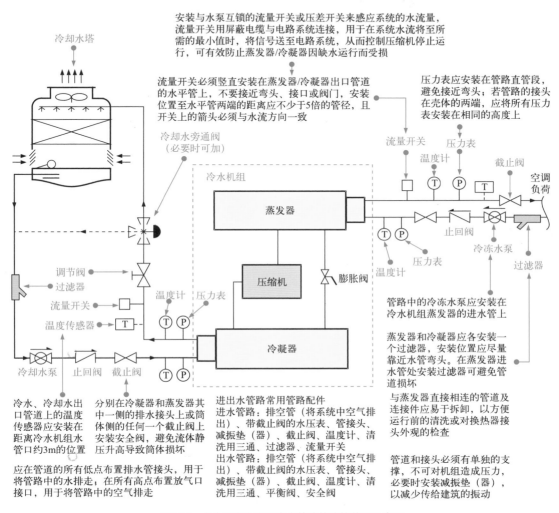

图8-36　水冷式中央空调中水管路的连接关系示意图

8.4.2　中央空调水管路的加工

在中央空调水管路系统中，不同的管材所采用的切割方式也不尽相同。

（1）镀锌钢管的切割

镀锌钢管是用于中央空调水管路系统的主要管材，对于镀锌钢管的切割通常使用管道切割机。

目前，常用的管道切割机主要分为手动砂轮管道切割机和数控管道切割机两大类。

图 8-37 为使用手动砂轮管道切割机切割管材的操作演示。手动砂轮管道切割机主要用于切割管径较细的管材，切割断面较为粗糙，但使用方便、灵活。台式手动砂轮管道切割机较便携式手动砂轮管道切割机更加稳定，但灵活性稍差。

台式手动砂轮管道切割机

钢管

图8-37 使用手动砂轮管道切割机切割管材的操作演示

图 8-38 为使用数控管道切割机切割管材的操作演示。数控管道切割机可以对切割模式、切割形状等进行精确控制。数控管道切割机会根据设定的程序自动完成切割操作。这种切割方式可确保切割断面精确、平整。许多数控管道切割机还带有坡口处理功能，省去了管材坡口处理的工序，非常方便。

钢管

图8-38 使用数控管道切割机切割管材的操作演示

（2）PP-R 管的切割

PP-R 管常用于中央空调的排水管路，这种管材不仅易于加工，而且具有环保、耐腐蚀、耐热、内壁光滑不结垢等特点，是一种新型的排水管材。

通常，对于 PP-R 管的切割可使用管子割刀（切管刀）直接剪切。图 8-39 为使用管子割刀（切管刀）剪切 PP-R 管的操作演示。管子割刀俗称 PP-R 剪刀，将 PP-R 管放置于刀口之间，用力合拢手柄即可完成切割操作。

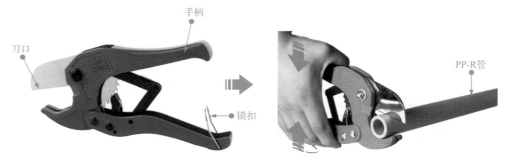

图8-39　使用管子割刀剪切PP-R管的操作演示

8.4.3　中央空调水管路的连接

（1）焊接

对于钢管或铸铁管来说，常采用焊接的方式进行两段管路之间或管路与其他管路部件之间的连接。焊接是中央空调水管路工程中最重要且应用最广泛的连接方式，具有接口牢固耐久、不易渗漏，接头强度和严密性高，使用后不需要经常管理等特点。

通常，为了确保管路焊接的质量，确保接头能够焊透而不出现工艺缺陷，在焊接之前要对待焊管路进行坡口处理。

图8-40为坡口的操作演示，坡口处理多采用坡口机完成，目前常见的坡口机主要有便携式坡口机和管道切割坡口机两种。便携式坡口机使用灵活，能实现不同规格的坡口处理，而管道切割坡口机则兼具管道切割和坡口的处理功能，将切割管道和坡口处理一步完成，非常方便、快捷。

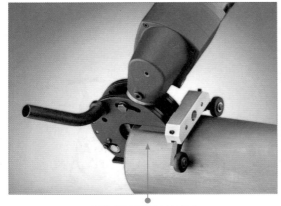
便携式坡口机的坡口操作

兼具管道切割和坡口处理双重功能

图8-40　坡口的操作演示

坡口处理完毕，便可对待焊接管路进行对口、施焊操作。

在中央空调水管路系统中，对于钢管或铸铁管的焊接多采用电焊方式。

提示

在管路焊接时，焊口位置应避开应力集中区，要确保坡口及外层表面15mm范围内油、漆、垢、锈、毛刺等清除干净，并露出金属光泽，且不得有裂纹、夹层等缺陷。另外，为确保焊接质量，待焊接的组对焊件内壁应齐平，内壁错边量不得超过厚度的10%。

（2）螺纹连接

螺纹连接又称丝扣连接，它是一种可拆卸的管路固定连接方式。这种连接具有结构简单、连接可靠、装拆方便等特点。如图 8-41 所示，螺纹连接通过内外螺纹把管道与管道、管道与阀门连接起来。这种连接主要用于管径小于 50mm 冷水或排水系统中的钢管、铜管和高压管道的连接。

图8-41　螺纹连接示意图

如图 8-42 所示，对于管道连接端的螺纹加工通常采用套丝机完成。螺纹加工完毕，便可进行螺纹连接。

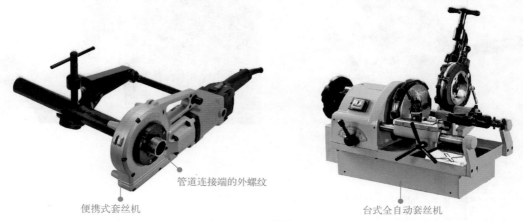

图8-42　螺纹加工

为确保连接处的密封效果，管道螺纹连接处可采用铅油和麻丝（或聚四氟乙烯防水胶带）作为密封填料，拧紧时不允许将填料带入管道内部。螺纹连接管道安装后的管螺纹根部应有2~3扣的外露螺纹，多余的麻丝应清理干净并做防腐处理。具体效果如图8-43所示。

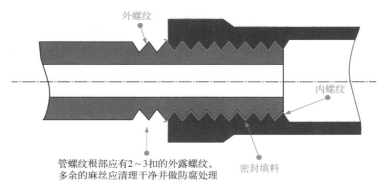

图8-43　螺纹连接的注意事项

（3）法兰连接

法兰连接先把两个管道或管件各自固定在一个法兰盘上，再使用螺栓将各自固定有法兰盘的两部分管道或管件紧固在一起。图 8-44 为法兰连接的示意图。

(a) 不同材质管道的法兰连接

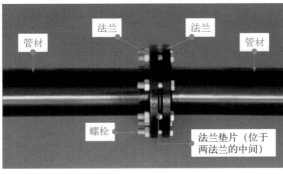

(b) 相同材质管道的法兰连接

图8-44　法兰连接的示意图

法兰连接可用于连接不同材质的管道或同材质管道，多用于管道与闸阀、止回阀、水泵等管路部件之间的连接。

（4）热熔连接

热熔连接广泛应用于 PP-R 管或 PB 管、PE-RT 管等管材的连接。图 8-45 为热熔连接的操作演示。

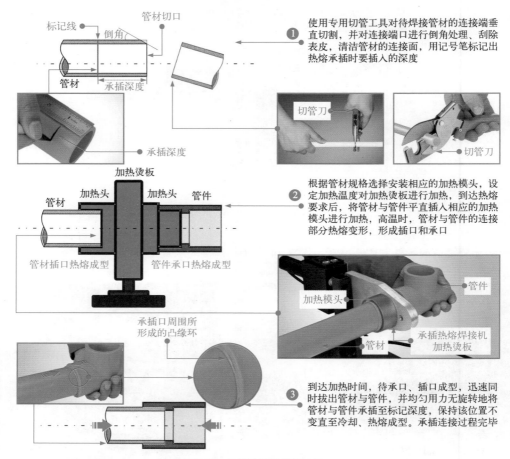

❶ 使用专用切管工具对待焊接管材的连接端垂直切割，并对连接端口进行倒角处理、刮除表皮，清洁管材的连接面，用记号笔标记出热熔承插时要插入的深度

❷ 根据管材规格选择安装相应的加热模头，设定加热温度对加热烫板进行加热，到达热熔要求后，将管材与管件平直插入相应的加热模头进行加热，高温时，管材与管件的连接部分热熔变形，形成插口和承口

❸ 到达加热时间，待承口、插口成型，迅速同时拔出管材与管件，并均匀用力无旋转地将管材与管件承插至标记深度，保持该位置不变直至冷却、热熔成型。承插连接过程完毕

图8-45　热熔连接的操作演示

 提示

　　热熔器可更换不同样式的加热模头，对塑料管材进行热熔连接时，应选配不同直径的圆形加热模头。

使用热熔器加热时，加热温度需要提前设定，如加热 DN20 的供暖复合管，一般将加热温度设为 260℃；PE 给水管热熔连接时，加热温度为 200 ~ 235℃。另外，在热熔连接时，若环境温度较低，可适当延长加热时间，确保将管材加热为足够的黏流态熔体，从而完成连接。

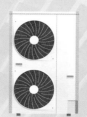

第9章 中央空调的设计施工要求

9.1 中央空调制冷管路的设计要求

中央空调的制冷管路是中央空调系统中的重要组成部分。操作施工前，正确合理地设计制冷管路的长度、材料、安装和固定等是整个系统设计施工的关键环节。本节以制冷管路施工较为复杂和多样的多联式中央空调为例，介绍中央空调制冷管路的各种设计要求。

9.1.1 中央空调制冷管路的长度设计要求

图 9-1 为典型多联式中央空调制冷管路的长度设计要求。多联式中央空调制冷配管的长度按照机组容量的不同有不同的要求（不同厂家对长度的要求有细微差别，可根据出厂说明具体了解）。

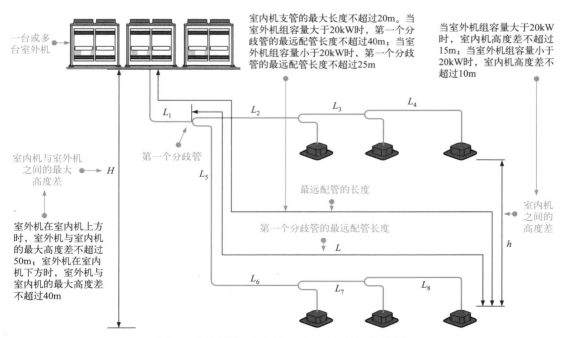

图9-1 典型多联式中央空调制冷管路的长度设计要求

制冷管路长度要求中，等效长度是指在考虑了分歧管、弯头、存油弯等局部压力损失换算后的长度。其计算公式为：等效长度＝配管长度＋分歧管数量×分歧管等效长度＋弯头数量×弯头等效长度＋存油弯数量×存油弯等效长度。

分歧管的等效长度一般按0.5m计算，弯头和存油弯的等效长度与管路管径有关，见表9-1。

表9-1　不同管径制冷管路弯头、存油弯的等效长度

管径/mm	等效长度/m		管径/mm	等效长度/m		管径/mm	等效长度/m	
	弯头	存油弯		弯头	存油弯		弯头	存油弯
ϕ9.52	0.18	1.3	ϕ22.23	0.40	3.0	ϕ34.9	0.60	4.4
ϕ12.7	0.20	1.5	ϕ25.4	0.45	3.4	ϕ38.1	0.65	4.7
ϕ15.88	0.25	2.0	ϕ28.6	0.50	3.7	ϕ41.3	0.70	5.0
ϕ19.05	0.35	2.4	ϕ31.8	0.55	4.0			
分歧管	0.5m							

例如，12hp（1hp≈735W，下同）的室外机，管道的实际长度为82m，管道直径为28.6mm，使用了14个弯管、2个存油弯，3个分歧管时，其等效长度为82+0.5×14+3.7×2+0.5×3=97.9（m）。

不同容量机组的制冷管路长度要求，见表9-2。

表9-2　不同容量机组的制冷管路长度要求　　　　　单位：m

项目		容量≥60kW机组	容量≥20kW且<60kW机组	容量<20kW机组
R410a制冷剂系统		允许值	允许值	允许值
配管总长（实际长）		500	300	150
最远配管长	实际长度	150	100	70
	相当长度	175	125	80
第一分歧管到最远室内机配管相当长度L		40	40	25
室内机-室外机落差	室外机在上	50	50	30
	室外机在下	40	40	25
室内机-室内机落差		15	15	10

9.1.2　中央空调制冷管路的材料选配要求

中央空调制冷管路一般由脱磷无缝紫铜管拉制而成，选择管路时，应尽量选择长直管或盘绕管，避免经常焊接。

选配制冷管路时，要求管路内外表面无孔缝、裂纹、气泡、杂质、铜粉、锈蚀、脏污、积炭层和严重氧化膜等情况，且不允许管路存在明显划伤、凹坑等缺陷。

表9-3为不同规格的制冷剂管路管径及壁厚数据，选用管路时根据实际需求和设计要求选配。

表9-3　不同规格的制冷剂管路管径及壁厚数据

铜管外径		R22制冷剂管路		R410a制冷剂管路	
mm	in	最小壁厚/mm	类型	最小壁厚/mm	类型
ϕ6.35	1/4	0.6	O	0.8	O
ϕ9.52	3/8	0.7	O	0.8	O
ϕ12.7	1/2	0.8	O	0.8	O
ϕ15.88	5/8	1.0	O	1.0	O
ϕ19.05	3/4	1.0	O	1.0	1/2H
ϕ22.23	7/8	1.2	1/2H	1.2	1/2H
ϕ25.4	1	1.2	1/2H	1.2	1/2H
ϕ28.6	9/8	1.2	1/2H	1.2	1/2H
ϕ31.75	5/4	1.2	1/2H	1.2	1/2H
ϕ34.88	11/8	1.2	1/2H	1.2	1/2H
ϕ38.1	3/2	1.5	1/2H	1.5	1/2H
ϕ41.3	13/8	1.5	1/2H	1.5	1/2H
ϕ44.45	7/4	1.7	1/2H	1.7	1/2H

注：类型中"O"指硬度较小的软铜管，可扩喇叭口；"1/2H"指半硬度管，不可扩喇叭口。

制冷管路根据安装位置、长度和制冷容量不同，选配管径也有相应要求。表 9-4 为制冷管路选配管径对照表。

表9-4　制冷管路选配管径对照表

室外机容量/匹	所有室内机等效配管长度＜90m		所有室内机等效配管长度≥90m	
	室内机主配管尺寸/mm		室内机主配管尺寸/mm	
	液管	气管	液管	气管
8	ϕ12.7	ϕ22.2	ϕ12.7	ϕ25.4
10	ϕ12.7	ϕ25.4	ϕ12.7	ϕ25.4
12	ϕ12.7	ϕ28.6	ϕ15.88	ϕ28.6
14～16	ϕ15.88	ϕ28.6	ϕ15.88	ϕ31.8
18～22	ϕ15.88	ϕ31.8	ϕ19.05	ϕ31.8
24	ϕ15.88	ϕ34.9	ϕ19.05	ϕ34.9
26～32	ϕ19.05	ϕ34.9	ϕ22.2	ϕ38.1
34～48	ϕ19.05	ϕ41.3	ϕ22.2	ϕ41.3
50～72	ϕ22.2	ϕ44.5	ϕ25.4	ϕ44.5

注：1匹=1马力（hp）≈735W。

禁止使用供给、排水用途的铜管作为制冷管路（内部清洁度不够，杂质或水分会导致制冷管路脏堵、冰堵等情况）。R410a制冷剂铜管必须为专用去油铜管，可承受压力≥45kgf/cm²；R22制冷剂铜管可承受压力应≥30kgf/cm²。

　　制冷管路在施工时，必须先根据设计要求选择符合需求的管径和壁厚；制冷管路在运输和存放时，应注意管口两端封口，避免杂质、灰尘进入，如图9-2所示，运输过程中应避免因碰撞出现管壁划伤、凹坑等情况；安装操作中必须采用专用的加工工具，并保证管路系统内部的清洁、干燥和高气密性。

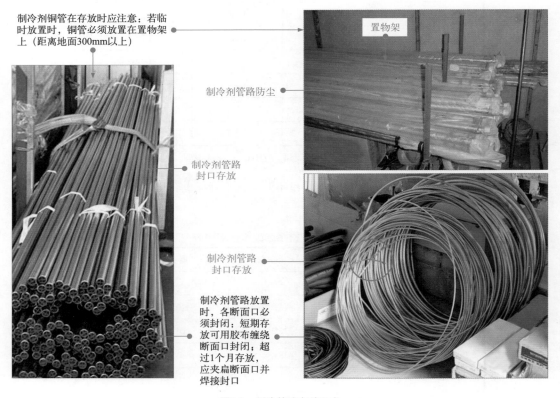

图9-2　制冷管路存放要求

9.1.3　中央空调制冷管路的安装和固定要求

　　中央空调制冷管路可直接固定在墙壁上，也可将其水平或垂直进行吊装。常用于辅助固定的附件主要有金属卡箍、U形管卡、角钢支架、托架或圆钢吊架等。图9-3为制冷管路横管和竖管的固定方式和要求。

　　图9-4为制冷管路的局部管固定要求。局部管是指制冷剂配管中的弯管、分歧管、室内机接口管和穿墙管等，这些比较特殊的管路部分，对管路固定的方式有一定要求。

横管固定：横管可采用金属卡箍、U形管卡、角钢支架、角钢托架或圆钢吊架固定。应注意，U形管卡应用扁钢制作，角钢支架、角钢托架或圆钢吊架需做防腐防锈处理

铜管外径/mm	≤12.7	>12.7
吊支架间距/m	1.2	1.5

金属卡箍

吊装配管

吊装配管

吊装配管

角钢托架

竖管固定：竖管一般采用U形管卡每间隔2.5m以内固定。管卡处应使用圆木垫代替保温材料。U形管卡应卡住圆木垫外固定，且应对圆木垫进行防腐处理

圆木垫

U形管卡

图9-3 制冷管路横管和竖管的固定方式和要求

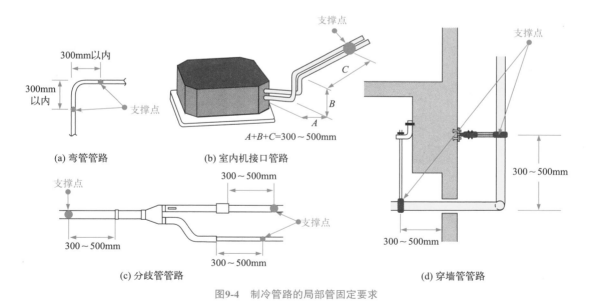

图9-4 制冷管路的局部管固定要求

9.1.4 中央空调分歧管的设计要求

分歧管是将制冷管路进行分路的配件，按照规范要求正确设计、安装和连接分歧管也是制冷剂配管连接中的重要环节。

（1）分歧管的距离要求

多联式中央空调制冷管路中，不直接连接室内机的分歧管称为主分歧管，主分歧管的安装位置与最近、最远室内机之间的管路长度等必须符合设计规范，如图 9-5 所示。

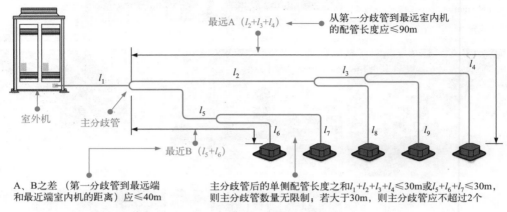

图9-5 主分歧管的设计要求

（2）分歧管的安装与焊接要求

分歧管安装和连接时，对其连接方向、长度都有明确要求和规定，实际操作时必须按照要求操作和执行，如图 9-6 所示。

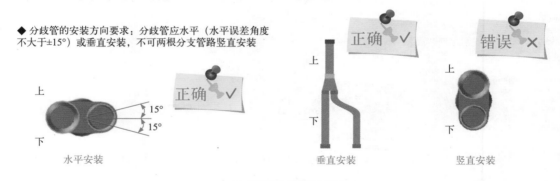

(a) 分歧管的安装方向要求

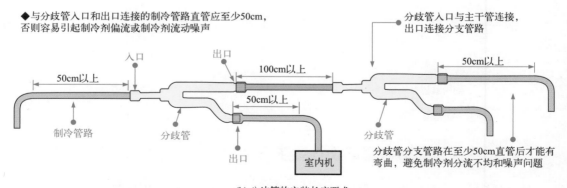

(b) 分歧管的安装长度要求

图9-6 分歧管安装方向和长度要求

分歧管与制冷管路焊接时，需要充氮焊接（即氮气置换钎焊），防止焊接部位氧化而导致管路内部出现杂质，如图9-7所示。

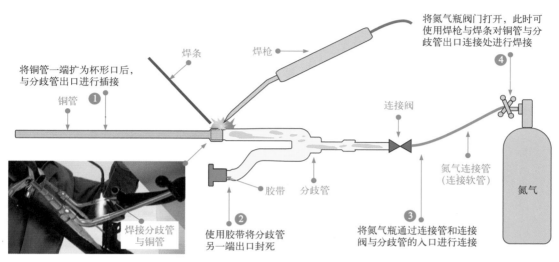

将铜管一端扩为杯形口后，与分歧管出口进行插接

铜管 ❶

焊条

焊枪

将氮气瓶阀门打开，此时可使用焊枪与焊条对铜管与分歧管出口连接处进行焊接 ❹

连接阀

氮气连接管（连接软管）

氮气

焊接分歧管与铜管

胶带

分歧管

❷ 使用胶带将分歧管另一端出口封死

❸ 将氮气瓶通过连接管和连接阀与分歧管的入口进行连接

图9-7　分歧管的焊接要求

9.1.5　存油弯的设计要求

存油弯是制冷配管中一种为便于回油设置的管路附件。一般情况下，当中央空调室内、外机高度差大于10m时，需要在气管上设置存油弯，每间隔10m增加一个。

存油弯的大小与其管径有关，如图9-8所示，存油弯的高度一般为10cm左右，或者高度大于3～5倍的配管外径，使用铜管扩喇叭口后，采用钎焊预制。

存油弯的一般尺寸 → 10cm

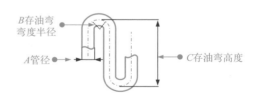

B存油弯弯度半径

A管径

C存油弯高度

A/mm	B/mm	C/mm	A/mm	B/mm	C/mm
$\phi22.2$	≥31	≤150	$\phi38.1$	≥60	≤350
$\phi25.4$	≥45	≤150	$\phi41.3$	≥80	≤450
$\phi28.6$	≥45	≤150	$\phi44.45$	≥80	≤500
$\phi34.9$	≥60	≤250	$\phi54.1$	≥90	≤500

图9-8　存油弯的规格要求

存油弯的安装距离要求，如图9-9所示。

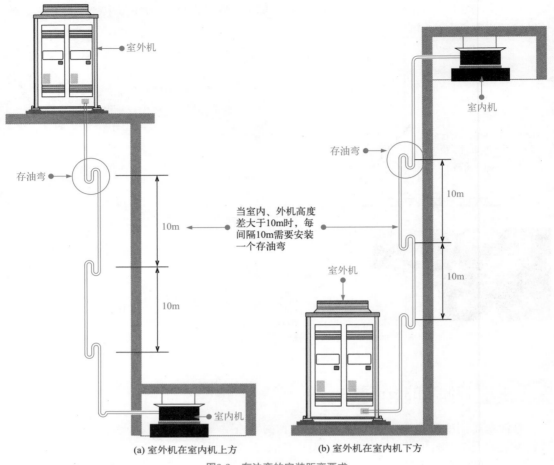

（a）室外机在室内机上方　　　（b）室外机在室内机下方

图9-9　存油弯的安装距离要求

9.2 中央空调制冷管路的施工原则

9.2.1 制冷管路的干燥原则

多联式中央空调制冷管路施工操作中，确保制冷管路内部干燥是施工的基本要求和原则。

制冷管路的干燥原则是确保管路中无水分，在运输和存储过程中，应避免管路端部进水（如雨水）或管路中水分结露等情况发生，引起中央空调系统膨胀阀等结冰、冷冻油劣化，进而导致过滤器阻塞、压缩机故障等。

为满足制冷管路的干燥原则，在运输、存放、安装等过程中可采取配管端口保护、配管清洁和真空干燥等措施，确保制冷管路符合干燥规范要求，如图9-10所示。

9.2.2 制冷管路的清洁原则

在多联式中央空调制冷管路施工操作中，应保证配管内部无脏污、无杂质，符合管路施

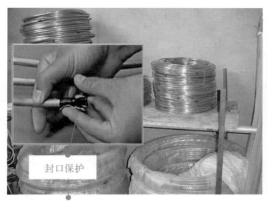
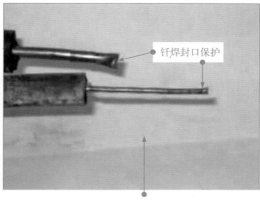

短时间存放，可在制冷管路端口缠绕PVC胶带或在铜管末端套上封帽，实现铜管末端封口

较长时间存放，应钎焊封口（将铜管末端压扁，钎焊封入0.2~0.5MPa氮气）

图9-10　确保制冷管路干燥的措施

工的清洁原则和要求。

制冷管路在焊接时可能形成的氧化物、灰尘或脏污等侵入管内后，都将造成制冷管路不清洁，从而导致中央空调系统中的膨胀阀、毛细管异常，冷冻油劣化，不制冷、不制热，压缩机故障等情况。

为满足制冷管路的清洁原则，要求所有管路焊接时必须充入氮气，即采用钎焊的方法焊接；必要情况下，必须对制冷管路进行清洁，如图 9-11 所示。

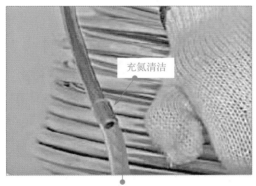
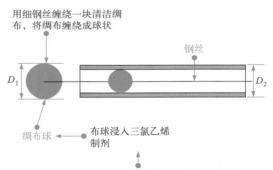

将待连接管路（适用于盘管）的管口通过软管与氮气钢瓶连接，将氮气从管路一端吹入，另一端吹出，借助高速高压的氮气吹扫管路内部

将缠有绸布球的钢丝从铜管（适用于直管）一端进入，另一端拉出，借助绸布球清理管道内壁的杂质和灰尘，每抽拉一次清理绸布上的灰尘和杂质，反复清洗，直至管内清洁

(a) 充氮清洁法　　　　　　　　　　　　　　(b) 绸布抽拉清洁法

图9-11　制冷管路的清洁方法

9.2.3　制冷管路的密闭原则

制冷管路的密闭原则是在中央空调管路施工操作中，应确保制冷管路无任何泄漏情况。

在中央空调制冷管路施工操作中，管路之间的焊接不良、喇叭口螺纹连接不良或安装操作不规范致使管路外部划伤、凹坑或针孔等都会导致制冷管路气密性差，从而使中央空调制冷剂不足、冷冻油劣化、压缩机过热，严重时会导致不制冷、不制热和压缩机故障等。

为满足制冷管路的密闭原则，要求必须按照规范焊接管路、按照规范扩喇叭口，并按要求螺纹连接喇叭口，紧固管口纳子等，如图9-12所示。

图9-12 确保制冷管路密闭性的措施

9.2.4 制冷管路的保温原则

中央空调在制冷模式时气管的温度很低，管道散热会损失冷量并引起结露滴水；制热时管路温度很高，可能会引起烫伤。因此，综合各方面因素，制冷管路应按要求实施保温处理，如图9-13所示，以保证中央空调的制冷/制热效果。

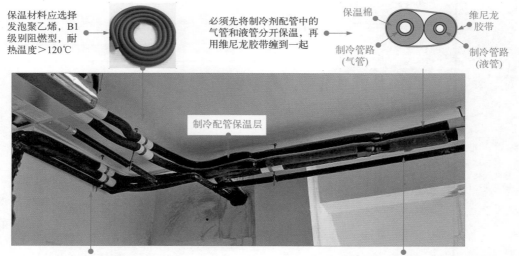

图9-13 中央空调制冷管路的保温

（1）直管的保温方法

图 9-14 为制冷剂管路直管的保温方法。穿保温层时，必须将制冷剂配管的管口密封，防止杂物进入管路，影响制冷 / 制热效果。

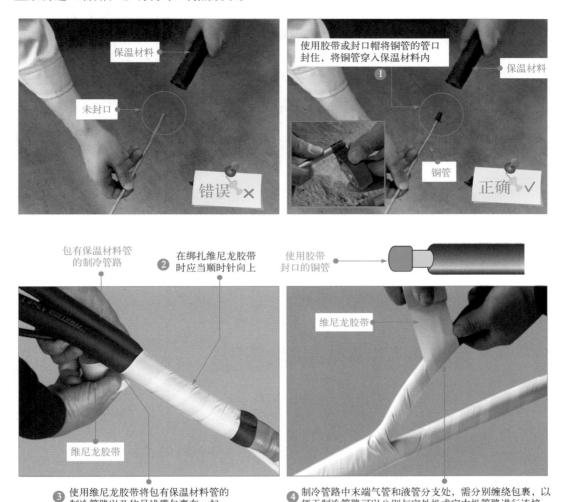

③ 使用维尼龙胶带将包有保温材料管的制冷管路以及信号线缆包裹在一起

④ 制冷管路中末端气管和液管分支处，需分别缠绕包裹，以便于制冷管路可以分别与室外机或室内机管路进行连接

图9-14 制冷剂管路直管的保温方法

（2）分歧管的保温方法

如图 9-15 所示，分歧管保温一般需要使用专用的分歧管保温套。

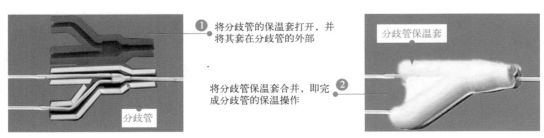

图9-15

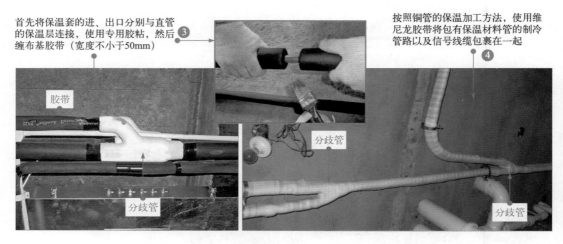

首先将保温套的进、出口分别与直管的保温层连接，使用专用胶粘，然后缠布基胶带（宽度不小于50mm）

按照铜管的保温加工方法，使用维尼龙胶带将包有保温材料管的制冷管路以及信号线缆包裹在一起

图9-15 分歧管的保温方法

（3）保温层衔接处的修补

如图 9-16 所示，当保温层因安装需要切断或两段保温层需要连接时，需按要求对接口处进行处理，确保连接可靠。

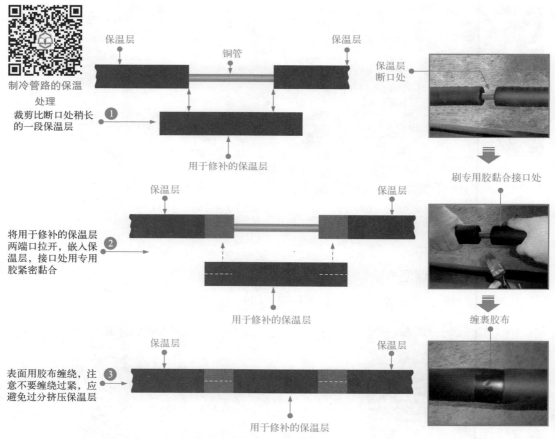

制冷管路的保温处理

裁剪比断口处稍长的一段保温层 ❶

将用于修补的保温层两端口拉开，嵌入保温层，接口处用专用胶紧密黏合 ❷

表面用胶布缠绕，注意不要缠绕过紧，应避免过分挤压保温层 ❸

图9-16 保温层衔接处的修补方法

（4）室内、外机接口处保温处理

如图 9-17 所示，室内、外机接口处保温需要在气密性实验后进行，处理接口处的保温层时，要求保温层与机体之间不能有间隙。

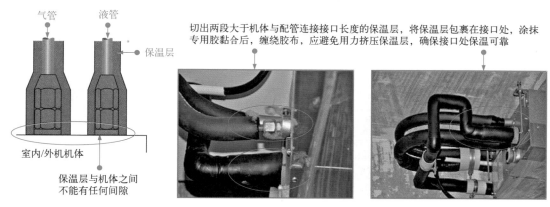

图9-17　室内、外机接口处保温处理

9.3　中央空调室内、外机的安装设计规范

9.3.1　中央空调室内、外机的总体设计规范

安装多联式中央空调必须了解系统的总体设计规范和施工原则。例如，根据实际设定安装方案，明确整个系统的总体原则，如制冷管路长度/高度差要求，室内/外机的类型、安装位置和高度落差等，如图 9-18 所示。

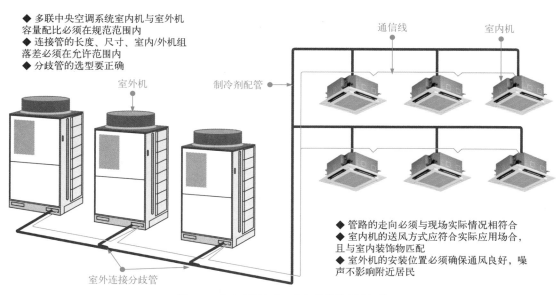

图9-18　中央空调室内、外机的总体设计规范

提示

多联式中央空调系统室内机与室外机的容量配比一般为50%～130%，不同厂家要求不同，但基本上最低不能低于50%，最高不超过130%，超出这一范围将导致多联式中央空调系统无法开机，表9-5为某品牌多联式中央空调室内机与室外机容量配置。

表9-5　某品牌多联式中央空调室内机与室外机容量配置

容量范围/hp	8	10	12	14	16	18	20	22	24	26
可连接室内机台数/台	13	16	19	23	26	29	33	36	39	43
连接室内机的总容量指数/(W/100)	112～291	140～364	168～436	200～520	225～585	252～655	280～727	312～811	337～876	365～949
容量范围/hp	28	30	32	34	36	38	40	42	44	46
可连接室内机台数/台	46	50	53	56	59	63	64	64	64	64
连接室内机的总容量指数/(W/100)	393～1021	425～1105	450～1170	477～1240	505～1312	537～1396	562～1461	590～1534	618～1606	650～1690

容量配比最低不可低于50%，是因为当空调器的压缩机运转一定时间，达到所需要的负荷后，压缩机自动转为低频运转或停机。若配比低于50%，即室内机总制冷量低于室外机的50%，则会出现室外机的能力过剩、高压压力高，引起停机保护等动作，误报故障；另外，系统中的冷媒量小，将导致制冷剂无法正常循环，严重时会导致压缩机损坏和烧毁，且由于压缩机不是在其高效工作区域运行，能耗较高，不利于节能。

9.3.2　中央空调室外机及配管的安装设计规范

（1）中央空调室外机配管的安装要求

制冷配管从室外机组底部引出，通过分歧管连接，其中机组气管由气管分歧管连接（较粗），液管由液管分歧管连接（较细）。图9-19为室外机制冷管路的连接方式和连接要求。

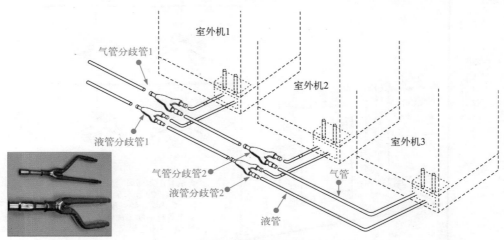

（a）制冷管路从室外机组底部水平引出

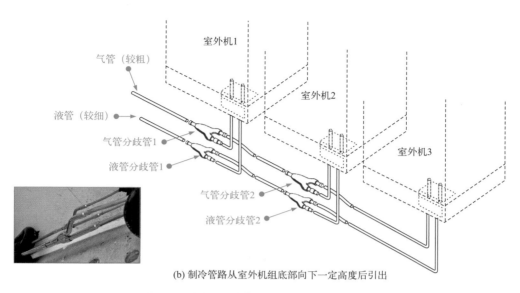

(b) 制冷管路从室外机组底部向下一定高度后引出

图9-19 室外机制冷管路的连接方式和连接要求

（2）中央空调室外机的连接要求

在多台室外机连接构成的室外机组系统中，室外机的连接顺序、连接管路引出长度、分歧管高度、制冷管路引出方向等都有一定要求，如图 9-20 所示。

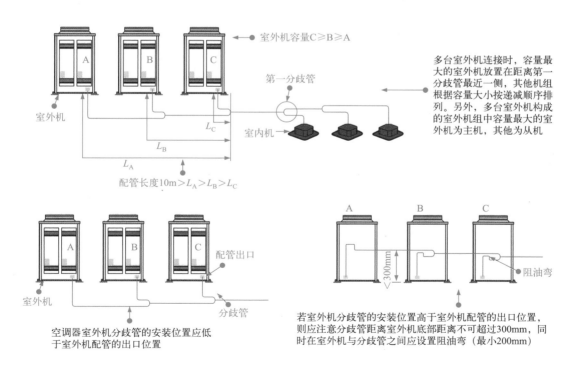

图9-20

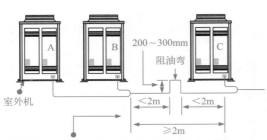

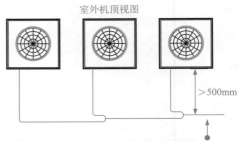

当室外机配管长度大于2m时，应在气管上设置阻油弯(200～300mm)，用于避免系统内的冷冻油积聚在单台室外机内

若配管安装在室外机的前方，则应保持室外机与分歧管之间的最小垂直距离大于500mm（预留压缩机的维修空间）

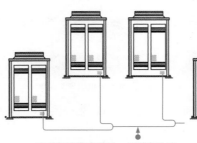

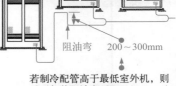

为避免冷冻油阻塞在停止的机器或管路中，室外机管路安装时，应水平安装，或相对于室内机配管呈向下倾斜状态

室外机有高度差时，为避免冷冻油阻塞较低的一台室外机，制冷配管应低于最低一台室外机

若制冷配管高于最低室外机，则需要加装阻油弯（200～300mm）

图9-20　中央空调室外机的连接要求

提示

　　图9-21为两种室外机安装不当情况。任何安装异常都可能导致整个中央空调系统制冷功能失常或无法工作，在设计、安装、连接施工等环节，必须严格按照要求和规范进行，避免因操作不当导致的系统异常。

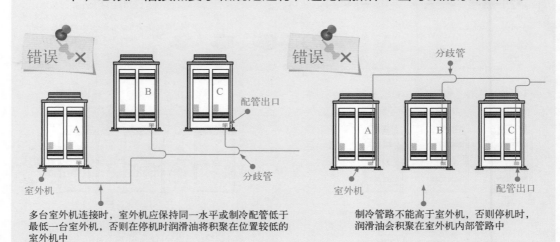

多台室外机连接时，室外机应保持同一水平或制冷配管低于最低一台室外机，否则在停机时润滑油将积聚在位置较低的室外机中

制冷管路不能高于室外机，否则停机时，润滑油会积聚在室外机内部管路中

图9-21　两种室外机安装不当情况

第 **10** 章　中央空调的装配

10.1　中央空调室外机的安装连接技能

10.1.1　多联式中央空调室外机的安装连接

多联式中央空调室外机的安装情况直接决定换热效果的好坏，并对中央空调高性能地发挥也起着关键的作用。为避免由多联式中央空调室外机安装不当造成的不良后果，对室外机的安装位置、固定方式和连接方法也有一定要求。

（1）多联式中央空调室外机的安装位置

多联式中央空调室外机应放置于通风良好且干燥的地方，不应安装在空间狭小的阳台或室内；室外机的噪声及排风不应影响到附近居民；室外机不应安装于多尘、多污染、多油污或硫等有害气体含量高的地方。图 10-1 为典型多联式中央空调室外机的安装位置图。

图10-1　典型多联式中央空调室外机的安装位置图

图 10-2 为多联式中央空调室外机的安装空间要求。同一台室外机因安装位置周围环境因素的影响，对安装空间有不同的要求和规定。

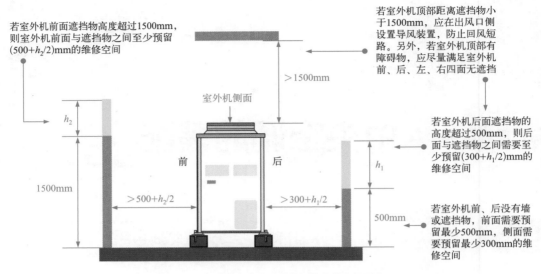

若室外机前面遮挡物高度超过1500mm，则室外机前面与遮挡物之间至少预留(500+h_2/2)mm的维修空间

若室外机顶部距离遮挡物小于1500mm，应在出风口侧设置导风装置，防止回风短路。另外，若室外机顶部有障碍物，应尽量满足室外机前、后、左、右四面无遮挡

若室外机后面遮挡物的高度超过500mm，则后面与遮挡物之间需要至少预留(300+h_1/2)mm的维修空间

若室外机前、后没有墙或遮挡物，前面需要预留最少500mm，侧面需要预留最少300mm的维修空间

图10-2 多联式中央空调室外机的安装空间要求

提示

　　需要注意的是，不同品牌、型号和规格的多联式中央空调室外机，对安装空间的具体要求也不同。在实际安装时，必须根据实际室外机设备的安装说明和要求规范确定安装位置。例如图10-3为水平出风单台室外机和顶部出风单台室外机的安装位置要求对比。

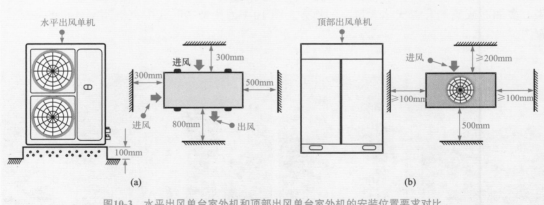

图10-3 水平出风单台室外机和顶部出风单台室外机的安装位置要求对比

　　多联式中央空调室外机可以单台工作，也可以多台构成工作组协同工作，对于不同组合形式，室外机的安装空间有不同的要求，具体如图10-4所示。

　　如图10-5所示，当多台室外机同向安装时，一组最多允许安装6台室外机，相邻两组室外机之间的最短距离应不小于1m。另外，若室外机安装在不同楼层时，需要特别注意避免气流短路，必要时需要配置风管。

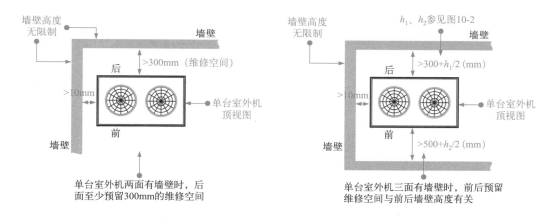

单台室外机两面有墙壁时，后面至少预留300mm的维修空间

单台室外机三面有墙壁时，前后预留维修空间与前后墙壁高度有关

单台室外机安装在墙角处，后面预留维修空间过小，安装不正确

单台室外机安装在阳台上，无预留维修空间，安装不正确

(a) 多联式中央空调单台室外机安装空间要求

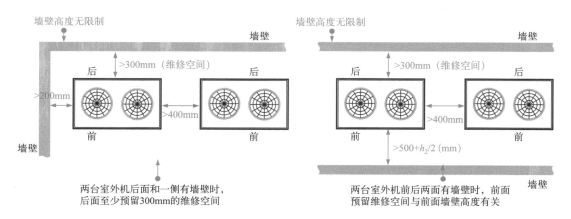

两台室外机后面和一侧有墙壁时，后面至少预留300mm的维修空间

两台室外机前后两面有墙壁时，前面预留维修空间与前面墙壁高度有关

(b) 多联式中央空调两台室外机安装空间要求

图10-4

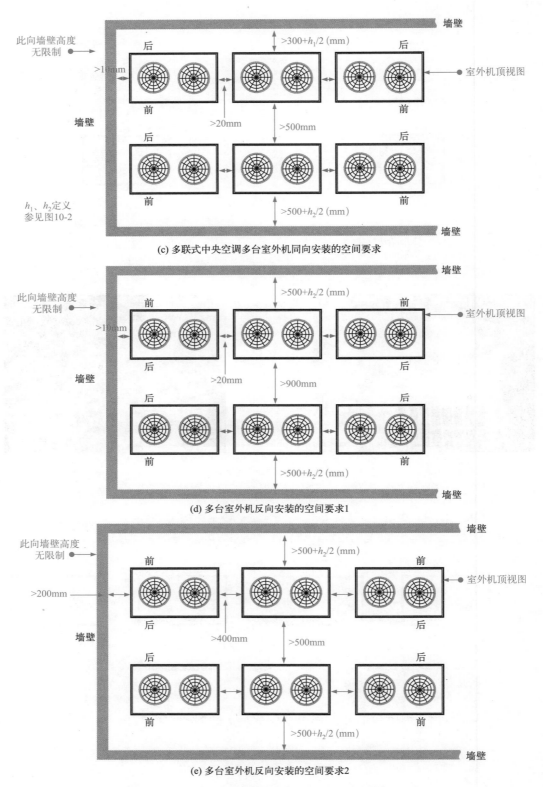

(c) 多联式中央空调多台室外机同向安装的空间要求

(d) 多台室外机反向安装的空间要求1

(e) 多台室外机反向安装的空间要求2

图10-4 不同组合形式时多联式中央空调室外机的安装空间要求

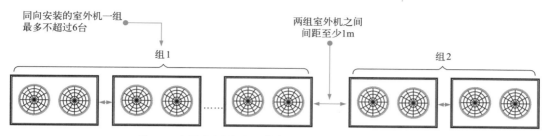

同向安装的室外机一组
最多不超过6台

两组室外机之间
间距至少1m

组1

组2

图10-5 多联式室外机机组的台数及机组与机组的距离要求

（2）多联式中央空调室外机的固定

多联式中央空调室外机一般固定在专门制作的基座上。室外机基座是承载和固定室外机的重要部分，基座的好坏以及安装状态也是影响多联式中央空调整个系统性能的重要因素。目前，多联式中央空调室外机基座主要有混凝土结构基座和槽钢结构基座两种。

① 混凝土结构基座　混凝土结构基座一般根据多联式中央空调室外机的实际规格和安装位置现场浇注制作，图 10-6 为多联式中央空调室外机混凝土结构基座的相关要求。

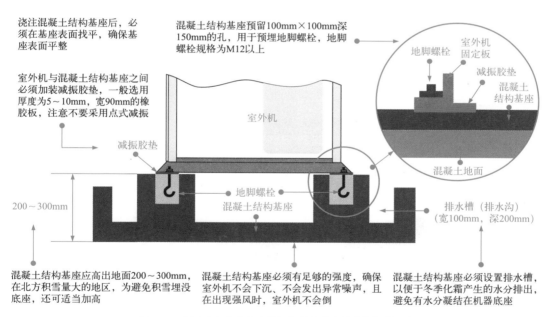

浇注混凝土结构基座后，必须在基座表面找平，确保基座表面平整

混凝土结构基座预留100mm×100mm深150mm的孔，用于预埋地脚螺栓，地脚螺栓规格为M12以上

地脚螺栓

室外机固定板

减振胶垫

混凝土结构基座

室外机与混凝土结构基座之间必须加装减振胶垫，一般选用厚度为5～10mm，宽90mm的橡胶板，注意不要采用点式减振

混凝土地面

室外机

减振胶垫

地脚螺栓

混凝土结构基座

排水槽（排水沟）（宽100mm，深200mm）

200～300mm

混凝土结构基座应高出地面200～300mm，在北方积雪量大的地区，为避免积雪埋没底座，还可适当加高

混凝土结构基座必须有足够的强度，确保室外机不会下沉、不会发出异常噪声，且在出现强风时，室外机不会倒

混凝土结构基座必须设置排水槽，以便于冬季化霜产生的水分排出，避免有水分凝结在机器底座

图10-6 多联式中央空调室外机混凝土结构基座的相关要求

 提示

　　浇注混凝土结构基座时需要注意，混凝土结构基座应该沿着多联式中央空调室外机座的横梁，不可垂直相交于横梁设置，如图10-7所示。

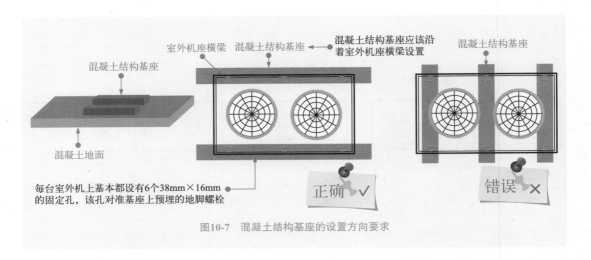

图10-7　混凝土结构基座的设置方向要求

② 槽钢结构基座　室外机采用槽钢结构基座时，宜选择 14# 或更大规格的槽钢作为基座；槽钢上端预留有螺栓孔，用于与室外机固定孔对准固定连接，图 10-8 为槽钢结构基座及相关要求。

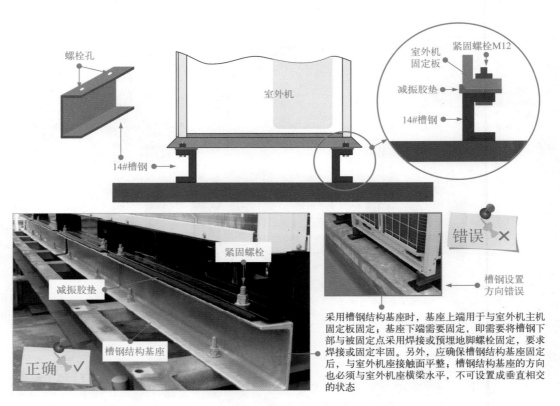

图10-8　槽钢结构基座及相关要求

制作好基座后，将多联式中央空调室外机固定到基座上，即可完成室外机的固定。

如图 10-9 所示，采用起吊设备将室外机吊运到符合安装要求的位置，使用国标规格的固定螺母、垫片将其固定在制作好的基座上即可。

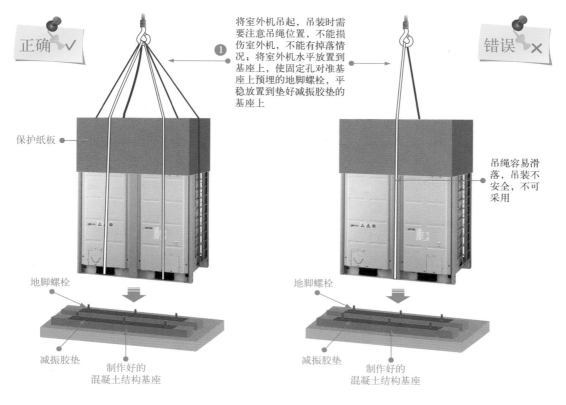

将室外机吊起，吊装时需要注意吊绳位置，不能损伤室外机，不能有掉落情况；将室外机水平放置到基座上，使固定孔对准基座上预埋的地脚螺栓，平稳放置到垫好减振胶垫的基座上

正确 √

错误 ×

保护纸板

吊绳容易滑落，吊装不安全，不可采用

地脚螺栓

地脚螺栓

减振胶垫

制作好的混凝土结构基座

减振胶垫

制作好的混凝土结构基座

使用固定螺母紧固室外机，使室外机与基座牢固可靠地紧固在一起，完成室外机的安装

室外机不应直接放置在地面上，需设置混凝土或槽钢结构基座；此室外机固定孔未安装地脚螺栓无法固定牢固

地脚螺栓固定

正确 √

错误 ×

图10-9　多联式中央空调室外机的固定方法

（3）多联式中央空调室外机的连接

多联式中央空调室外机固定完成后，需要将其内部管路与制冷管路连接，实现制冷管路的循环通路。

多联式中央空调室外机内部管路引出至机壳部位，分别接有气体截止阀和液体截止阀。连接室外机与制冷管路时，将气体截止阀和液体截止阀分别与制冷管路连接即可，图 10-10 为多联式中央空调室外机上的截止阀。

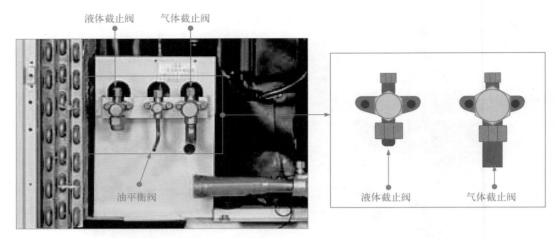

图10-10　多联式中央空调室外机上的气体截止阀和液体截止阀

分别将气体截止阀和液体截止阀与制冷管路连接，如图 10-11 所示。

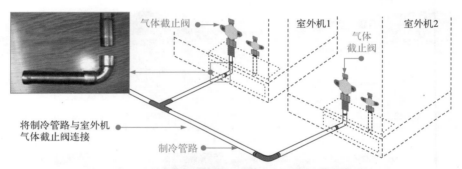

(a) 多联式中央空调室外机气体截止阀与制冷管路的连接

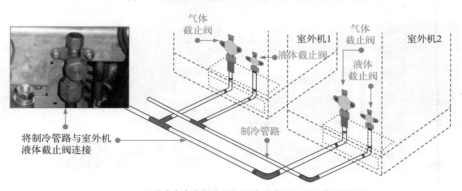

(b) 多联式中央空调室外机液体截止阀与制冷管路的连接

图10-11　多联式中央空调室外机气体截止阀、液体截止阀与制冷管路的连接方法

相关资料

　　多联式中央空调室外机截止阀与制冷管路连接时，气体截止阀一般通过钎焊或法兰连接，液体截止阀与制冷管路通过喇叭口螺纹连接。

10.1.2 风冷式中央空调室外机的安装连接

在实施风冷式中央空调室外机安装作业之前，要根据规定选择合适的安装位置。安装位置的选择在整个中央空调系统的安装过程中十分关键，安装位置是否合理将直接影响整个系统的工作效果。

（1）风冷式中央空调室外机的安装位置

选择风冷式室外机的安装位置时尽可能选择通风良好且干燥的地方，注意避开阳光长时间直射、高温热源直接辐射或环境脏污恶劣的区域；同时也要注意室外机的噪声及排风不要影响周围居民的生活及通风。

在安装高度上，为确保工作良好，中央空调室外机的进风口至少要高于周围障碍物80cm。图10-12为风冷式中央空调室外机进、出风口位置的要求。

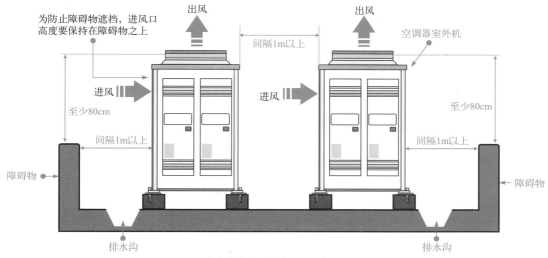

图10-12　风冷式中央空调室外机进、出风口位置的要求

如图10-13所示，若受环境所限，室外机周围有障碍物且室外机很难按照设计要求达到规定高度时，为防止室外热空气串气，影响散热效果。可在室外机散热出风罩上加装导风罩以利于散热。

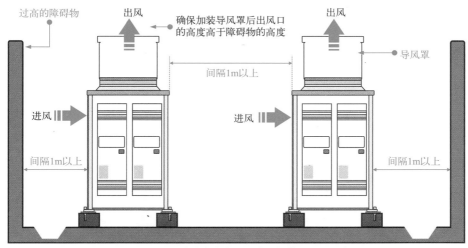

图10-13　风冷式中央空调室外机加装导风罩要求

如果需要安装多台室外机组，除考虑通风和维修空间外，每台室外机组之间也要保留一定的间隙，以确保机组能够良好工作。

如图 10-14 所示，多台室外机组单排安装时，应确保室外机组与障碍物之间的间隔距离在 1m 以上，室外机组之间的间隙要保持在 20 ～ 50cm。

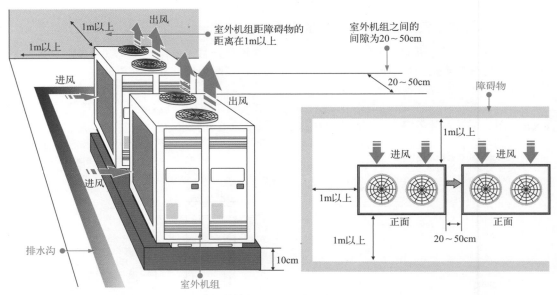

图10-14　多台室外机组单排安装的位置要求

如图 10-15 所示，多台机组多排安装时，除确保靠近障碍物的室外机组与障碍物间隔距离在 1m 以上外，相邻两排机组的间隔也要在 1m 以上，各排中室外机组之间的安装间隔要保持 20 ～ 50cm。

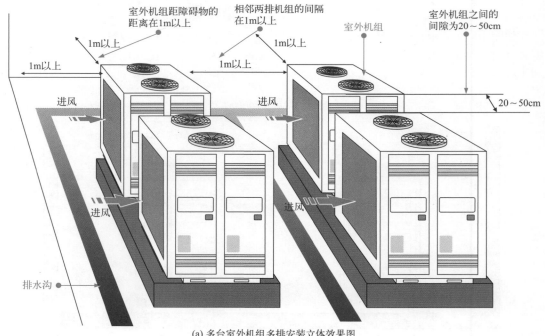

(a) 多台室外机组多排安装立体效果图

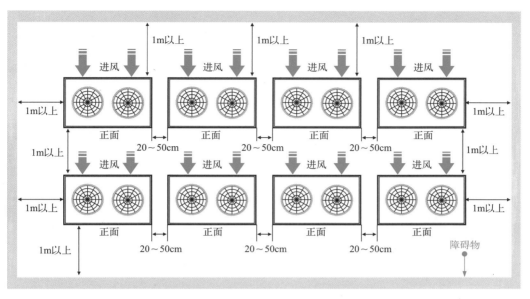

(b) 多台室外机组多排安装平面效果图

图10-15　室外机组多排安装的位置要求

考虑到中央空调室外机噪声的影响，中央空调室外机的排风口不得朝向相邻的门窗，其安装位置距相邻门窗的距离随中央空调室外机制冷额定功率的不同而不同。具体见表10-1。

表10-1　中央空调室外机排风口距相邻门窗的距离与
室外机制冷额定功率的关系

中央空调室外机制冷额定功率	室外机排风口距相邻门窗的距离
制冷额定功率≤2kW	至少相距3m
2kW＜制冷额定功率≤5kW	至少相距4m
5kW＜制冷额定功率≤10kW	至少相距5m
10kW＜制冷额定功率≤30kW	至少相距6m

（2）风冷式中央空调室外机的固定

通常，风冷式中央空调室外机应固定在坚实、水平的水泥（混凝土）基座上。最好用水泥（混凝土）制作距地面至少10cm厚的基座。若室外机需要安装在道路两侧，其底部距离地面的高度不低于1m。

如图10-16所示，中央空调室外机一般用ϕ10mm的膨胀螺栓紧固在室外机安装基座（或支架）上，为减小机器振动，在室外机与基座之间应按设计规定安装隔振器或减振橡胶垫。

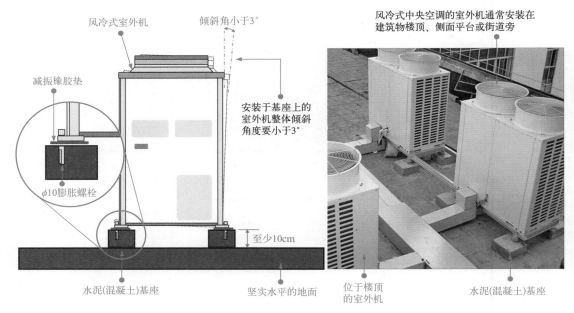

图10-16　风冷式中央空调室外机基座的安装要求

提示

如图10-17所示，风冷式中央空调室外机在安装时要确保室外机的维修空间；另外，应根据实际安装情况和环境限制，在室外机基座的周围设置排水沟，以排除设备周围的积水。

图10-17　风冷式中央空调室外机基座周围的排水沟

另外，室外机除底座安装减振橡胶垫外，如果有特殊需要，还需加装压缩机消音罩，以降低室外机噪声。同时，要确认在室外机的排风口处不要有任何障碍物。若室外机安装位置位于室内机的上部，其（气管）最大高度差不应超过21m。

若室外机比室内机高出1.2m，气管要设一个集油弯头，且每隔6m要设一个集油弯头。

若室外机安装位置位于室内机下部，其（液管）最大高度差不应超过15m，气管在靠近室内机处设置回转环。

空调基座设定完成后，将风冷式室外机吊装到基座上，用膨胀螺栓固定牢固。

风冷式中央空调室外机的体积、重量都较大，安装时，一般借助适当的叉车或吊车进行搬运和吊装，如图 10-18 所示。风冷式中央空调的室外机组吊到位后，将其放置到预先浇注好的水泥基座上，机身四角通过螺栓固定到水泥基座上，然后对螺栓进行水泥浇注，完成室外机的固定。

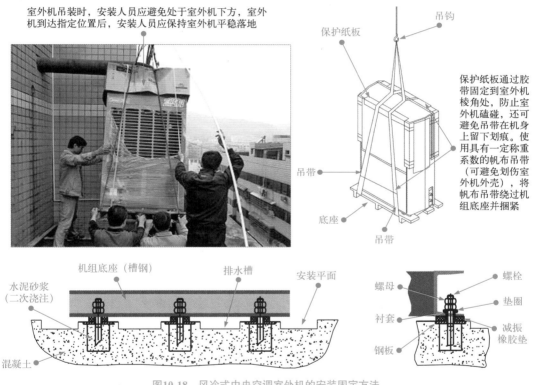

图10-18　风冷式中央空调室外机的安装固定方法

10.1.3　水冷式中央空调机组的安装连接

水冷式中央空调机组是水冷式中央空调系统中的核心部分，机组的安装连接也是该类中央空调系统安装中的重要环节。图 10-19 为水冷式中央空调机组的结构特点。

（1）水冷式中央空调机组的安装基座

水冷式中央空调机组的安装基座必须是混凝土或钢制结构，且必须能够承受机组及附属设备、制冷剂、水等的运行重量。

图 10-20 为水冷式中央空调机组安装基座的相关要求。

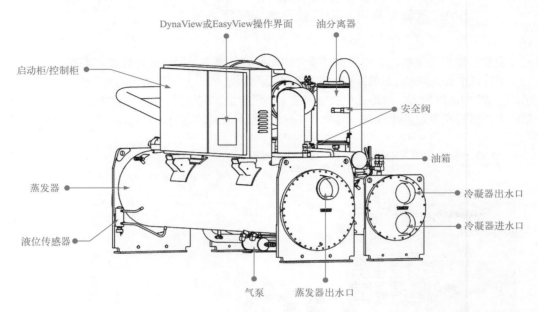

DynaView或EasyView操作界面　油分离器

启动柜/控制柜

安全阀

油箱

蒸发器

冷凝器出水口

冷凝器进水口

液位传感器

气泵　蒸发器出水口

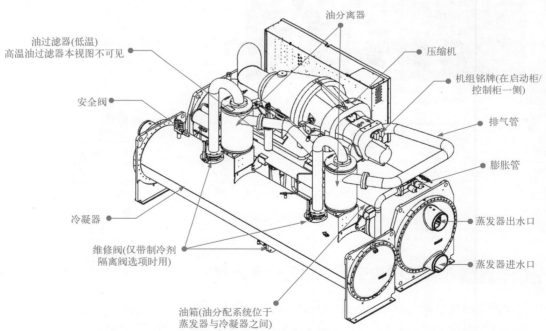

油分离器

油过滤器(低温)
高温油过滤器本视图不可见

压缩机

机组铭牌(在启动柜/
控制柜一侧)

安全阀

排气管

膨胀管

冷凝器

蒸发器出水口

维修阀(仅带制冷剂
隔离阀选项时用)

蒸发器进水口

油箱(油分配系统位于
蒸发器与冷凝器之间)

图10-19　水冷式中央空调机组的结构特点

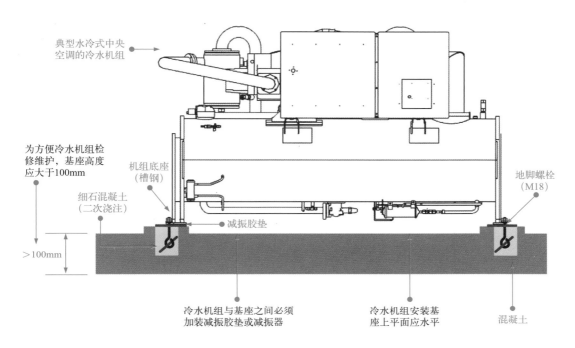

典型水冷式中央
空调的冷水机组

为方便冷水机组检
修维护，基座高度
应大于100mm

机组底座
（槽钢）

地脚螺栓
（M18）

细石混凝土
（二次浇注）

>100mm

减振胶垫

冷水机组与基座之间必须
加装减振胶垫或减振器

冷水机组安装基
座上平面应水平

混凝土

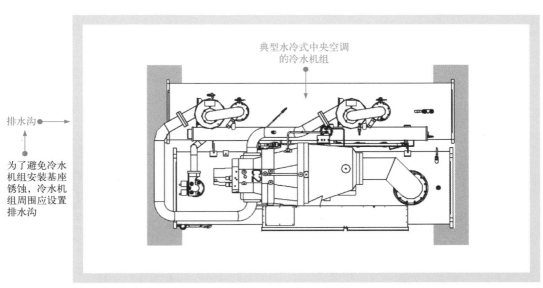

典型水冷式中央空调
的冷水机组

排水沟

为了避免冷水
机组安装基座
锈蚀，冷水机
组周围应设置
排水沟

图10-20　水冷式中央空调机组安装基座的相关要求

（2）水冷式中央空调机组的安装预留空间

如图 10-21 所示，在水冷式中央空调机组周围必须留有足够的空间，以方便起吊安装和后期对机组的维修养护操作。

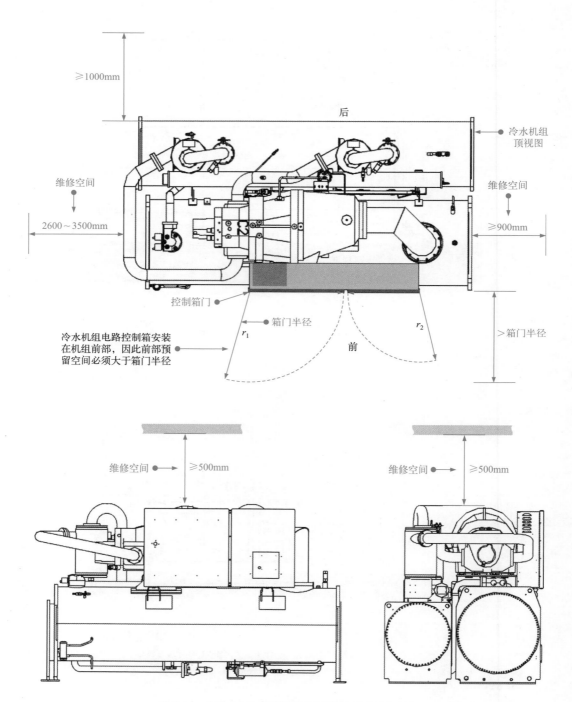

图10-21　水冷式中央空调机组安装预留空间的相关要求

提示

冷水机组安装除了要保证安装基座和预留空间等基本要求外，还应注意安装环境的合理，如机组安装应避免接近火源、易燃物，避免受暴晒、雨淋，避免腐蚀性气体或废气影响；安装环境应有良好的通风空间且灰尘较少；机组安装应选择室温不超过40℃的场所；在气候环境湿度较大、温度较高的地方，冷水机组应安装到机房内，不允许安装在室外或露天安装、存放。

（3）水冷式中央空调机组的吊装固定

如图10-22所示，水冷式中央空调机组的体积和重量较大，安装时一般需借助大型起重设备吊装到选定的安装位置上。

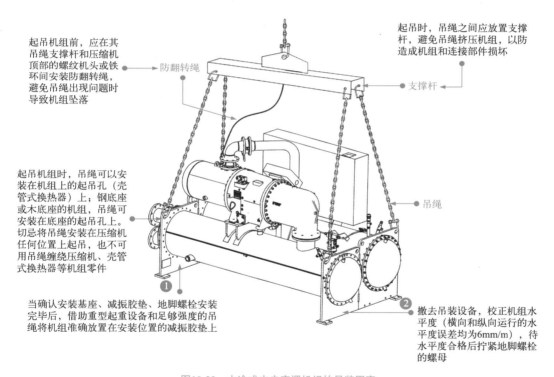

起吊机组前，应在其吊绳支撑杆和压缩机顶部的螺纹丝头或铁环间安装防翻转绳，避免吊绳出现问题时导致机组坠落

防翻转绳

起吊时，吊绳之间应放置支撑杆，避免吊绳挤压机组，以防造成机组和连接部件损坏

支撑杆

起吊机组时，吊绳可以安装在机组上的起吊孔（壳管式换热器）上；钢底座或木底座的机组，吊绳可安装在底座的起吊孔上。切忌将吊绳安装在压缩机任何位置上起吊，也不可用吊绳缠绕压缩机、壳管式换热器等机组零件

吊绳

❶ 当确认安装基座、减振胶垫、地脚螺栓安装完毕后，借助重型起重设备和足够强度的吊绳将机组准确放置在安装位置的减振胶垫上

❷ 撤去吊装设备，校正机组水平度（横向和纵向运行的水平度误差均为6mm/m），待水平度合格后拧紧地脚螺栓的螺母

图10-22 水冷式中央空调机组的吊装固定

提示

运送和起吊水冷式中央空调机组必须使用起重能力超过设备重量，且具有一定安全系数（起重能力超过机组重量至少10%）的起吊设备，一般不使用铲车移动机组，防止因滑落导致设备损坏，如图10-23所示。

图10-23　水冷式中央空调机组的起吊设备

10.2　中央空调室内机的安装连接

中央空调室内机安装形式多种多样，一般可根据系统规划设计方案进行设定和安装，表10-2为常见的几种室内机安装形式及应用特点。

表10-2　常见的几种室内机安装形式及应用特点

室内机类型	壁挂式	风管式	嵌入式	风管机	风机盘管
管路内部的循环介质	制冷剂	制冷剂	制冷剂	制冷剂	水
应用	多联式中央空调系统			风冷式风循环中央空调系统	风冷式水循环和水冷式中央空调系统

10.2.1　壁挂式室内机的安装连接

（1）壁挂式室内机的安装位置

壁挂式室内机是多联式中央空调系统中常用的室内末端设备之一，采用专用挂板紧贴墙壁悬挂的形式安装固定。

图10-24为壁挂式室内机的安装位置要求。

（2）壁挂式室内机的安装连接方法

根据规范要求，首先在室内选定好壁挂式室内机的安装位置，并根据安装要求标识定位挂板的位置，然后固定挂板、连接管路，如图10-25所示。

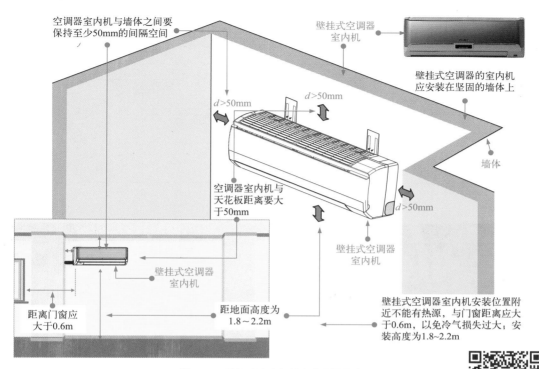

空调器室内机与墙体之间要
保持至少50mm的间隔空间

壁挂式空调器
室内机

壁挂式空调器的室内机
应安装在坚固的墙体上

$d>50mm$

$d>50mm$

$d>50mm$

墙体

空调器室内机与
天花板距离要大
于50mm

壁挂式空调器
室内机

壁挂式空调器
室内机

距离门窗应
大于0.6m

距地面高度为
1.8～2.2m

壁挂式空调器室内机安装位置附
近不能有热源，与门窗距离应大
于0.6m，以免冷气损失过大；安
装高度为1.8~2.2m

图10-24　壁挂式室内机的安装位置要求

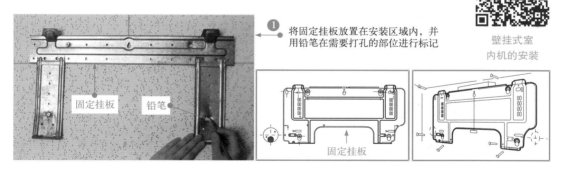

① 将固定挂板放置在安装区域内，并
用铅笔在需要打孔的部位进行标记

固定挂板　　铅笔

固定挂板

壁挂式室
内机的安装

使用电钻在墙体划线标记处垂直打孔，安装膨胀管。将固定挂
板的固定孔与膨胀管对齐，用固定螺钉固定，挂板安装完成

②

使用水平尺测量挂板的安装是否到位，在
正常情况下，出水口一侧应略低2mm左右

③

挂板

水平尺

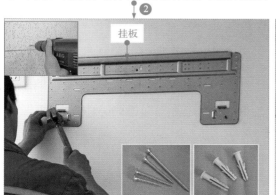

图10-25

167

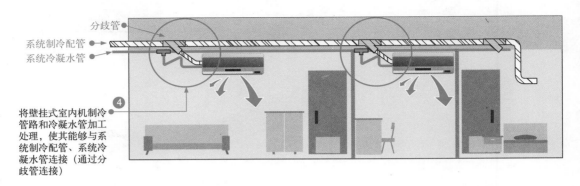

分歧管

系统制冷配管

系统冷凝水管

将壁挂式室内机制冷
管路和冷凝水管加工
处理，使其能够与系
统制冷配管、系统冷
凝水管连接（通过分
歧管连接）

制冷管路

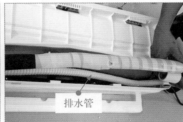

排水管

电源线

图10-25　壁挂式室内机的安装连接方法

管路部分连接完成后，将室内机托举到挂板位置，固定孔对准挂板，适当用力按压，完成室内机的安装固定，如图 10-26 所示。

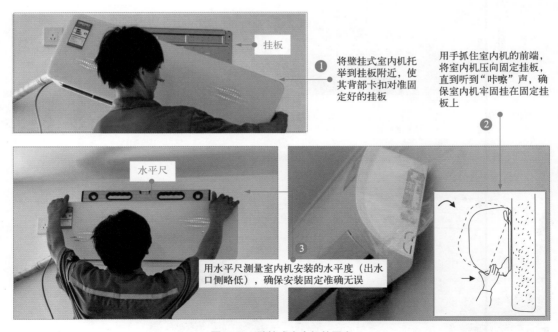

挂板

❶ 将壁挂式室内机托举到挂板附近，使其背部卡扣对准固定好的挂板

用手抓住室内机的前端，将室内机压向固定挂板，直到听到"咔嚓"声，确保室内机牢固挂在固定挂板上

❷

水平尺

❸ 用水平尺测量室内机安装的水平度（出水口侧略低），确保安装固定准确无误

图10-26　壁挂式室内机的固定

10.2.2 风管式室内机的安装连接

（1）风管式室内机的安装位置

风管式室内机是多联式中央空调系统常见的室内机形式，与壁挂式室内机外形与安装形式不同，但其功能和工作过程基本相同。

图 10-27 为风管式室内机的安装位置要求。

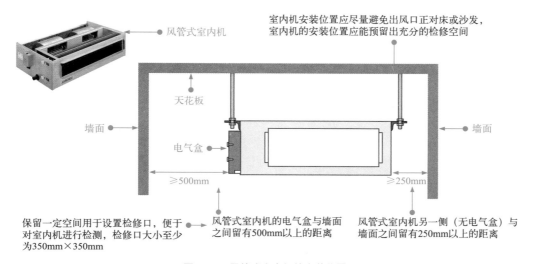

图10-27　风管式室内机的安装位置

（2）风管式室内机的固定

风管式室内机一般采用吊杆悬吊的形式安装固定。安装时，同样需要先在确定好的安装位置画线定位，再安装吊杆、固定机体等，如图 10-28 所示。

❶ 在确定好的安装位置上进行画线定位，标记悬吊孔对应的钻孔位置，使用电钻在标识处打孔

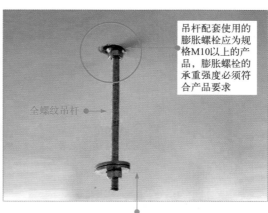

❷ 安装吊杆。必须使用四根吊杆，吊杆应选择全螺纹国标圆钢，以便调整室内机位置，吊杆的直径（ϕ）应不小于10mm

图10-28

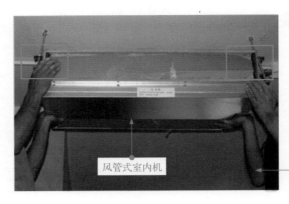

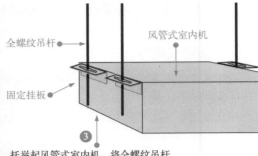

3 托举起风管式室内机,将全螺纹吊杆从风管式室内机的固定挂板孔穿出

4 将与吊杆配套的垫片、两个螺母拧入穿过风管式室内机固定挂板的一端,使用扳手将两个螺母用力紧固

5 按照设计要求,逐一将四根吊杆全部紧固完成,紧固过程需要兼顾吊装要求,使室内机距离天花板高度符合要求(距离最短不可小于10mm),且整体保持水平

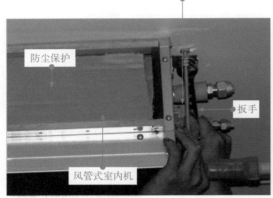

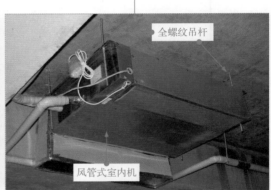

图10-28 风管式室内机的安装连接方法

风管式室内机安装完成后,也需要借助水平检测仪检测悬吊水平程度,如图10-29所示。

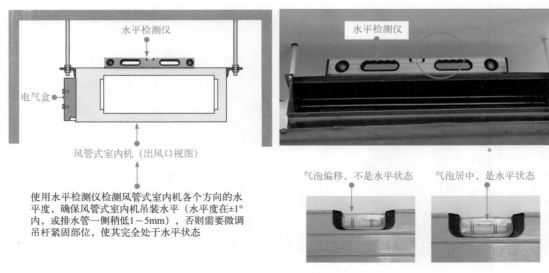

使用水平检测仪检测风管式室内机各个方向的水平度,确保风管式室内机吊装水平(水平度在±1°内,或排水管一侧稍低1~5mm),否则需要微调吊杆紧固部位,使其完全处于水平状态

图10-29 风管式室内机水平度测试

提示

吊杆悬吊是中央空调系统中室内机最常采用的一种安装形式，采用该方法时，要求吊杆、膨胀螺栓必须严格选配符合要求的规格（M10以上的产品），并严格按照双螺母互锁的方式固定室内机，如图10-30所示。

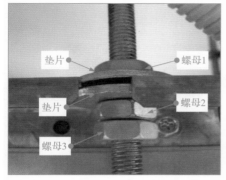

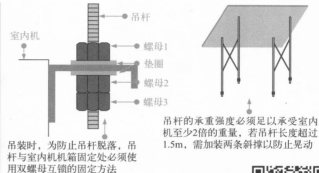

吊装时，为防止吊杆脱落，吊杆与室内机机箱固定处必须使用双螺母互锁的固定方法

吊杆的承重强度必须足以承受室内机至少2倍的重量，若吊杆长度超过1.5m，需加装两条斜撑以防止晃动

图10-30　吊装操作吊杆的基本要求

（3）风管式室内机的连接

风管式室内机与制冷剂配管之间多采用扩口连接方式。连接时，应首先将配管的液管连接至室内机的液管连接口，配管的气管连接至室内机的气管连接口，如图 10-31 所示。

风管式室内机与制冷剂管路的安装连接

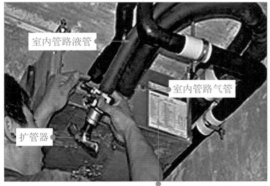

❶ 将需要连接的室内管路管口扩为喇叭口时，应当使用扩管器夹板夹住铜管，使用顶压器对管路进行扩管

❷ 将铜管的连接口加工为喇叭口

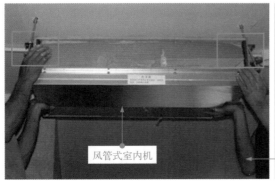

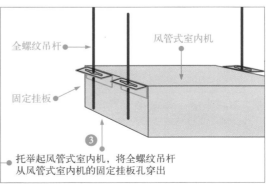

❸ 托举起风管式室内机，将全螺纹吊杆从风管式室内机的固定挂板孔穿出

图10-31　风管式室内机与制冷配管的连接

10.2.3　嵌入式室内机的安装连接

（1）嵌入式室内机的安装位置

嵌入式室内机也是多联式中央空调系统中常采用的一种室内机类型，该类室内机一般也是通过吊杆悬吊于天花板上实现安装固定。

图 10-32 为风管式室内机的安装位置要求。

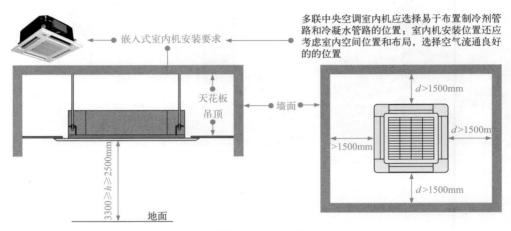

图10-32　风管式室内机的安装位置要求

（2）嵌入式室内机的安装连接方法

安装嵌入式室内机时，需要先选定安装位置、定位画线，然后安装吊杆、吊装机体，进行防尘保护等。图 10-33 为嵌入式室内机的安装连接方法。

10.2.4　风管机的安装连接

风管机是风冷式风循环中央空调系统中重要的室内机设备。风管机内有蒸发器和风扇，蒸发器与室外机组制冷管路相连，风管机的两个接口与室内送风口和回风口相连。

安装风管机主要包括风管机机体的安装、风管机与风道的连接两个环节。

❶ 在选定的安装位置，以嵌入式室内机实际规格为依据，画线定位，标识出钻孔的位置

❷ 使用电钻在定位处钻孔，并在钻好孔的位置敲入膨胀螺栓，安装四根吊杆（全螺纹国标吊杆）

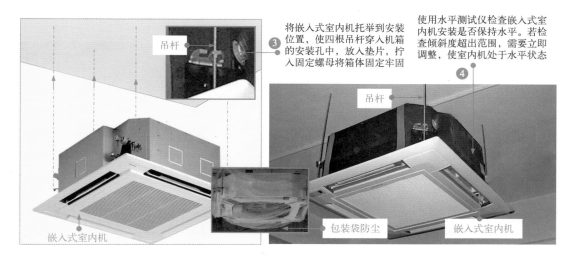

将嵌入式室内机托举到安装位置，使四根吊杆穿入机箱的安装孔中，放入垫片，拧入固定螺母将箱体固定牢固

③

使用水平测试仪检查嵌入式室内机安装是否保持水平。若检查倾斜度超出范围，需要立即调整，使室内机处于水平状态

④

吊杆

吊杆

包装袋防尘　　嵌入式室内机

嵌入式室内机

图10-33　嵌入式室内机的安装连接方法

（1）风管机机体的安装

风管机通常采用吊装的方式进行安装。当确定风管机的安装位置后，应当先在确定的安装位置进行打孔，并将全螺纹吊杆进行固定，然后将吊架固定在全螺纹吊杆上，再将风管机固定在吊架上即可，操作方法如图 10-34 所示。

打好安装孔后，固定和安装全螺纹吊杆和吊架

根据设计规划选定风管机的安装位置，并在选定的位置上打孔

①

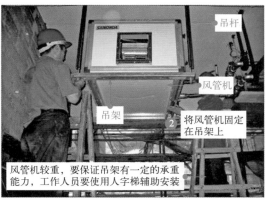

吊杆

风管机

吊架

将风管机固定在吊架上

②

风管机较重，要保证吊架有一定的承重能力，工作人员要使用人字梯辅助安装

图10-34　风管机机体的安装方法

（2）风管机与风道的连接

风管机与风道的连接主要分为风管机送风口与风道的连接和风管机回风口与风道的连接两道工序。

图 10-35 为风管机送风口与风道补偿器及风道的连接方法。

风管机回风口需要通过过滤器与风道进行连接。通常过滤器的安装方式与风管机的安装方式相同（采用吊装方式）。

图 10-36 为风管机回风口与过滤器的连接方法。

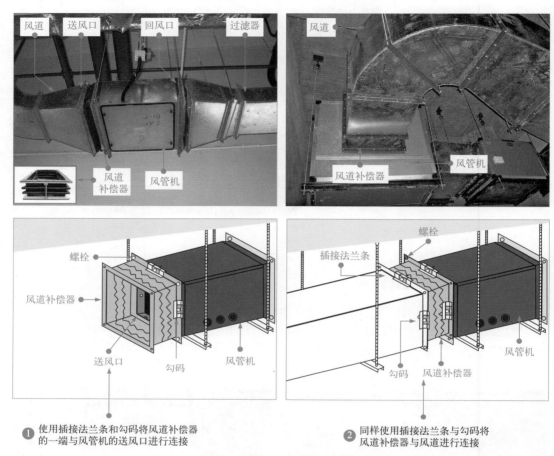

① 使用插接法兰条和勾码将风道补偿器
的一端与风管机的送风口进行连接

② 同样使用插接法兰条与勾码将
风道补偿器与风道进行连接

图10-35　风管机送风口与风道补偿器及风道的连接方法

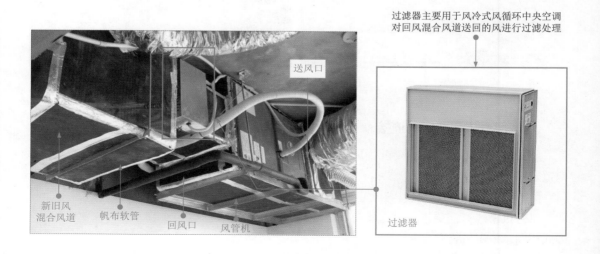

过滤器主要用于风冷式风循环中央空调
对回风混合风道送回的风进行过滤处理

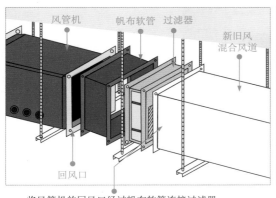

① 将风管机的回风口经过帆布软管连接过滤器，再将过滤器与新旧风混合风道进行连接

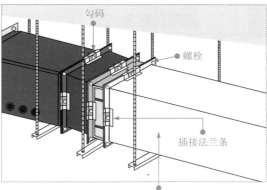

② 同样可以使用插接法兰条勾码以及螺栓将风管机送风口、帆布软管、过滤器、新旧风混合风道连接

图10-36　风管机回风口与过滤器的连接方法

10.2.5　风机盘管的安装连接

风机盘管是风冷式水循环中央空调系统和水冷式中央空调系统中的室内末端设备。风机盘管根据机型不同可有卧式明装、卧式暗装、立式明装、立式暗装、吸顶式二出风、吸顶式四出风及壁挂式等多种安装方式。

本节以常见的卧式暗装风机盘管为例，图 10-37 为其安装要求和规范。

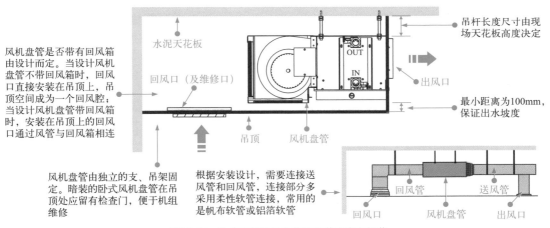

图10-37　卧式暗装风机盘管的安装要求和规范

卧式暗装风机盘管的安装一般包括测量定位、安装吊杆、吊装风机盘管、风机盘管与水管道连接等环节。

（1）测量定位

如图 10-38 所示，测量定位是指在风机盘管安装前，在选定安装的位置上，根据待安装风机盘管的尺寸画出一条直线，该直线为下一环节安装吊杆做好定位。

（2）安装吊杆

如图 10-39 所示，风机盘管采用独立的吊杆安装。安装吊杆需要先在画好的位置钻孔打眼、安装膨胀螺栓，然后固定吊杆。

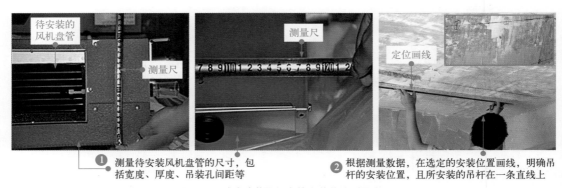

① 测量待安装风机盘管的尺寸，包括宽度、厚度、吊装孔间距等

② 根据测量数据，在选定的安装位置画线，明确吊杆的安装位置，且所安装的吊杆在一条直线上

图10-38　卧式暗装风机盘管安装前的测量定位

在天花板上定位处，标记出风机盘管机体上安装孔的位置，对应地使用电钻钻出四个孔 ①

在四个膨胀螺栓上分别安装四根全螺纹吊杆，为吊装风机盘管做好准备 ②

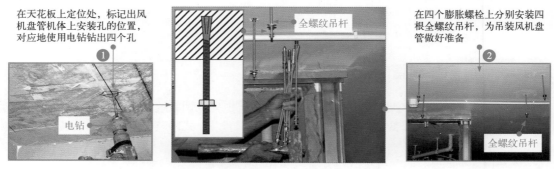

图10-39　卧式暗装风机盘管安装吊杆的固定

（3）吊装风机盘管

如图10-40所示，将风机盘管箱体托举到待安装位置，使其四个安装孔对准四根全螺纹吊杆，将吊杆穿入安装孔中，分别使用固定螺母、垫片将风机盘管机体悬吊在四根吊杆上，安装必须牢固可靠。

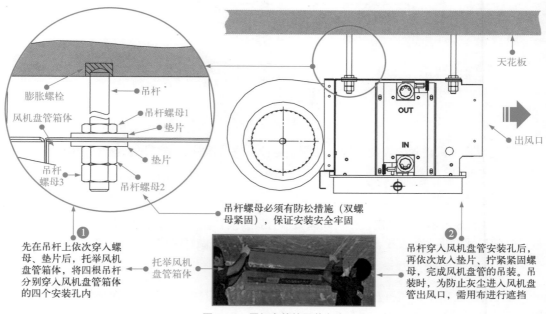

① 先在吊杆上依次穿入螺母、垫片后，托举风机盘管箱体，将四根吊杆分别穿入风机盘管箱体的四个安装孔内

② 吊杆穿入风机盘管安装孔后，再依次放入垫片、拧紧紧固螺母，完成风机盘管的吊装。吊装时，为防止灰尘进入风机盘管出风口，需用布进行遮挡

图10-40　风机盘管的吊装方法

如图10-41所示，风机盘管吊装的高度（吊杆的长度）根据安装空间和设计需要决定，也可将风机盘管紧贴天花板安装。

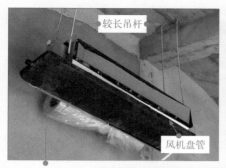

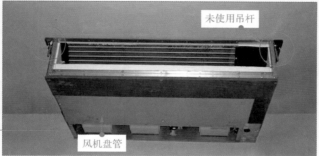

在房间高度比较高的空间，风机盘管可用较长的吊杆吊装，以满足出风口出风量的能效

受安装空间高度限制或根据设计要求，也可以采用紧贴天花板的方式安装

在房间高度比较低的空间，风机盘管可用较短的吊杆吊装，以确保安装位置的可靠性和实用性

图10-41 风机盘管的吊装高度

（4）风机盘管与水管道连接

风机盘管箱体安装到位后，需将风机盘管进水口、出水口、冷凝水口分别与进水管、出水管、冷凝水管连接。图 10-42 为风机盘管与水管道连接示意图。

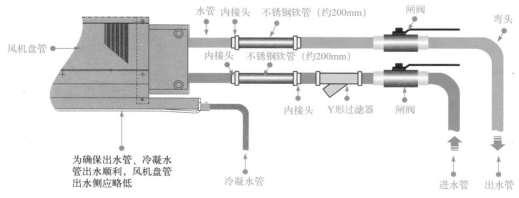

图10-42 风机盘管与水管道连接示意图

如图 10-43 所示，根据风机盘管与水管道的连接关系，将风机盘管与水管道及相关的管道部件进行连接，拧紧接头，确保连接正确、牢固可靠。

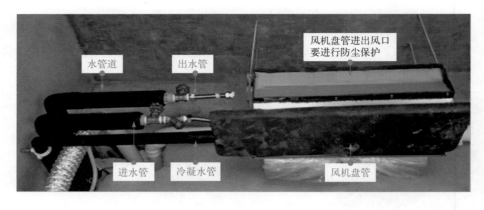

① 将风机盘管的进水口
与水管道进水管连接

② 将风机盘管的出水口
与水管道出水管连接

③ 将风机盘管的冷凝水口
与水管道冷凝水管连接

图10-43　风机盘管与水管道的连接方法

　　为防止风机盘管连接水管处结露，应对风机盘管的连接水管进行绝热处理。风机盘管管路安装完成后还需进行电气线路的连接。通水前，应将进、出水管通水清洗。图10-44为不同安装环境下风机盘管的安装完成效果图。

图10-44　不同安装环境下风机盘管的安装完成效果图

10.2.6　冷凝水管的安装

　　冷凝水管是多联式中央空调室内机排水的重要通道。安装冷凝水管应遵循 1/100 坡度、合理管径和就近排水三大基本原则进行。

（1）冷凝水管的安装坡度

如图 10-45 所示，为避免冷凝水管路形成气袋，管道要尽量短，且保持 1/100 下垂坡度；若无法满足下垂坡度，可选择大一号配管，利用管径作坡度。

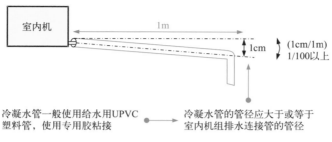

图10-45　冷凝水管的安装坡度

相关资料

目前，冷凝水管一般采用给水用UPVC塑料管材（抗压强度不小于9kgf/cm²），采用专用胶粘接。若设计中对管材有明确要求，应按照设计要求进行管材施工，但应注意不允许使用PVC线管、铝塑复合管作为冷凝管。

多联式中央空调室内机冷凝水管的常见规格有ϕ32mm（壁厚2mm）、ϕ40mm（壁厚2mm）、ϕ50mm（壁厚2.52mm），冷凝水管之间的连接一般采用专用胶粘接。

（2）冷凝水管的固定

如图 10-46 所示，冷凝水管固定时需要根据要求设置吊架，防止水管弯曲产生气袋，且必须与室内其他水管路分开安装。

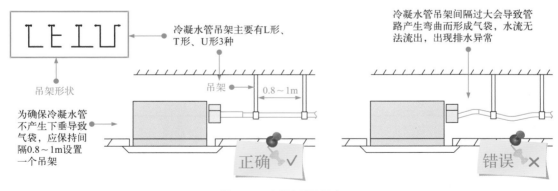

图10-46　冷凝水管的固定

（3）冷凝水管的连接方式

冷凝水管与室内机连接主要有自然排水连接和提水泵排水连接安装两种方式，如图 10-47 所示。

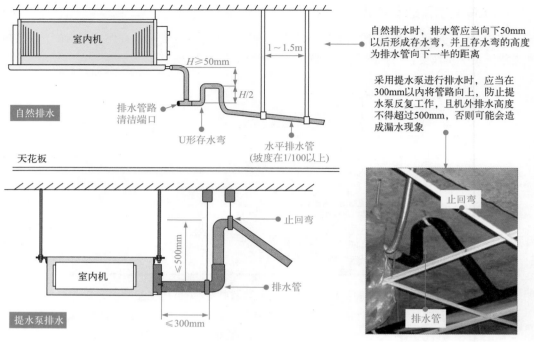

图10-47　冷凝水管的连接方式

相关资料

采用自然排水方式时，可以在存水弯管处设置塞子，也可在存水弯上端的管路设置塞子，便于对管路维护和清理，如图10-48所示。

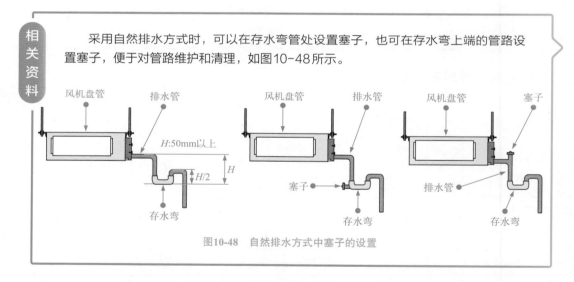

图10-48　自然排水方式中塞子的设置

如图10-49所示，将冷凝水管与室内机的排水管口连接时，必须用卡子固定，不可用胶粘方法，且连接在冷凝水管上的连接软管不能当作弯头使用，即不能弯曲，必须弯曲时，应加装水管弯头后再连接排水软管。

（4）冷凝水管的集中排水汇流方式

如图10-50所示，当多台室内机集中排水时，将每台室内机排水管与排水干管连接，由排水干管统一排水。

室内机排水口与冷凝水管连接后，接入排水干管中。图10-51为室内机组冷凝水管与主干管横向连接、竖向连接时的基本方法和要求。

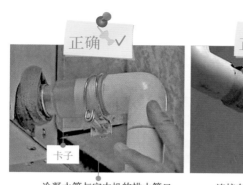

冷凝水管与室内机的排水管口
用卡子固定连接

连接在冷凝水管上的连接软管不能当作弯头
使用，即不能弯曲使用

图10-49　冷凝水管与室内机排水管口的连接

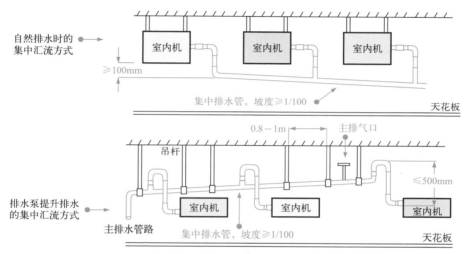

图10-50　冷凝水管的集中排水汇流方式

冷凝水管在安装
的过程中，若需
要进行汇流时，
应用交叉的方式
进行连接，便于
错开水流，防止
冷凝水积聚

冷凝水管汇流时，不
可采用T字形连接，
避免水流对冲，否则
水量大的支管会向水
量小的支管侧流动，
造成水量小的支管排
水出现倒坡

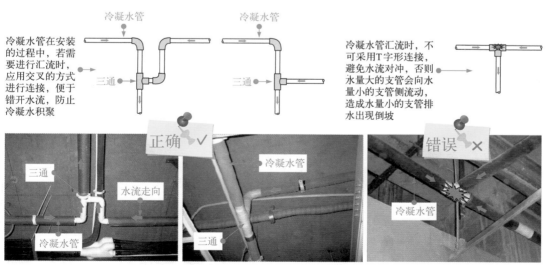

(a) 室内机组冷凝水管与主干管的横向连接

图10-51

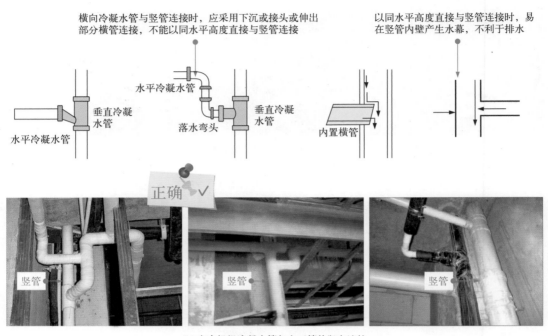

(b) 室内机组冷凝水管与主干管的竖向连接

图10-51 室内机组冷凝水管与主干管横向连接、竖向连接时的基本方法和要求

提示

当冷凝水管长度超过3m时，应当在排水管上加装排气孔，防止排水管中压力过大，冷凝水无法流出。排气管上端应当安装弯道，防止有脏污进入管路，导致排水管堵塞，如图10-52所示。

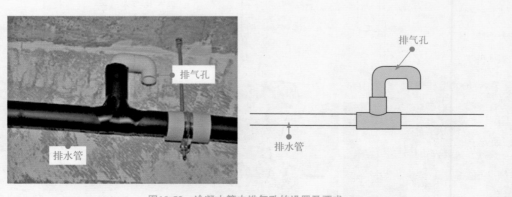

图10-52 冷凝水管中排气孔的设置及要求

10.2.7 冷凝水管的保温处理

冷凝水管安装固定前，需要穿好保温管（一般采用厚度大于 10mm 的闭孔发泡橡塑保温材料），对冷凝水管进行保温处理，如图 10-53 所示。

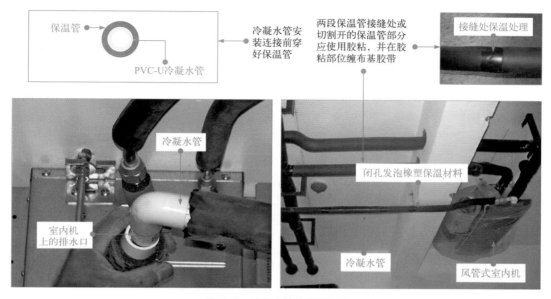

图10-53　冷凝水管的保温处理

> **提示**
>
> 　　冷凝水管一般采用整管保温，且应在安装前穿好保温管。穿保温管时一般在冷凝水管两端留出100mm距离，以方便连接弯头等管件时胶粘连接。
>
> 　　若因长度或材料规格问题无法整管保温时，两段保温管接缝处或切割开的保温管部分应使用胶粘，并在胶粘部位缠布基胶带，胶带宽度应不小于50mm，防止脱胶。

10.2.8 冷凝水管的排水测试

冷凝水管安装连接完成后还需要进行排水测试，检查冷凝水管道是否有漏水、渗水现象，检查排水是否通畅和坡度是否正确等。

（1）漏水、渗水测试

冷凝水管安装完成后，堵住排水口向冷凝水管内注满水，保持 24h，检查冷凝水管有无漏水和渗水情况，如图 10-54 所示。

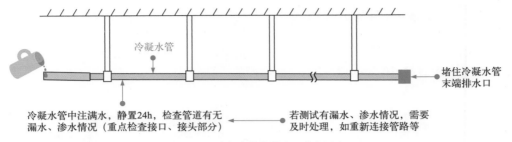

冷凝水管中注满水，静置24h，检查管道有无
漏水、渗水情况（重点检查接口、接头部分）

若测试有漏水、渗水情况，需要
及时处理，如重新连接管路等

堵住冷凝水管
末端排水口

冷凝水管

图10-54　冷凝水管的漏水、渗水测试

（2）排水通畅和坡度测试

室内机系统安装完成后，从室内机注水口向接水盘注水（2～2.5L），检查排水是否通畅，如图 10-55 所示。

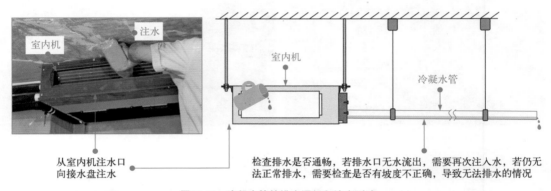

注水

室内机

从室内机注水口
向接水盘注水

室内机

冷凝水管

检查排水是否通畅，若排水口无水流出，需要再次注入水，若仍无
法正常排水，需要检查是否有坡度不正确，导致无法排水的情况

图10-55　冷凝水管的排水通畅和坡度测试

10.3　中央空调系统的电气连接

中央空调系统中除了管路部分外，室内机、室外机和空调机组之间必须建立电气连接，实现室内、外机协调工作。

不同类型中央空调系统的电气连接方式和方法不同，下面以多联式中央空调系统的电气连接为例进行说明。

10.3.1　中央空调系统的供电连接

（1）室外机的供电连接

多联式中央空调系统中，每台室外机必须独立供电，且每台室外机电源必须设置专用漏电断路器和电源线路，如图 10-56 所示；室外机电源容量必须足够，且系统的地线不可连接到气管、水管或避雷针上，必须可靠接地。

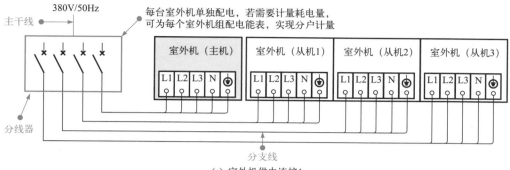

(a) 室外机供电连接1

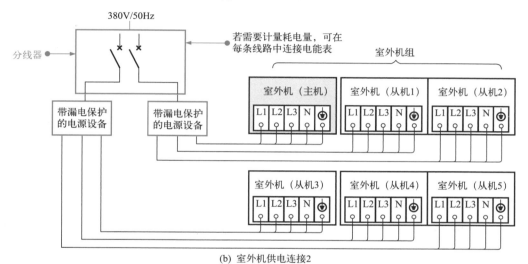

(b) 室外机供电连接2

图10-56 多联式中央空调室外机的供电连接

💡 **提示** ▷▷▷

室外机供电连接中，不允许室外机从其他室外机上间接取电的连接形式，如图10-57所示。

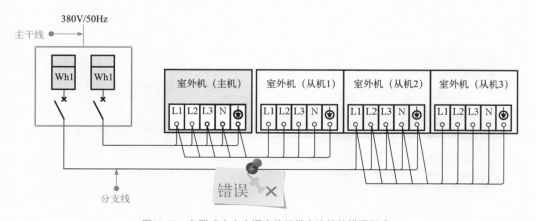

图10-57 多联式中央空调室外机供电连接的错误形式

多联式中央空调室外机供电连接时，必须按要求选择符合供电规格的电源线缆，结合图10-56可知，室外机电源线缆包括主干线和分支线，其线径规格根据室外机的容量进行合理选配，具体的选配方法见表10-3。

表10-3　室外机电源线缆（包括主干线和分支线）线径的选配方法

室外机总容量 /hp	线径规格[①]/mm²		室外机总容量 /hp	线径规格[①]/mm²	
	线长20m以下	线长50m以下		线长20m以下	线长50m以下
8	10	16	38	35	50
10	10	16	40	35	50
12	10	16	42	50	70
14	16	25	44	50	70
16	16	25	46	50	70
18	16	25	48	50	70
20	16	25	50	70	95
22	16	25	52	70	95
24	25	35	54	70	95
26	25	35	56	70	95
28	25	35	58	70	95
30	35	50	60	95	120
32	35	50	62	95	120
34	35	50	64	95	120
36	35	50	66	95	120

① 线径规格以其对应的截面积数据形式给出。

注：表中数据为电源个别供给时（不适于电源设备），表中线缆的线径及长度表示电压下降幅度在2%以内的情况，若电源线缆长度超过表中数值时，应根据实际应用选定线缆线径。

例如，3台室外机容量分别为8hp、10hp、10hp，总容量为28hp，若主干线长度在50m以下，则根据表10-3，主干线应选择线径规格为35mm²的绝缘铜芯线缆。

当室外机台数小于5时，分支线的线径与主干线的线径相同；当室外机台数大于5时，控制开关一般为两个以上，此时分支线根据当前控制开关所接室外机总容量选择线径。例如，6台室外机系统，每3台由一个控制开关控制，若3台室外机总容量为（8+8+10）hp=26hp，且分支线长度在20m以下时，根据表10-3该路分支线的线径规格应为25mm²。图10-58为供电线缆的正确与错误选配。

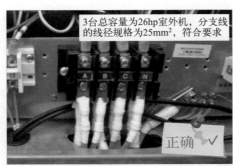

图10-58　供电线缆的正确与错误选配

（2）室内机的供电连接

多联式中央空调系统中，同一个系统中的所有室内机必须使用同一个电源，即多台室内机连接同一套漏电保护断路器和电源线路，如图10-59所示。

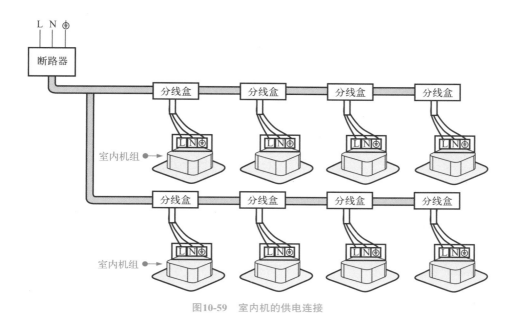

图10-59　室内机的供电连接

提示

多联式中央空调的室内机配有电子节流部件，若同一系统的室内机没有采用相同的电源，当某台室内机掉电，电子膨胀阀仍处于有开度的状态，其他室内机运转时，制冷剂也会流入掉电的室内机蒸发器，从而引起这台室内机蒸发器结冰，严重时还会导致压缩机损坏。

另外，多联式中央空调室内、外电源电压允许波动范围为额定电压的±10%，三相电源相间电源偏压应小于3%；电源容量必须足够；接地系统必须牢固可靠，不可将地线连接到气管、水管或避雷针上；室内机电源不允许从室外机电源引入。

在供电连接施工操作时，还应注意所选用供电线缆的安全载流量应大于机组最大工作电流；电源线在连接时不可采用铰接方式；供电线缆接入接线端子时，应采用压线端子，如图10-60所示，防止接触不良。连接供电线缆时，相线、零线、保护接地线应根据安装规范选用不同颜色的导线（一般为黄、绿、红色线，蓝色线和黄绿双色线）；供电线缆和信号线不可与制冷管路绑扎在一起，且必须分开单独穿线管保护；若电源线与信号线平行敷设，则其垂直间距应大于50mm（或根据具体型号布线要求确定间距）。

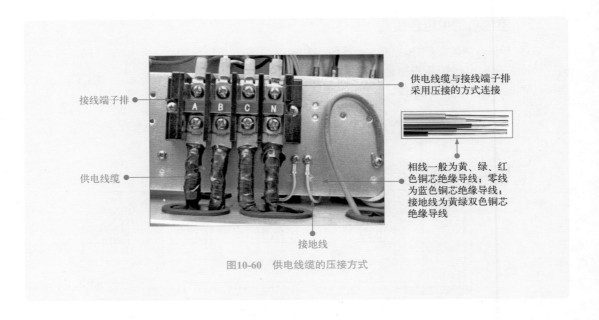

图10-60 供电线缆的压接方式

接线端子排

供电线缆

接地线

供电线缆与接线端子排
采用压接的方式连接

相线一般为黄、绿、红
色铜芯绝缘导线；零线
为蓝色铜芯绝缘导线；
接地线为黄绿双色铜芯
绝缘导线

10.3.2 中央空调系统的通信连接

（1）室外机的通信连接

当多台室外机构成室外机组时，需要将多台室外机进行通信连接，用以构成室外机组电气系统关联，由多台室外机统一协作实现电气功能，如图10-61所示。

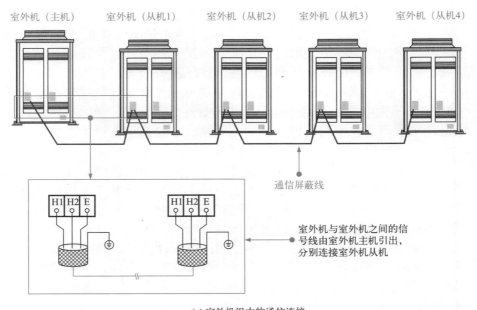

室外机（主机）　室外机（从机1）　室外机（从机2）　室外机（从机3）　室外机（从机4）

通信屏蔽线

H1 H2 E

H1 H2 E

室外机与室外机之间的信
号线由室外机主机引出，
分别连接室外机从机

(a) 室外机组内的通信连接

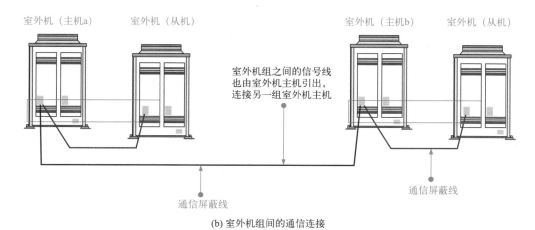

室外机（主机a）　室外机（从机）　　　　　　室外机（主机b）　室外机（从机）

室外机组之间的信号线
也由室外机主机引出，
连接另一组室外机主机

通信屏蔽线

通信屏蔽线

(b) 室外机组间的通信连接

图10-61　多台室外机之间的通信连接

提示　

　　在多联式中央空调电气系统中，通信用的信号线必须采用屏蔽线（0.75～1.5mm²），其中，室内、外机通信一般用2芯屏蔽线或3芯屏蔽线，线控器一般用4芯屏蔽线，如图10-62所示。

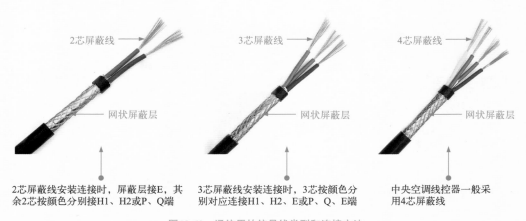

2芯屏蔽线　　　　　　　3芯屏蔽线　　　　　　　4芯屏蔽线

网状屏蔽层　　　　　　网状屏蔽层　　　　　　网状屏蔽层

2芯屏蔽线安装连接时，屏蔽层接E，其余2芯按颜色分别接H1、H2或P、Q端　3芯屏蔽线安装连接时，3芯按颜色分别对应连接H1、H2、E或P、Q、E端　中央空调线控器一般采用4芯屏蔽线

图10-62　通信用的信号线类型和连接方法

　　通信屏蔽线的屏蔽层应在室外机侧单端接地（当信号线传输距离比较远的时候，两端的接地电阻不同或PEN线有电流，可能会导致两个接地点电位不同，此时如果两端接地，屏蔽层就有电流形成，反而对信号形成干扰，因此这种情况下一般采取一端接地，另一端悬空的办法，避免此种干扰形成），如图10-63所示。需要特别注意的是，通信有极性，连接时必须按照端子台上的标识——对应连接，不可接反，且室内、外机信号线只能从室外主机上引出连接。信号线与电源线中间不能驳接。

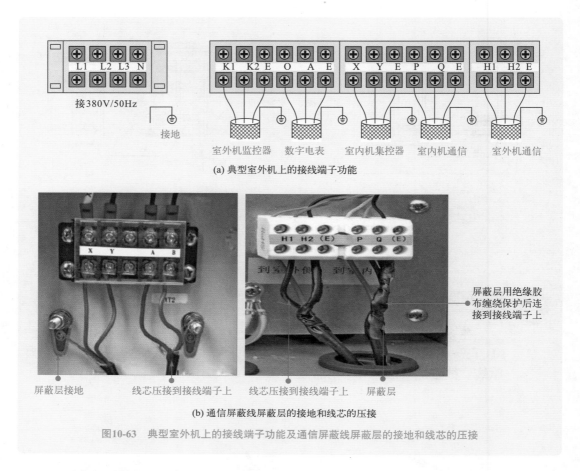

图10-63 典型室外机上的接线端子功能及通信屏蔽线屏蔽层的接地和线芯的压接

（2）室内机的通信连接

图 10-64 为多台室内机之间的通信连接。室内机通信线路可连接分支一般不超过 16 个，且不能连接成闭环形式。室内机通信线路一般也采用屏蔽线连接，极性不可接反。

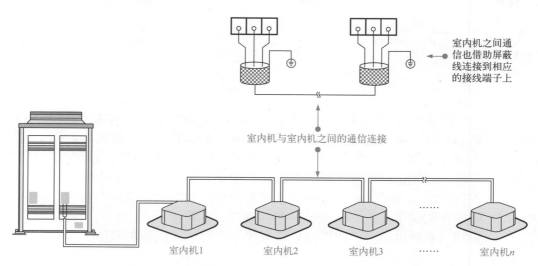

图10-64 多台室内机之间的通信连接

（3）室外机与室内机的通信连接

图 10-65 为典型多联式中央空调室外机与室内机之间的通信连接。室外机与室内机之间信号的传送通过通信线缆实现。

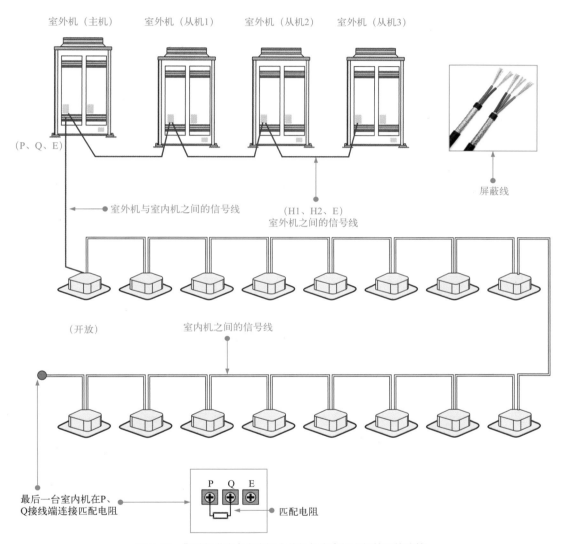

图10-65　典型多联式中央空调室外机与室内机之间的通信连接

图10-66为典型多联式中央空调室内、外机的电源供电和通信线路的连接关系，不同规模、品牌和型号的中央空调，电气连接的具体要求和规范也不完全相同，在实际电气系统施工前，必须仔细阅读和掌握现场待施工机型电气系统连接的相关要求和规范。

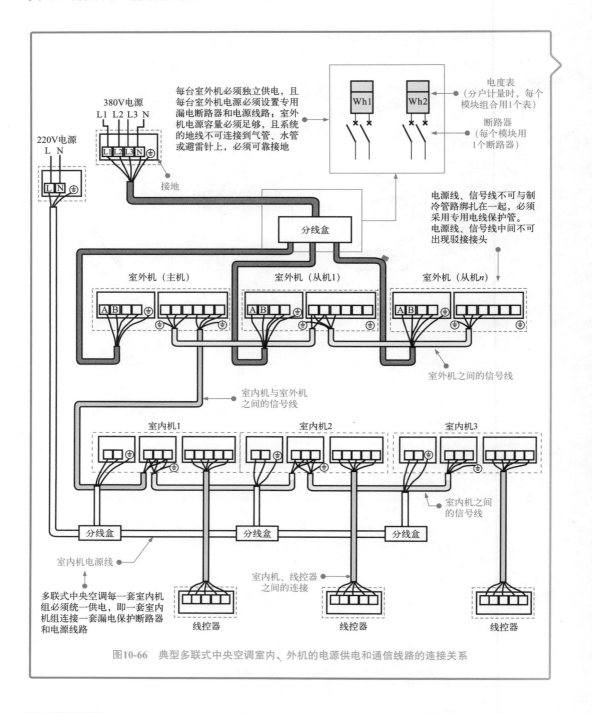

图10-66 典型多联式中央空调室内、外机的电源供电和通信线路的连接关系

10.3.3 室内、外机的系统设定

中央空调室内、外机供电和通信线缆连接后，还需要分别对室内、外机进行相应的系统设定，即根据室内、外机的连接和控制关系，通过设定电路板上的拨码开关实现中央空调电气系统的协调工作。图10-67为典型多联式中央空调（美的多联式中央空调）室内、外机主电路板上的拨码开关。

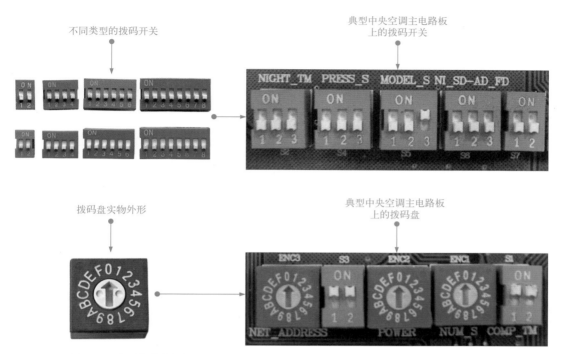

图10-67　典型多联式中央空调（美的多联式中央空调）室内、外机主电路板上的拨码开关

下面以典型多联式中央空调（美的多联式中央空调）为例，介绍拨码方法。在实际操作中，必须根据相应机型的拨码说明进行拨码设定。

（1）室外机拨码设定

典型多联式中央空调室外机拨码主要包括室外机主/从模块设定（室外机号设定）、室外机系统号拨码设定以及室外机终端电阻设定等。

典型多联式中央空调（美的）的室外机主/从模块设定4位拨码开关，位于室外机主电路板上，其拨码方法如图 10-68 所示。

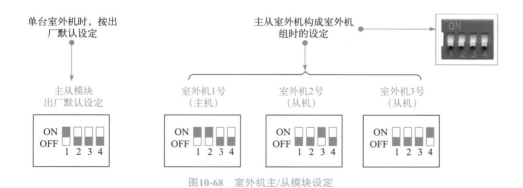

图10-68　室外机主/从模块设定

典型多联式中央空调（美的）的室外机系统号拨码设定有两种格式（RSW1 和 DSW8 格式），其拨码方法如图 10-69 所示。

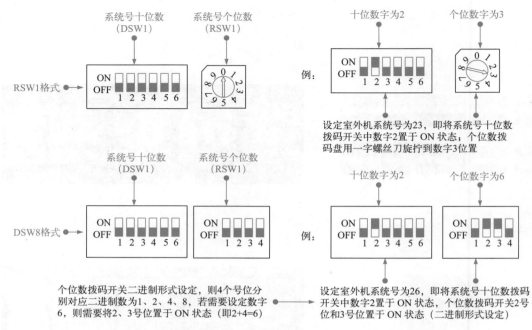

图10-69 典型多联式中央空调（美的）的室外机系统号拨码方法

典型多联式中央空调（美的）的室外机终端电阻设定如图 10-70 所示。多联式中央空调系统只有一台室外机时，其终端电阻设定拨码开关为默认设定即可；若室外机为多台，从第二台室外机开始将相应拨码开关的高位设定为 OFF 状态。

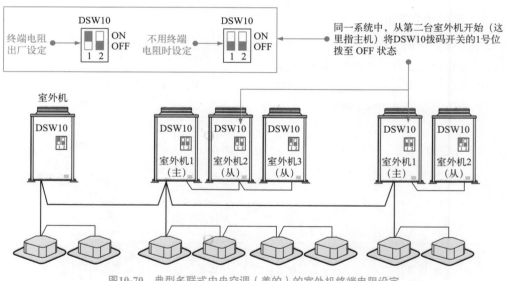

图10-70 典型多联式中央空调（美的）的室外机终端电阻设定

（2）室内机拨码设定

多联式中央空调的室内机需要配合室外机进行相应的地址和系统设定。图 10-71 为典型多联式中央空调室内机系统的设定方法。

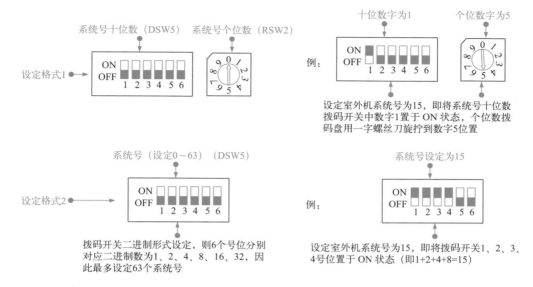

图10-71　典型多联式中央空调室内机系统的设定方法

图 10-72 为典型多联式中央空调室内机地址的设定方法。

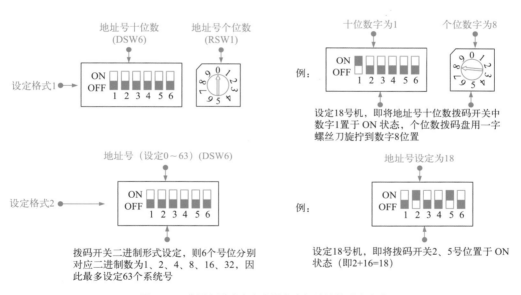

图10-72　典型多联式中央空调室内机地址的设定方法

10.4　中央空调系统的调试

不同类型的中央空调系统，因其结构和工作原理不同，具体的调试方法、步骤和细节也不同，具体应按照相应调试要求和规范进行。下面以多联式中央空调为例，简单介绍该类中央空调系统的调试方法。

10.4.1 中央空调制冷系统的吹污

中央空调制冷系统敷设完成后，在连接机组前，必须进行系统的吹污操作，即利用一定压力的氮气吹扫制冷管路，将管路中的灰尘、杂物（如钎焊时可能出现的氧化膜等）、水分等吹出。

图 10-73 为中央空调制冷系统的吹污操作方法。将氮气钢瓶连接待吹污管路管口，拿一块干净布堵住制冷管路另一端管口，将氮气钢瓶输出压力调至约 6.0kgf/cm^2，待管内压力无法堵住管口时，松开布，高速氮气将带出管路中的灰尘、杂物、水分等，每段管路需要反复吹污三次。

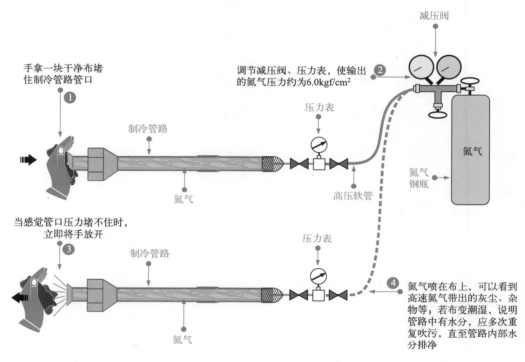

图10-73 中央空调制冷系统的吹污操作方法

💡 **提示** ⟩⟩

中央空调制冷系统吹污操作分段进行，对每一个管口依次进行吹扫，吹扫一个管口时，应堵住其他管口。中央空调制冷系统一般的吹扫顺序如图10-74所示。

另外，值得注意的是，中央空调制冷系统吹污操作完成后，若不能立刻连接管路保压或抽真空操作，则必须将管口封好，避免灰尘、杂物、水分再次进入管路。

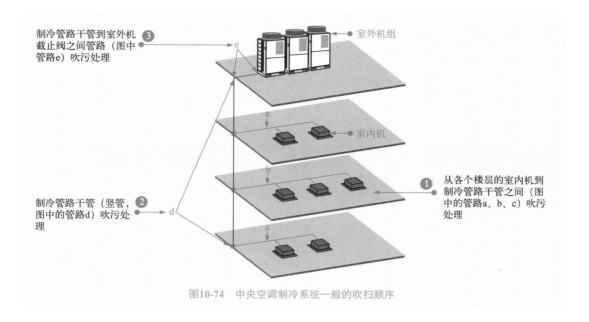

制冷管路干管到室外机截止阀之间管路（图中管路e）吹污处理 **3**

室外机组

从各个楼层的室内机到制冷管路干管之间（图中的管路a、b、c）吹污处理 **1**

室内机

制冷管路干管（竖管，图中的管路d）吹污处理 **2**

图10-74 中央空调制冷系统一般的吹扫顺序

10.4.2 中央空调制冷系统的检漏

中央空调制冷系统连接完成后，充注制冷剂前需要充氮检漏，用以确认制冷管路中是否存在泄漏。

图 10-75 为中央空调制冷系统检漏时的设备连接和检漏方法。先将室外机的气体截止阀和液体截止阀关闭，保证室外机系统处于封闭状态，再将氮气钢瓶连接至室外机气体截止阀和液体截止阀的检测接口上。调整氮气压力，同时对系统液管和气管加压，开始保压检漏，并根据压力变化判断管路有无泄漏。

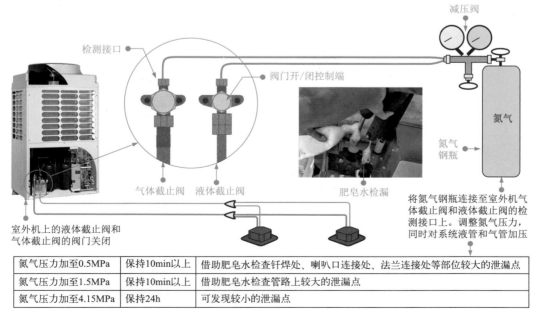

检测接口

阀门开/闭控制端

减压阀

氮气

氮气钢瓶

气体截止阀   液体截止阀   肥皂水检漏

将氮气钢瓶连接至室外机气体截止阀和液体截止阀的检测接口上。调整氮气压力，同时对系统液管和气管加压

室外机上的液体截止阀和气体截止阀的阀门关闭

氮气压力加至0.5MPa	保持10min以上	借助肥皂水检查钎焊处、喇叭口连接处、法兰连接处等部位较大的泄漏点
氮气压力加至1.5MPa	保持10min以上	借助肥皂水检查管路上较大的泄漏点
氮气压力加至4.15MPa	保持24h	可发现较小的泄漏点

图10-75 中央空调制冷系统检漏时的设备连接和检漏方法

保压维持 24h，观察压力变化，若压力下降，则应借助肥皂水、检漏仪检查漏点并予以修补。需要注意的是，氮气的压力随环境温度的变化而变化，每变化 ±1℃会有 0.01MPa 的变化，因此加压时的温度和测试完成后的温度需要做好记录，以便对比温度变化进行修正。

修正公式：实际值 = 测试完成后压力 +（加压时温度 − 测试完后温度）× 0.01（MPa）。

根据修正后的实际值与加压值比较，若压力下降说明管路有漏点。可将氮气放至 0.3MPa（3kgf/cm²）后，加注相应制冷剂，待压力上升至 0.5MPa 时，用与制冷剂相适应的检漏仪检测。

> ### 💡 提示
>
> 检漏试压前，应先用真空泵将制冷管路中的空气抽除，避免直接试压将制冷管路中的空气压入室内机。
>
> 检漏试压时，应将室外机上的液体截止阀和气体截止阀关闭，防止试压时氮气进入室外机系统；加压的压力应缓慢上升。
>
> 检漏时，重点检查部位：室内机与室外机组连接口、管路中各焊接部位、制冷管路放置或运输时可能产生的损伤部位、装修工人误操作导致的管路损伤部位等。
>
> 检漏试压结束后，应将氮气压力降低至 0.5MPa（5kgf/cm²）以下，避免长时间高压导致焊接部位发生渗漏。

10.4.3　中央空调制冷系统的真空干燥

为去除中央空调制冷管路中的空气和水分，确保管路干燥无杂质，充注制冷剂前需要对制冷管路进行真空干燥。

中央空调制冷系统的真空干燥操作方法如图 10-76 所示。

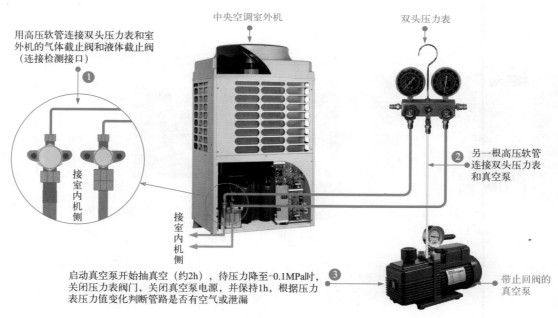

图10-76　中央空调制冷系统的真空干燥操作方法

若抽真空操作一直无法降至 –0.1MPa，则说明管路中可能存在泄漏或水分，需要检查管路并排除泄漏或水分存在的情况（充氮吹污，再次抽真空 2h，再次保真空，直到水分排净）。

若抽真空操作完成，保真空 1h 后，压力表压力值无上升，则说明制冷管路合格。

 提示

　　多联式中央空调的室外机不抽真空，因此在真空干燥时，必须确保室外机组的气体截止阀和液体截止阀处于关闭状态，避免空气或水分进入室外机管路。

　　另外，抽真空操作时，若制冷系统采用 R410a 制冷剂，应使用专用真空泵（带止回阀）；抽真空完成后，应先关闭双头压力表阀门，再关闭真空泵电源。

10.4.4　中央空调系统的制冷剂充注

中央空调系统制冷剂的充注操作应在确认制冷剂管路施工、电气线路施工、系统吹污、充氮检漏和抽真空操作完成后进行。

由于在多联式中央空调系统中，室外机出厂时管路中已经严格按照要求充注定量的制冷剂，因此，系统安装完成后制冷剂充注主要是针对制冷管路和室内机部分追加制冷剂。

如图 10-77 所示，根据制冷剂管路（液管）的实际安装长度计算制冷剂追加量，连接制冷剂钢瓶，双头压力表，室外机的气体、液体截止阀检测接口。在不开机状态下，从室外机气体、液体截止阀同时充注制冷剂。

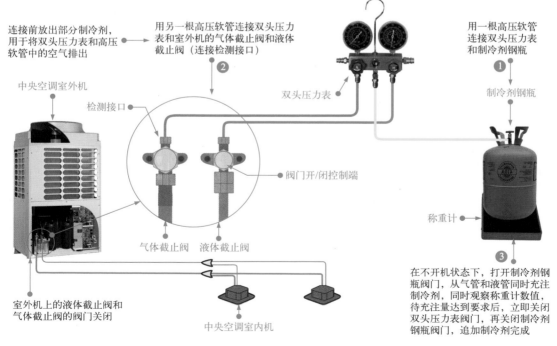

图10-77　中央空调系统制冷剂充注的操作方法

提示

追加制冷剂前，中央空调系统中液管的管径、长度应严格计算，确保追加制冷剂量精确无误。

追加制冷剂时，追加制冷剂的量称重必须满足一定的精度（误差在±10g左右），不可过多或过少追加制冷剂，否则将影响整个系统的制冷效果。

若采用R410a型制冷剂，必须以液体状态充注。追加制冷剂时，检查制冷剂钢瓶是否有虹吸装置。有虹吸装置的制冷剂钢瓶应采用正立方式充注，无虹吸装置的制冷剂钢瓶必须采用倒立方式充注。

另外，制冷剂追加量必须做好记录（一般机器配件中会有相应的记录表格），并粘贴在室外机电控箱面板上，以供后期维护、检修参考。

相关资料

不同品牌、型号的多联式中央空调系统，制冷剂追加量的计算方法也不同，具体应根据实际安装机型对制冷剂追加量的规定和要求计算。表10-4、表10-5分别为美的多联式中央空调典型机型和约克多联式中央空调典型机型制冷剂追加量的计算方法。

表10-4　美的多联式中央空调典型机型制冷剂追加量的计算方法

项目	制冷剂追加量的计算			
	液管管径/mm	制冷管路总长/m	1m制冷管路制冷剂追加量/kg	追加充注量/kg
W_1（液管制冷剂追加充注量）	$\phi6.35$	L	0.024	$L \times 0.024$
	$\phi9.52$	L	0.056	$L \times 0.056$
	$\phi12.70$	L	0.11	$L \times 0.11$
	$\phi15.88$	L	0.17	$L \times 0.17$
	$\phi19.05$	L	0.26	$L \times 0.26$
	$\phi22.23$	L	0.36	$L \times 0.36$
W_2（室内机制冷剂追加充注量）	224型（室内机型号，下同）以下的室内机不需要追加充注制冷剂。224和280型每台室内机的制冷剂追加量为1.0kg。W_2=（224和280型室内机的总台数）×1.0kg/台			
W_3［室内机总容量/室外机容量（室内机比例）制冷剂追加充注量］	室内机比例/%		追加充注量/kg	
	<100		0.0	
	100～115		0.5	
	116～130		1.0	
$W_总$/kg	$W_总=W_1+W_2+W_3$			

最大制冷剂追加充注量$W_大$（$W_总$应小于$W_大$）/kg	252/280	335	400	450	532	560～680	730～1350
	28.0	33.0	38.5		42.0	46.0	52.0
室外机出厂时的制冷剂充注量/kg	6.5	9.9	9.0	10.5	—		

表10-5 约克多联式中央空调典型机型制冷剂追加量的计算方法

制冷剂类型	液管管径/mm	1m制冷管路追加制冷剂的量/kg	液管等效总长	各管增加的制冷剂量/kg	追加制冷剂的总量
R22	$\phi 6.35$	0.03	L_1	$0.03 \times L_1$	$W_{总}=0.03 \times L_1+0.06 \times L_2+0.12 \times L_3+0.19 \times L_4+0.27 \times L_5+0.36 \times L_6-\alpha$（$\alpha$为修正值）
	$\phi 9.52$	0.06	L_2	$0.06 \times L_2$	
	$\phi 12.70$	0.12	L_3	$0.12 \times L_3$	
	$\phi 15.88$	0.19	L_4	$0.19 \times L_4$	
	$\phi 19.05$	0.27	L_5	$0.27 \times L_5$	
	$\phi 22.23$	0.36	L_6	$0.36 \times L_6$	
R410	$\phi 6.35$	0.02	L_1	$0.02 \times L_1$	$W_{总}=0.02 \times L_1+0.06 \times L_2+0.125 \times L_3+0.18 \times L_4+0.27 \times L_5+0.35 \times L_6-\alpha$（$\alpha$为修正值）
	$\phi 9.52$	0.06	L_2	$0.06 \times L_2$	
	$\phi 12.70$	0.125	L_3	$0.125 \times L_3$	
	$\phi 15.88$	0.18	L_4	$0.18 \times L_4$	
	$\phi 19.05$	0.27	L_5	$0.27 \times L_5$	
	$\phi 22.23$	0.35	L_6	$0.35 \times L_6$	

注：制冷剂为R22时，修正值α（YDOH80/100）=1.2kg、α（YDOH120/140/160）=1.9kg，若计算出的制冷剂追加量为负数，则无须追加制冷剂。制冷剂为R410时，修正值α（YDOH80/100）=0.6kg、α（YDOH120/140/160）=1.25kg、α（YDOH180/200）=1.2kg、α（YDOH220/240/260）=1.85kg、α（YDOH280/300/320）=2.5kg、α（YDOH340/360）=2.45kg。

相关资料

制冷剂追加充注完成后，应根据机器的自动诊断功能，执行制冷剂判定运行步骤来判断制冷剂充注量是否合格，如图10-78所示（典型美的多联式中央空调机器）。若运行结果显示制冷剂充注不足、过量或异常时，应找出原因，并进行相应处理，再次执行制冷剂判定运行，直到制冷剂追加量合格。

安装好除主机维修盖和电气控制盒之外的其他钣金件 ▶▶▶ 室内机、室外机上电（上电12h加热压缩机油） ▶▶▶ 室外机主板七段数码管显示： ▶▶▶ 检查七段数码管显示内容，按PSW1，室外机风扇和压缩机启动

室外机七段数码管显示内容	显示代码含义	说明
End	制冷剂适量	制冷剂追加量合适，DSW5-4设置为OFF，可开机试运转
chHi	制冷剂过量	根据制冷剂液管长度重新计算制冷剂追加量，首先用制冷剂回收装置回收制冷剂，然后充注重新计算后的追加充注制冷剂的量
chLo	制冷剂不足	检查追加制冷剂是否已经完全充入；根据实际制冷液管的长度及重新计算的数值，重新追加制冷剂
ch	异常终止	可能产生异常终止的原因： ●上电充注量判断运转前未将DSW5-4置于ON； ●室内机未准备完毕便开始充注量判断运转； ●室外机环境温度超过范围或室内机连接数量超过要求的最大数量； ●运行室内机总容量比较小； ●DSW4-4（压缩机强制停止）未设置为OFF

七段数码管显示：

制冷剂充注量判断运行持续30～40分钟，根据显示结果，对照表格了解制冷剂的具体充注情况和不同情况可采用的解决办法

图10-78 典型多联式中央空调的制冷剂判定运行（美的典型机型）

第**11**章 中央空调的清洗与保养

11.1 中央空调的清洗

中央空调的清洗是延长中央空调使用寿命、减少事故、降低维护费的主要技能之一，有利于提高制冷效果、节约能耗。中央空调的清洗主要包括风道、水路管道、室外机组以及室内末端设备的清洗。

11.1.1 风道的清洗

风道是风冷式风循环商用中央空调系统送风通道，其结构如图 11-1 所示，通风系统（风道）内极易堆积灰尘和污物。一旦灰尘、污物过多，经风道送入室内的空气质量便会有所下降，如果长期在这种环境下生活，就极易引发呼吸道疾病，因此中央空调系统在使用一段时间后，一定要对风道进行清洗。

图11-1 风冷式风循环商用中央空调的送风通道

由于风道结构复杂，且风道管径较小，采用常规的人工清洁方法十分困难。因此，可以使用机械方式，通过清洁工具的刷、吹、振动等动作，使风道壁上的灰尘脱落，再结合吸尘设备，将灰尘清洗出去。风道洗涤的工具（设备）有很多，如图 11-2 所示，其中风道吸尘器、风道清洁机、气动除尘机和风道清洁机器人是使用率较高的专业清洁工具（设备）。

图11-2　通风系统常用的清洁工具

不同的清洁工具（设备）有不同的使用特点和适用环境，根据中央空调风道的结构设计不同，应选用不同的清洗工具（设备）。

（1）机器人清洁法

机器人清洁法是使用风道清洁机器人完成对中央空调通风系统（风道）的清洁工作，图11-3 所示为风道清洁机器人，其安装有摄像头、清洁旋转刷、喷雾器等装置，并通过控制线缆与机器人控制箱相连。

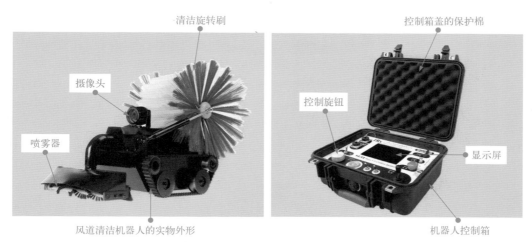

图11-3　风道清洁机器人

使用风道清洁机器人对风道进行清洁时，需要先对风道进行封堵处理，然后将风道清洁机器人从风道另一端的作业口放入风道内，工作人员即可通过机器人控制箱对风道清洁机器人进行遥控作业；风道清洁机器人上安装的摄像头随时将风道内的情况传送给风道外操控的工作人员，工作人员可根据风道内的情况对风道清洁机器人进行控制，风道清洁机器人依靠轮子或履带的带动在风道内移动，并通过清洁旋转刷、喷雾器等装置对风道进行清洁；随着风道清洁机器人的推进，清扫的灰尘都被风道吸尘器吸走，最终达到清洁风道的目的。这种清洁方法非常适用于狭长且弯曲的风道环境，而对于管道路面不平整的情况很难适应。

机器人清洗风道的方法如图 11-4 所示。

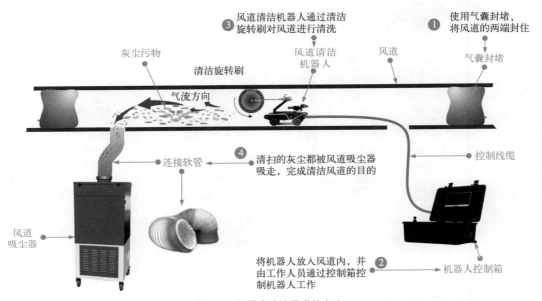

图11-4　机器人清洗风道的方法

相关资料
　　不同尺寸、不同形状、不同方向的风道，在清洗时其方法也有所不同，风道的形状常见的有矩形、圆形，风道清洁机器人的旋转毛刷也可以根据管道的不同有不同的形状。例如方形风道可以选择带有双刷头的风道清洁机器人，圆形风道可以选择带有圆形刷头的风道清洁机器人。

 提示

　　机器人控制箱是操作和控制风道清洁机器人的主要设备，是该操作中必不可少的核心控制系统，同时可对风道清洁机器人进行可视化清洗检测控制，内置视频数据处理系统，能更快更好地保存处理所需资料文件。

（2）风道清洁机清洁法

　　风道清洁机清洁法是指使用风道清洁机完成对中央空调风道的清洁工作，风道清洁机通过控制线与控制装置相连，控制线的一端是清洁毛刷，可以清洁风道。通常风道清洁机需要与风道吸尘器协同工作，图 11-5 所示为风道清洁机的实物外形。

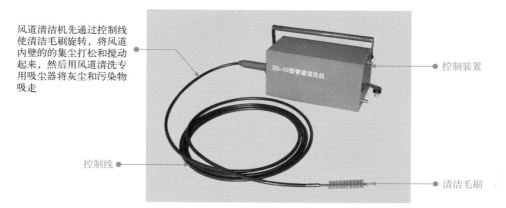

风道清洁机先通过控制线使清洁毛刷旋转，将风道内壁的的集尘打松和搅动起来，然后用风道清洗专用吸尘将灰尘和污染物吸走

控制装置

控制线

清洁毛刷

图11-5　风道清洁机的实物外形

使用风道清洁机进行清洁时，应先对风道进行封堵处理，然后将风道清洁机的清洁毛刷从作业口放入风道，在风道另一端的作业口连接风道吸尘器，工作人员通过控制装置控制清洁毛刷转动，对风道进行清扫；随着清洁毛刷的深入，将风道中的灰尘向安装连接风道吸尘器的一端推扫。同时，风道吸尘器工作，将风道中的灰尘吸入，以实现对风道的清洁。这种清洁方法非常适用于管路狭小且笔直的风道环境。

风道清洁机清洗风道的方法如图 11-6 所示。

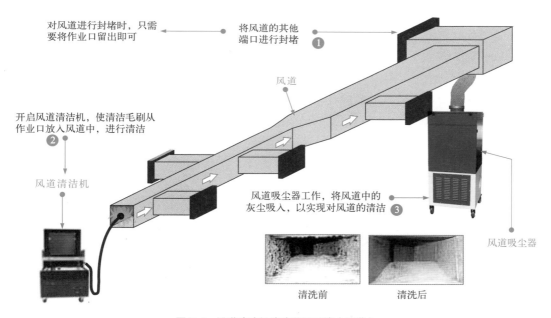

对风道进行封堵时，只需要将作业口留出即可

将风道的其他端口进行封堵 ❶

风道

开启风道清洁机，使清洁毛刷从作业口放入风道中，进行清洁 ❷

风道清洁机

风道吸尘器工作，将风道中的灰尘吸入，以实现对风道的清洁 ❸

风道吸尘器

清洗前　　　清洗后

图11-6　风道清洁机清洗通风系统（风道）

相关资料

风道清洁机前端的清洁毛刷是可以根据需要清洁的不同风道进行选择连接的，图11-7所示为不同的风道清洁机清洁毛刷。

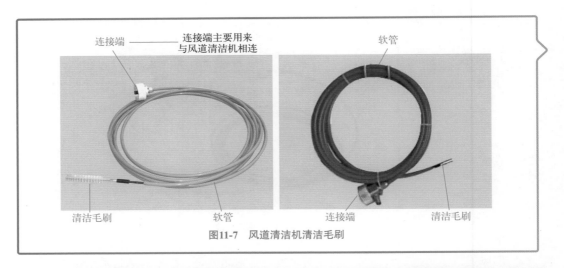

图11-7 风道清洁机清洁毛刷

 提示

通常在清洁风道时，需要将风道分成若干个作业段，每段长度不超过30m，逐段进行清洗。对于作业段只留前、后两个作业口，其余的风口进行封闭，并且与其他风道之间使用气囊做好封堵隔离。在前面的作业口放入清洗风道的设备，在后端的作业口安装风道吸尘器等设备，用以收集清理出来的灰尘污物。

（3）气动清洗法

气动清洗法是使用气动除尘机完成对中央空调风道的清洁工作。如图11-8所示，气动除尘机的搅动毛刷可以深入到风道内，搅动毛刷与除尘控制装置之间通过气管和控制线相连，气动吸尘机使用时通常需要配合使用风道吸尘器。

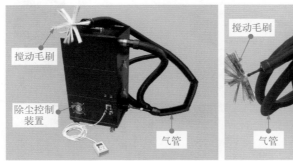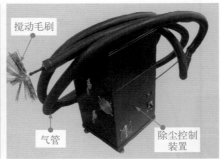

图11-8 气动除尘机

使用气动除尘机进行风道清洁时，首先应对风道进行封堵处理，然后在风道一端的作业口安装连接风道吸尘器，在风道另一端的作业口伸入气动除尘机的搅动毛刷。工作时，气动除尘机通过气管向风道内吹入高压空气（通常为0.6MPa），随着搅动毛刷的搅动，将风道管壁沉积的灰尘搅动起来；这时，位于另一端作业口的风道吸尘器就可将风道内的灰尘吸走。这种清洁方式适用于管径较小且管内灰尘堆积严重的情况，尤其适用于圆形风道，而对于一些大管径的风道则不太适用。

气动除尘机清洗风道的方法如图11-9所示。

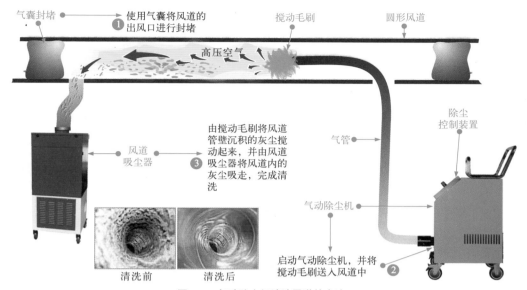

图11-9　气动除尘机清洗风道的方法

除上述讲到的清洗方法外，还有一种设备，将机器人与风道吸尘器组合在一起，由一台设备独立完成风道的清洗。

如图11-10所示，在使用该设备进行风道清洗时，将安装有吸尘装置的风道清洁机器人从作业口放入风道中，工作人员便可通过机器人控制箱对机器人进行操控；同时吸尘能力由吸尘设备进行控制。因此，风道清洁机器人便可承载着吸尘装置，完成对风道的吸尘、清洁工作。

这种清洁方法简化了操作，非常适用于管路复杂的风道环境。

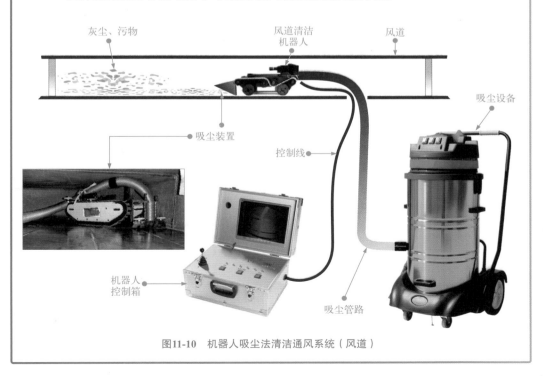

图11-10　机器人吸尘法清洁通风系统（风道）

207

在对风道进行清洗时，不仅仅是对风道进行清洗，还需要对出风口进行清洗，由于出风口长期用于出风，也会粘到很多灰尘和污物，应定期对其进行清洁。

清洁时，将风口拆下，先用气枪吹除灰尘，然后将出风口放在清洗液中浸泡，再将其清洁干净即可，如图11-11所示，最后装回风道中进行复原。

清洗之前
的出风口

清洗之后
的出风口

图11-11　出风口清洗效果图

11.1.2　水路管道的清洗

水路管道的清洗主要是针对水冷式商用中央空调的循环水路管道进行清洁，清洁水路管道时一般使用清洗槽和清洗泵将单台设备或原系统（可使用系统的水泵）构成一个闭合回路进行循环清洗。图11-12所示为循环水管路系统的清洗流程。

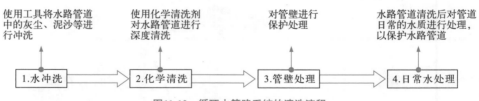

使用工具将水路管道
中的灰尘、泥沙等进
行冲洗

使用化学清洗剂
对水路管道进行
深度清洗

对管壁进行
保护处理

水路管道清洗后对管道
日常的水质进行处理，
以保护水路管道

1.水冲洗 ➡ 2.化学清洗 ➡ 3.管壁处理 ➡ 4.日常水处理

图11-12　循环水管路系统的清洗流程

相关资料

水路管道的清洗过程主要是完成对管道的杀菌灭藻，即通过加入杀菌药剂，清除循环水中的各种细菌和藻类，同时将管道内的生物黏泥剥离脱落，通过循环将黏泥清洗出来。

化学清洗，即加入综合性化学清洗剂。此种清洗剂具有缓蚀、分散、除垢的作用，对水的循环系统进行处理。这种处理方法，既能将管道内的锈、垢、油污进行清洗后分散排除，又可防止清洗剂对系统装置和管路的危害，提供一个清洁的金属表面。

表面保护，即在金属表面形成致密的聚合高分子保护膜，以起到防腐蚀保护作用。

（1）水冲洗

水冲洗是采用高压水冲刷的方式尽可能将循环水管路中的灰尘、泥沙、脱落的藻类及腐蚀产物等一些疏松的污垢冲洗掉，同时检查循环水管路系统是否存在泄漏情况。

冷却水塔是水循环管路系统中较为重要的部分，当其内部出现脏污时，将降低制冷水管路中水的制冷效果，从而可能引发水循环管路发生堵塞，所以对冷却水塔的清洁是十分关键的。冷却水塔的清洗如图 11-13 所示。

高压水枪　　高压水枪清洁冷却水塔底部的污渍　　使用高压水枪清洁冷却水塔填料　　冷却水塔填料

图11-13　冷却水塔的清洗

（2）化学清洗

化学清洗是指采用化学清洁剂对循环管路系统进行清洗，起到杀死系统内的微生物，使管壁及设备表面附着的生物黏泥剥离脱落，溶解循环水系统内多类污垢等作用，最终达到清洁的目的。经化学清洁剂溶解或剥离的污垢会随水循环排出。图 11-14 所示为水冷式中央空调循环水系统所使用的化学清洁剂。

液体清洁剂　　固体清洁剂需要使用水进行调配　　固体清洁剂

图11-14　水冷式中央空调循环水系统所使用的化学清洁剂

使用化学清洁剂清洗时，利用冷却水塔底部的水槽作为配液槽，化学清洗剂直接加入配液槽；冷冻水系统则需利用膨胀水箱或外接配液槽的方式进行添加，添加了化学清洗剂的冷却水或冷冻水在搭建的水循环管路清洁系统中进行循环清洗，完成对水管路的去污去垢处理，如图 11-15 所示。

冷却水塔

化学清洁剂

配液槽

将化学清洁剂倒入冷却水塔中，以冷水水塔的水槽为配液盘　　水泵　　将化学清洁剂倒入配液槽中，通过水泵，使化学清洁剂可以在管道中循环

图11-15　利用冷却水塔水槽和配液槽添加化学清洁剂

相关资料

先向循环水中加入适量的铜保护剂，再将化学清洗剂缓慢地加入，投加速度以结合清洗剂被即刻溶解为宜，投加量控制在pH值约为3.0。在清洗中要根据系统情况对液体走向、流速加以控制和调整，并每2h对清洗液进行一次监测，当总体曲线和pH值曲线趋于平缓时结束清洗。可以向系统中补加新鲜水，并从排污口排污，管道内循环水的浊度和铁离子浓度不断降低至标准值，化学清洗才算全部完工。

（3）管壁处理

管壁处理是在对循环水管路进行化学清洁后（水管路的金属表面势必会受到一定的腐蚀），为保护水管金属壁，要再加入预膜药剂，执行循环，以使管道内壁金属表面形成完整的耐腐蚀保护膜。即先对循环水系统进行清洗后，注水充满系统，用氯水调节水体中铁离子浓度低于500 mg/L，并加中和药剂使pH值趋于中性，再加入预膜药剂，从而对管壁进行保护。

（4）日常水处理

管壁处理后，水系统进入正常运行状态，还需要对水系统进行缓蚀、阻垢、杀菌的日常维护处理。日常维护过程中，药剂浓度依据具体水质情况，由分析监控结果决定投加量，以维持和修补系统内金属表面形成的保护膜，阻止和分散各种垢离子结垢，达到防腐、防垢和控制微生物生长的目的。

 提示

在化学清洗过程中，排放的各种化学清洗液必须经过中和处理，相关指标达标后才可排放入指定区域。

11.1.3　室外机组的清洁

中央空调中的室外机主要包括家用中央空调的室外机、风冷式水循环商用中央空调风冷机组、风冷式风循环商用中央空调的风冷式室外机、水冷式商用中央空调的水冷机组等，由于这些设备安装于室外，所以应定期对其进行清洁，它们的清洁方法基本相同。

（1）中央空调的室外机、风冷机组、风冷式室外机外观的清洁

在对中央空调室外机的表面进行清洁前，应先将电源断开，以确保人身安全，然后再对其进行清洁，一般可以使用清洁的干布拭擦或是用中性的洗涤剂拭擦，如图 11-16 所示。切记不可以用过湿的湿布抹擦，以免水珠由出风口或缝隙进入中央空调内部的电路板中，引发中央空调运行中出现短路的现象。

图11-16　对中央空调室外机进行表面的清洁工作

相关资料

　　清洗中央空调时，严禁使用汽油、稀料以及其他的轻油类、化学类等溶剂进行清洗，否则会对其表面造成腐蚀等作用。

（2）中央空调的室外机、风冷机组、风冷式室外机的冷凝器及风扇的清洗

对于中央空调的室外机应每隔 2 ～ 3 年对室外机的冷凝器和风扇进行彻底的清洗。使用高压水枪先对翅片式冷凝器部分进行冲洗，再对风扇进行冲洗。清洗的同时，应当注意不可用高压水枪冲洗控制箱部分，如图 11-17 所示。

图11-17　室外机冷凝器以及风扇的清洗

（3）水冷机组的清洁

中央空调水冷机组的清洁主要包括壳管式蒸发器与壳管式冷凝器的清洁。若壳管式蒸发器与壳管式冷凝器长期运行，则会产生各种杂质，如水垢、淤泥、细菌、藻类以及腐蚀物等沉淀在冷凝器的传热表面，图11-18所示为壳管式冷凝器 / 壳管式蒸发器清洁前后的效果对比。若长时间不对壳管式冷凝器 / 壳管式蒸发器进行清洁，不仅会使中央空调的耗电量增大，还会缩短壳管式冷凝器 / 壳管式蒸发器的使用寿命，严重时会造成管路堵塞，所以对其进行定期的清洁是非常必要的。

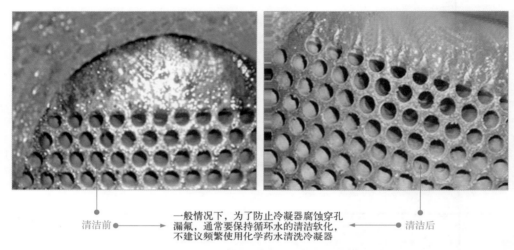

清洁前 ● ← 一般情况下，为了防止冷凝器腐蚀穿孔漏氟，通常要保持循环水的清洁软化，不建议频繁使用化学药水清洗冷凝器 → ● 清洁后

图11-18　冷凝器清洁前后的效果对比

对壳管式冷凝器 / 壳管式蒸发器清洗时，可以分为物理清洗和化学清洗。物理清洗通常是使用高压水冲洗铜管内的泥垢；而化学清洗主要是针对铜管内结垢较硬质的水垢，使用化学溶剂进行冲洗。还可以使用专用的清洗剂，清除水垢、锈蚀、黏泥和进行防腐蚀处理，使其还原清洁的金属表面。

壳管式冷凝器 / 壳管式蒸发器的清洁方法如图 11-19 所示。

可以使用管道洗洁机对内部进行清洁

壳管式冷凝器

图11-19　壳管式冷凝器/壳管式蒸发器的清洁方法

除此之外，还应定期对壳管式冷凝器 / 壳管式蒸发器管内的冷凝 / 蒸发情况和气密性进行检查，以免造成管内堵塞或穿孔漏水的现象。一经发现有漏水，应停止中央空调的运行，并查明漏水的管路，及时采取堵塞或换管的维修措施。

 提示

冷凝器清洗完毕后，应将冷凝器另一端水管堵头旋开，用高压水冲洗冷凝器，将刚刚清洗产生的沉淀物冲洗干净。

11.1.4 室内末端设备的清洁

中央空调中的室内末端设备包括风机盘管、壁挂式室内机等。在对这些室内末端设备进行清洗前，需要对待清洁设备的操作现场进行保护，防止将家具、办公桌椅等设施污染，应当使用防尘布等将家具、办公座椅等盖住，做好防尘保护，如图 11-20 所示。

在清洁风机盘管前，应对室内物品进行防尘保护

在清洁风道时，可以在出口处使用工具将其围住，避免灰尘污染室内空气

图11-20 清洁前的准备

（1）过滤网的清洁

长时间使用中央空调后，室内末端设备的过滤网过脏或油污粘在其表面上，则会引起气流受阻，造成风量不足，使室温与设定的温度产生偏差，如图 11-21 所示。除此之外，还会影响空气的质量，使空气产生异味。

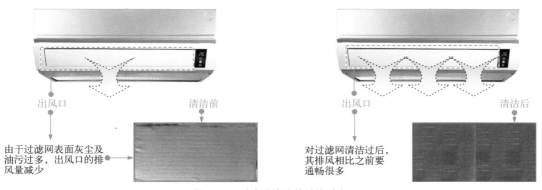

由于过滤网表面灰尘及油污过多，出风口的排风量减少

对过滤网清洁过后，其排风相比之前要通畅很多

图11-21 过滤网清洁前后的对比

在对中央空调的过滤网清洁时，通常是将其取出后，使用毛刷对其进行清洁，或是将其放在自来水龙头下进行冲洗，冲洗过后，应晾干后再装回中央空调。值得注意的是，过滤网采用的是塑料框与涤纶丝压制而成的，所以在对其进行水清洁时，不可以使用40℃以上的热水清洗，以免引起收缩变形。若发现过滤网的框架有变形的现象，应对其进行及时的更换，避免灰尘通过缝隙进入室内，以及引起空气流通不畅的现象。

过滤网的清洁方法如图 11-22 所示。

在分体壁挂式室内机中，打开
外壳后，即可以看到过滤网

在顶装式室内机中，过滤网
通常安装在其外部

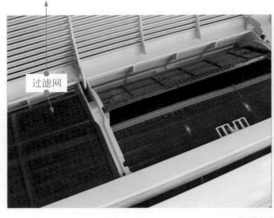

(a) 找到室内机的过滤网

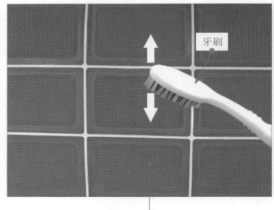

对过滤网进行清洁时，可以使用
牙刷轻轻扫除表面的灰尘

在对过滤网进行清洁时，还可以将其取下后使用
水龙头进行冲洗，清洁后要将其晾干后再使用

(b) 对过滤网进行清洁操作

图11-22　过滤网的清洁方法

 提示

为了确保中央空调室内机排风通畅，达到很好的制冷/制热效果，应定期对过滤网进行清洁，通常使用15天左右对其清洁一次。

大型风机盘管中的过滤网（滤尘网）体积通常较大，可以先使用吸尘器清洁表面浮土，再用专用清洁剂清洗或用高压水枪冲洗过滤网，如图11-23所示。

图11-23　滤尘网的清洗效果对比

（2）蒸发器的维护

中央空调中的蒸发器是用来进行散热的，通常使用 0.15mm 的铝片套入铜管后胀管而成，经不起碰撞，如图 11-24 所示，若是其中部分散热翅片有损坏，会直接影响散热效果，致使制冷效果降低，因此日常使用中应对其进行保护。

图11-24　蒸发器的散热翅片

除了日常要保护好蒸发器之外，还应定期对其表面上的灰尘进行清除，确保中央空调在制冷 / 制热时达到良好的效果。在对蒸发器翅片进行清扫时，通常可以使用软毛刷清洁，清洗前后的对比如图 11-25 所示。

（3）风机盘管的清洁

在采用风机盘管作为末端设备的中央空调系统中，中央空调将制冷后的水送到风机盘管中，经风机盘管中的风扇系统进行热交换后将温度适中的冷风送入室内，就可以达到降低室

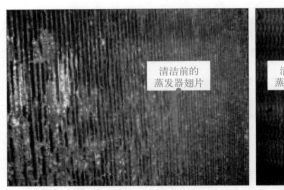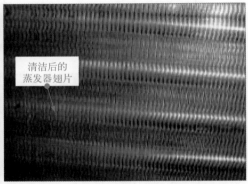

图11-25　蒸发器翅片清洗前后的对比

内温度的目的。但是空气中的灰尘微粒过多，风机盘管在长期进行抽、回风的工作情况下，会造成相关部件的表面积有灰尘污垢，影响空气的热交换效果，所以应定期对风机盘管中的风扇系统进行清洁。

风机盘管风扇系统的清洁如图 11-26 所示。

图11-26　风机盘管风扇系统的清洁

11.2　中央空调的日常保养维护

11.2.1　家用中央空调的日常保养维护

（1）运行前及运行过程中的例行维护

运行家用中央空调前，应先对固定器件、传动部件进行检查，如传送带、固定螺钉、接线等，排除有松动的现象，再对运行中的电流、温度以及压力进行检查，并及时进行调速。

（2）压缩机维护事项

中央空调系统内压缩机是压缩制冷／制热系统中的核心设备，做好压缩机的维护保养是保证空调系统运行的关键，所以在对其进行日常维护时，应保持压缩机内部各摩擦部件良好的润滑，并严格监视润滑油是否变质及润滑系统是否有泄漏现象，保证压缩机的油压达到规定的标准。除此之外，还应定期对压缩机内的电动机绝缘性能进行检查。

定期对压缩机的润滑油进行检查，必要时可以更换润滑油，判断是否需要更换润滑油时，可以通过以下 2 种方法进行判断。

① 根据运行时间，一般压缩机每运转 10000h 需检查或更换一次润滑油。

② 根据润滑油的酸化性进行判断，润滑油的酸化会直接影响压缩机电机寿命，所以定期检查润滑油的酸度是否合格非常重要。一般润滑油酸度低于 pH6 即需更换，若无法检查酸度，则应定期更换系统的干燥过滤器滤芯，使系统干燥度保持在干燥状态。

 提示

每个厂家的压缩机润滑油牌号不尽相同，更换润滑油时应注意原压缩机铭牌注明的润滑油牌号和用量。特别注意：因不同型号的润滑油含有防锈、抗氧化、抗泡沫、抗磨蚀等成分也不相同，所以不要将不同型号和不同牌号的润滑油混合使用，以免产生化学反应。

（3）日常检查是否泄漏

中央空调正常运行后，应对管路进行日常检查，及时排除有泄漏的故障。若发现中央空调连接管路的连接处有漏水现象，应及时停机进行维修。若是多联机系统和风道系统，要经常观察空调制冷剂管路的接口是否泄漏。

除此之外，还应对管道进行定期检修，主要是对焊缝、螺纹、法兰、密封垫等处的密封性进行检查，从而及时发现故障并排除。

（4）定期清洗主要部件

中央空调长期运行后，会有大量灰尘落在室外机组以及室内机中，从而影响制冷／制热的效果，因此，应定期对过滤网、冷凝器、蒸发器以及出风口处进行清洗。

若要长期停机，应先对空调器做全面清洗，清洗好后只开空调器的风机，运转约 2 ～ 3h，使空调器内部干燥，然后用防尘套将空调器套好。

（5）定期保养冷凝器

家用中央空调使用过程中，应适当对冷凝器进行清洗，从而提高冷凝器的使用寿命。通常定期检查冷凝器的溢流量，如果冷凝器在溢流量不足的情况下运行，水中的矿物质浓度将会增加，并且严重附着在冷凝器的铜管内壁，造成经常清洗冷凝器的操作，通常使用化学成分的清洗剂则会导致冷凝器严重的腐蚀。

11.2.2　商用中央空调的日常保养维护

对商用中央空调的保养和维护，不仅可以保持中央空调具有良好的使用效果，还可以延长中央空调的使用寿命。在对中央空调进行日常保养维护时，主要应做好以下几点。

（1）管路的日常检查

管路的保养维护是中央空调使用过程中非常必要的项目之一。对于冷／热水系统的中央空调来说，若管路连接不良，会引起漏水现象；对于风冷系统和水冷系统的中央空调，则其重点应查看各制冷剂管路的接口部位是否有制冷剂的泄漏，若发现有油渍，则说明有制冷剂漏出，应及时处理，以免长时间泄漏而造成制冷剂量不足。无论是漏水还是泄漏制冷剂，都会使中央空调制冷／制热的效果下降，甚至损坏压缩机，缩短其使用寿命。

在对中央空调的管路进行检查时，主要是对各管路的连接处、阀门和法兰进行检查，如图11-27所示，若发现有泄漏的情况，应立即断电停止运行，并进行修补或更换。

检查管路连接处是否完好

管路连接处

检查控制阀门的开启状态是否正常

控制阀门

图11-27　需要检查的管路

💡 提示

引起中央空调管路泄漏的原因较多，最主要的原因则是管路的保温层性能不良引发后期的腐蚀泄漏。如果保温材料的施工质量不好的话，空气就会侵入保温材料中，当管路达到露点温度时，就会在内部结露，保冷和保温的效果就会有所下降，若是不能及时发现并修补，其结露的面积越来越大，就会使管路外面产生腐蚀的现象，最终导致泄漏故障的发生。

（2）安全供电的维护

中央空调的耗电量极大，功率也很大。在安装铺设供电线路时，要严格执行安全供电原则，尽量使用匹配的电源线及插座；并且在专用线路中应设有断路器或空气开关，如图11-28所示。为防止绝缘破损造成漏电的危险，必要时应安装漏电保护器。

在对中央空调进行开机、停机操作时应规范操作，不可以直接将电源插头拔下。若供电电压超过或低于中央空调的额定电压，最好停止使用中央空调，以确保设备安全。

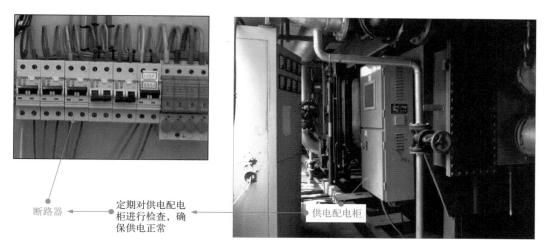

断路器 ← 定期对供电配电柜进行检查，确保供电正常 → 供电配电柜

图11-28 中央空调安全供电示意图

提示

在选用中央空调中的熔断器时，其容量的大小应选择为空调机组额定电流的2倍左右。异步电动机的启动电流通常约为电动机额定电流的4～7倍，为了使熔断器在电动机启动时不致熔断，其额定电流应大于电动机的额定电流。

（3）长期停机前的准备

如果需要长时间停机，应先对中央空调进行全面的清洗。清洗完后运行中央空调的主机，运转2～3h，使空调内部干燥。然后用防尘套将中央空调的室外机套好，加上一层防护罩，用作防尘、防水功能，尽可能地防止恶劣天气对空调主机的损坏。

若是采用水冷式的中央空调，当冬季停机不使用时，应将其冷凝器内的存水排尽，避免冻裂。

（4）中央空调停机后的保养维护

中央空调系统的制冷设备停机，按其时间的长短可以分为一周、一个月、三个月和半年。通常情况下，停机一周时，主要以不破坏机组系统真空度为限；停机一个月到三个月时，局部拆卸有关零部件，查看是否有损坏的现象，并及时涂抹润滑油，重新做真空实验。

（5）冷却水塔的保养维护

冷/热水式中央空调系统中冷却水塔是主要的降温设备之一，在对其进行保养时，应从以下几点入手。

① 经常检查配水系统配水的均匀性，如果发现不均匀，应及时调整。

② 定期（每个月）清除管道、喷嘴上面的污物及水垢。

③ 经常检查冷却水泵是否有腐蚀现象，如果有腐蚀或表面有附着物，必须及时更换或清除，以免增大振动和噪声，如图11-29所示。

图11-29　检查冷却水泵

④ 由于冷却水泵经常处于高温、高湿的环境下工作，所以每年应对泵的绝缘性能进行测试，并对其外部进行保养。

⑤ 定期检查冷却水泵内部的轴承是否正常，并对轴承及内部进行保养，如有需要还可以更换新的电动机，如图 11-30 所示。

图11-30　定期检查冷却水泵的轴承

⑥ 冷却水塔中的噪声和振动主要是由冷却水塔上的电动机造成的，应定期进行检查，如图 11-31 所示。

（6）水循环系统的保养维护

对于冷 / 热水系统的中央空调，在其运行的过程中，应经常检查其补水和排气装置的工作是否正常。若有空气进入，则会造成系统水循环量的减少或循环困难，从而影响中央空调的制冷 / 制热效果和机组工作的可靠性。

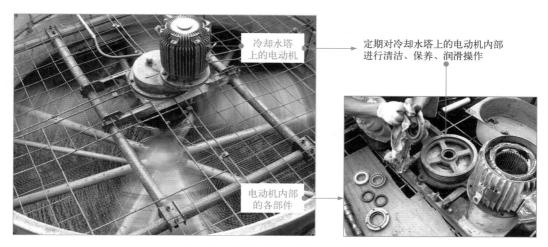

图11-31　定期检查冷却水塔上的电动机

　　同时，在使用中央空调时，可在水中加入缓蚀剂避免金属生锈，加入阻垢剂通过综合作用，防止钙镁离子结晶沉淀，起到保护作用。同时应定期对水质进行监控，定期抽验、监控水质，防止堵塞或泥沙进入冷凝器引起的机组高压保护。

第**12**章 中央空调的故障特点与检修分析

12.1 多联式中央空调的故障特点与检修分析

12.1.1 多联式中央空调制冷或制热异常

如图 12-1 所示，多联式中央空调制冷或制热异常主要表现为中央空调不制冷或不制热、制冷或制热效果差等。

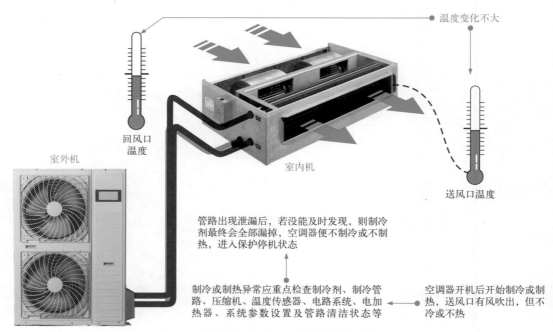

温度变化不大

回风口温度

室外机

室内机

送风口温度

管路出现泄漏后，若没能及时发现，则制冷剂最终会全部漏掉，空调器便不制冷或不制热，进入保护停机状态

制冷或制热异常应重点检查制冷剂、制冷管路、压缩机、温度传感器、电路系统、电加热器、系统参数设置及管路清洁状态等

空调器开机后开始制冷或制热，送风口有风吹出，但不冷或不热

图12-1 多联式中央空调制冷或制热异常的故障表现

多联式中央空调系统通电后，开机正常，当设定温度后，压缩机开始运转，运行一段时间后，室内温度无变化。经检查，空调器送风口的温度与室内环境温度差别不大，由此可以判断空调器不制冷或不制热。

提示

多联式中央空调出现不制冷或不制热、制冷或制热效果差等故障通常是由管路中的制冷剂不足、制冷管路堵塞、室内环境温度传感器损坏、控制电路出现异常等引起的，需要结合具体的故障表现，对怀疑的部件逐一检测。

（1）多联式中央空调不制冷或不制热故障的检修分析

多联式中央空调利用室内机接收室内环境温度传感器送入的温度信号，判断室内温度是否达到制冷要求，并向室外机传输控制信号，由室外机的控制电路控制四通阀换向，同时驱动变频电路工作，进而使压缩机运转、制冷剂循环流动，达到制冷或制热的目的。若多联式中央空调出现不制冷或不制热的故障，应重点检查四通阀和室内温度传感器。

图12-2为多联式家用中央空调不制冷或不制热故障的检修流程。

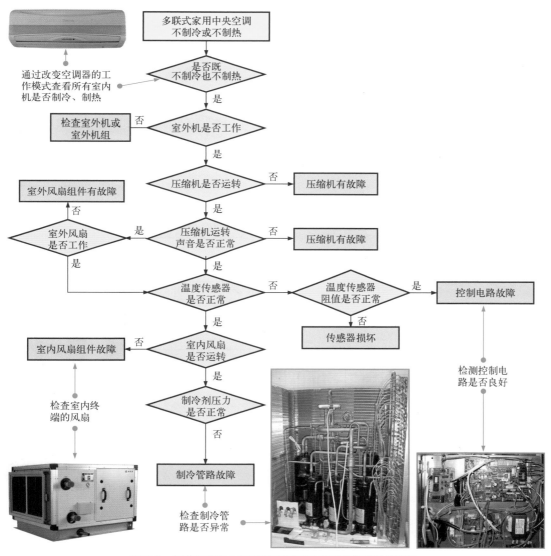

图12-2　多联式家用中央空调不制冷或不制热故障的检修流程

（2）多联式中央空调制冷或制热效果差故障的分析流程

多联式中央空调可启动运行，但制冷／制热温度达不到设定要求，应重点检查室内、外机组的风机、制冷循环系统等是否正常。

图 12-3 为多联式中央空调制冷或制热效果差故障的检修流程。

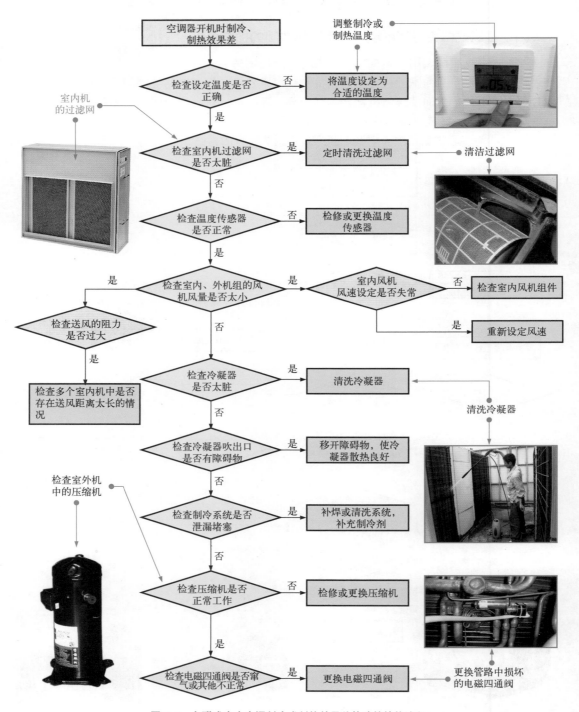

图12-3　多联式中央空调制冷或制热效果差故障的检修流程

12.1.2 多联式中央空调不开机或开机保护

如图 12-4 所示，多联式中央空调不开机或开机保护主要表现为开机跳闸、室外机压缩机不启动、开机显示故障代码（提示高压保护、低压保护、压缩机电流保护、变频模块保护）等。

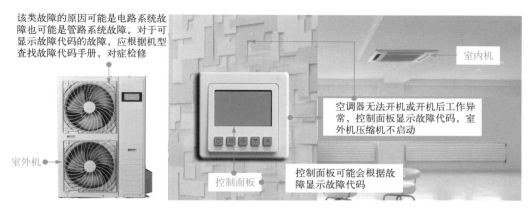

该类故障的原因可能是电路系统故障也可能是管路系统故障。对于可显示故障代码的故障，应根据机型查找故障代码手册，对症检修

室内机

空调器无法开机或开机后工作异常，控制面板显示故障代码，室外机压缩机不启动

室外机

控制面板

控制面板可能会根据故障显示故障代码

图12-4 多联式中央空调不开机或开机保护的故障表现

（1）多联式中央空调开机跳闸的故障检修流程

如图 12-5 所示，开机跳闸是指中央空调系统通电后正常，开机启动时，烧熔断器，电源供电开关跳脱的现象。此种故障可能是由电路系统中存在短路或漏电引起的，应重点检查空调系统的控制线路、压缩机、压缩机启动电容等。

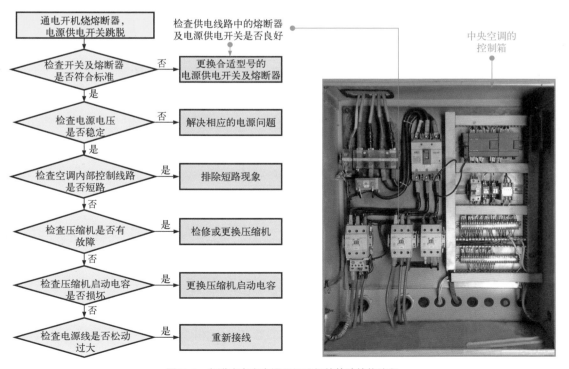

图12-5 多联式中央空调开机跳闸的故障检修流程

（2）多联式中央空调室内机可启动、室外机压缩机不启动故障的检修流程

如图 12-6 所示，多联式中央空调系统开机后，室内机运转，室外机压缩机不启动，主要是由室内、外机通信不良，室外机压缩机启动部件或压缩机本身不良引起的，应检查室内、外机连接线，压缩机启动部件及压缩机。

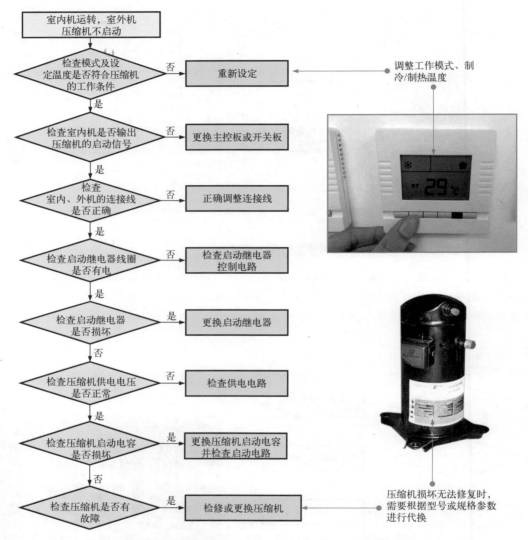

图12-6 多联式中央空调室内机可启动、室外机压缩机不启动故障的检修流程

（3）多联式中央空调开机显示故障代码的检修分析

多联式中央空调一般都带有故障代码设定，当出现室内机、室外机组自身可识别的故障时，显示屏或指示灯会显示相应的故障指示，如高压保护、低压保护、压缩机电流保护、变频模块保护等。不同故障代码所指示故障的含义不同，且故障代码同时显示在室内机、室外机组上与只显示在室内机或室外机组上所表示的意义也不相同，可对照故障代码含义表初步圈定故障范围，再有针对性地进行检修。

图 12-7 为 4 种常见故障代码指示故障的检修流程。

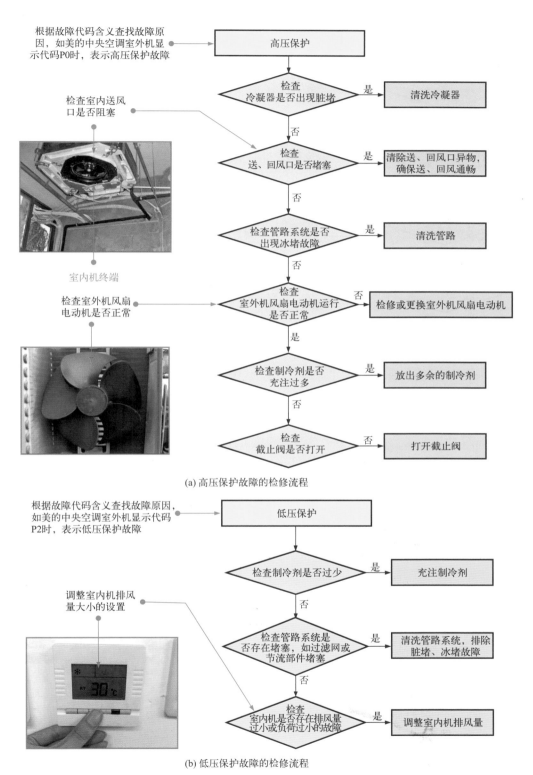

根据故障代码含义查找故障原因，如美的中央空调室外机显示代码P0时，表示高压保护故障

高压保护

检查冷凝器是否出现脏堵　是→清洗冷凝器

检查室内送风口是否阻塞

室内机终端

检查送、回风口是否堵塞　是→清除送、回风口异物，确保送、回风通畅

检查管路系统是否出现冰堵故障　是→清洗管路

检查室外机风扇电动机是否正常

检查室外机风扇电动机运行是否正常　否→检修或更换室外机风扇电动机

检查制冷剂是否充注过多　是→放出多余的制冷剂

检查截止阀是否打开　否→打开截止阀

(a) 高压保护故障的检修流程

根据故障代码含义查找故障原因，如美的中央空调室外机显示代码P2时，表示低压保护故障

低压保护

检查制冷剂是否过少　是→充注制冷剂

调整室内机排风量大小的设置

检查管路系统是否存在堵塞，如过滤网或节流部件堵塞　是→清洗管路系统，排除脏堵、冰堵故障

检查室内机是否存在排风量过小或负荷过小的故障　是→调整室内机排风量

(b) 低压保护故障的检修流程

图12-7

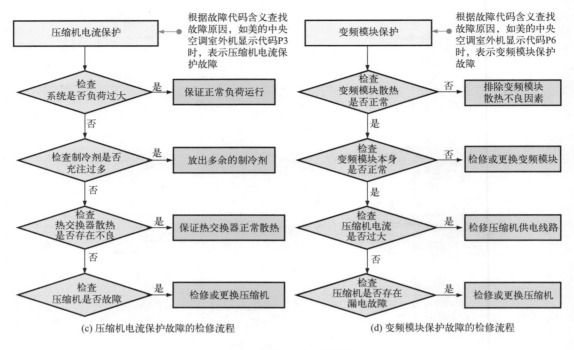

(c) 压缩机电流保护故障的检修流程　　　　　　(d) 变频模块保护故障的检修流程

图12-7　4种常见故障代码指示故障的检修流程

12.1.3　多联式中央空调压缩机工作异常

如图 12-8 所示，多联式中央空调压缩机工作异常主要表现为压缩机不运转、压缩机启 / 停频繁等，从而引起不制冷（热）或制冷（热）效果差的故障。该类故障通常是由制冷系统或控制电路工作异常所引起的，也有很小的可能是由压缩机出现机械不良的故障引起的。

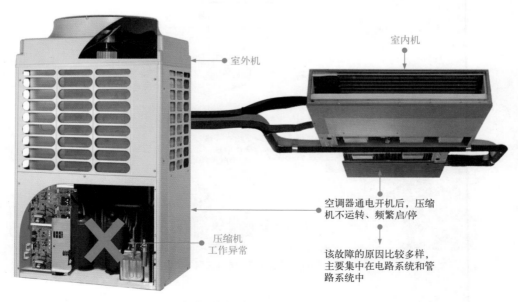

图12-8　多联式中央空调压缩机工作异常的故障表现

（1）多联式中央空调压缩机不运转故障的检修流程

如图12-9所示，多联式中央空调室外机一般采用变频压缩机启动。该类压缩机一般由专门的变频电路或变频模块驱动控制，压缩机不运转时，应重点检查压缩机相关电路。

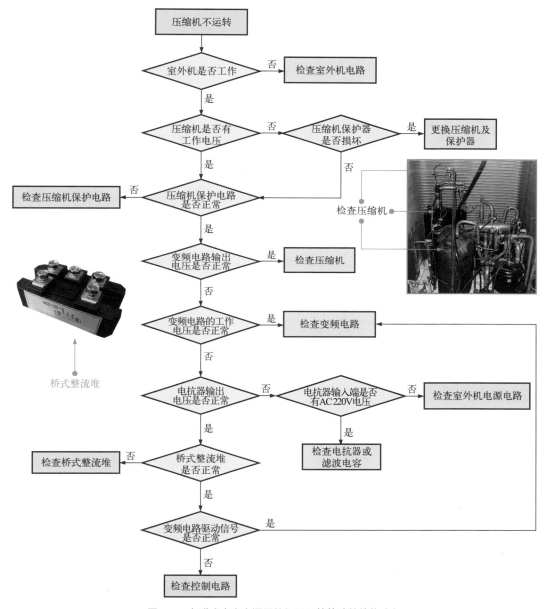

图12-9　多联式中央空调压缩机不运转故障的检修流程

（2）多联式中央空调压缩机启/停频繁故障的检修流程

多联式中央空调系统通电启动后，压缩机在短时间内频繁启/停主要是由电源电压不稳、温度传感器不良及室内、外风机故障或系统存在堵塞等引起的。

图12-10为多联式中央空调压缩机启/停频繁故障的检修流程。

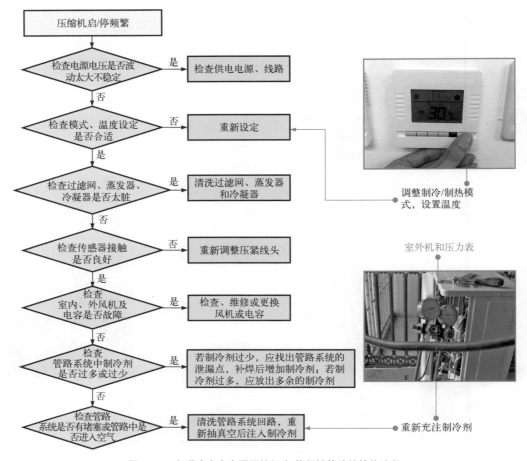

图12-10　多联式中央空调压缩机启/停频繁故障的检修流程

12.1.4　多联式中央空调室外机组不工作

　　如图 12-11 所示，多联式中央空调室外机组不工作可能是由室外机通信故障、室外机相序错误、室外机地址错误等引起的，可根据空调器机型查找故障代码，对症检修。

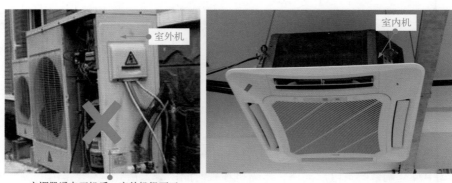

空调器通电开机后，室外机组不工作，室内机或室外机出现故障代码

图12-11　多联式中央空调室外机组不工作的故障表现

（1）室外机通信故障引起室外机不启动故障的检修流程

如图 12-12 所示，多联式中央空调室外机通信故障是指室外机主机与辅机之间无法连接和启动。该类故障多是由通信设置不当或主控板损坏引起的，应重点检查主机与辅机间的信号线连接是否正常、地址码设置及主控板部分是否正常。

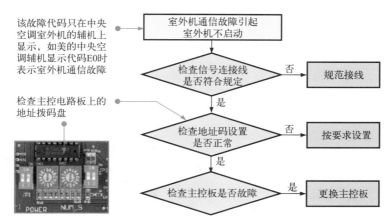

图12-12　室外机通信故障引起室外机不启动故障的检修流程

（2）室外机相序错误故障引起室外机不启动故障的检修流程

图 12-13 为室外机相序错误引起室外机不启动故障的检修流程。

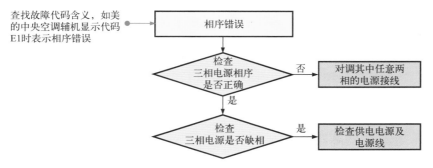

图12-13　室外机相序错误引起室外机不启动故障的检修流程

（3）室外机地址错误引起室外机不启动的检修流程

图 12-14 为室外机地址错误引起室外机不启动故障的检修流程。

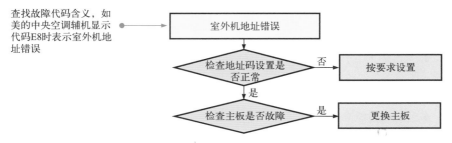

图12-14　室外机地址错误引起室外机不启动故障的检修流程

12.2 风冷式中央空调的故障特点与检修分析

12.2.1 风冷式中央空调高压保护

如图 12-15 所示，风冷式中央空调高压保护故障表现为中央空调系统不启动、压缩机不动作、空调机组显示高压保护故障代码。

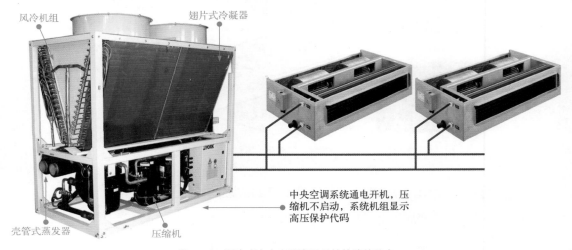

风冷机组　　　　　　翅片式冷凝器

壳管式蒸发器　　　压缩机

中央空调系统通电开机，压缩机不启动，系统机组显示高压保护代码

图12-15　风冷式中央空调高压保护故障的特点

提示

在风冷式中央空调管路系统中，当系统高压超过 2.35MPa 时会出现高压保护，此时对应的系统故障指示灯亮，应立即关闭报警提示的压缩机。出现该类高压保护故障时，一般需要手动清除故障后才能再次开机。

相关资料

风冷式中央空调系统设有多个检测开关，如高压开关、低压开关、水流开关、压缩机过流开关、风机过流开关、温度传感器（环境温度、排气温度、吸气温度、进水温度、化霜温度、出水温度、制冷节流点温度）等。

◆ 高、低压用于判断中央空调的系统压力。当系统压力异常时，高、低压开关断开，电路部分接收到压力开关的断开信号，控制系统不启动或停机，同时将信号传递到显示板，显示板故障指示灯亮。

◆ 水流开关用于判断室内机水循环系统中的水流量。当水流量过低时，水流开关断开，电路部分接收水流断开信号控制水泵停止工作，机组不启动或停机，同时传递到显示板，显示故障信息。

◆ 压缩机过流开关用于判断压缩机的运行电流。当电流过大时，压缩机过流开关断开，电路部分接收到断开信号，控制系统不启动或停机，同时将信号传递到显示板，显示故障信息。

◆ 风冷式中央空调中设有多个温度传感器，分别用于检测环境温度、排气温度、吸气温度、进水温度、化霜温度、出水温度、制冷节流点温度等，任何一处温度不正常，都会将信号送至电路部分，控制系统不启动或停机，并且显示板将显示出相应的故障信息。

图 12-16 为风冷式中央空调高压保护故障的检修流程。

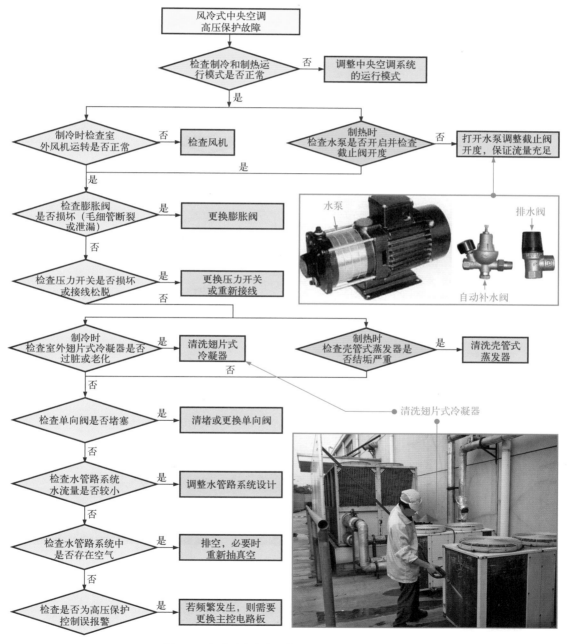

图12-16　风冷式中央空调高压保护故障的检修流程

12.2.2 风冷式中央空调低压保护

图 12-17 为风冷式中央空调低压保护故障的检修流程。风冷式中央空调按下启动开关后，低压保护指示灯亮，无法正常启动，该类故障多是由中央空调系统中低压管路部分异常、存在堵塞情况或制冷剂泄漏等引起的。

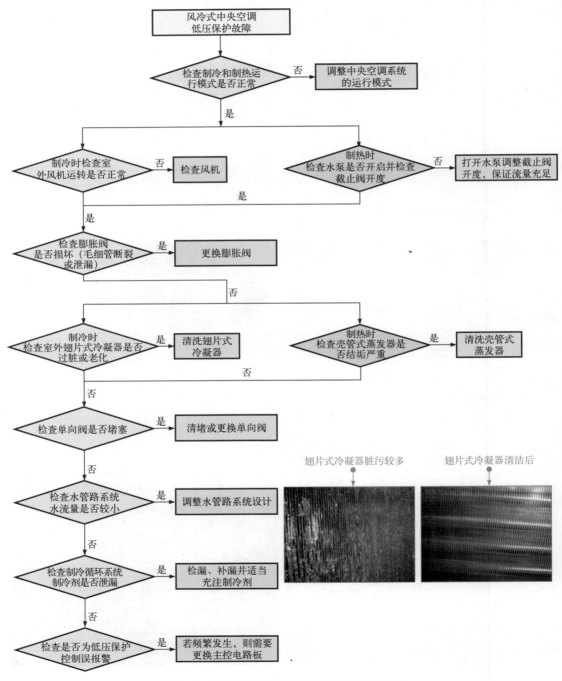

图12-17　风冷式中央空调低压保护故障的检修流程

12.3　水冷式中央空调的故障特点与检修分析

12.3.1　水冷式中央空调无法启动

图 12-18 为水冷式中央空调无法启动的故障特点。

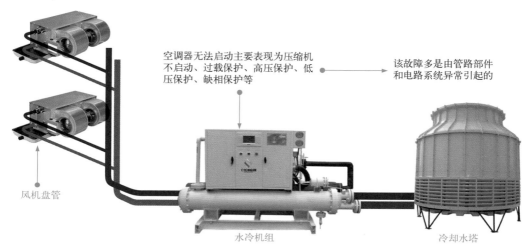

空调器无法启动主要表现为压缩机不启动、过载保护、高压保护、低压保护、缺相保护等

该故障多是由管路部件和电路系统异常引起的

风机盘管

水冷机组

冷却水塔

图12-18　水冷式中央空调无法启动的故障特点

水冷式中央空调无法启动的故障主要可从缺相保护、压缩机不启动、过载保护及高压保护和低压保护五个方面进行故障排查。

（1）水冷式中央空调缺相保护导致无法启动故障的检修流程

图 12-19 为水冷式商用中央空调缺相保护导致无法启动故障的检修流程。按下启动开关后，缺相保护指示灯亮，中央空调系统无法正常启动，该类故障多是由中央空调电路系统中三相线接线错误或缺相等引起的。

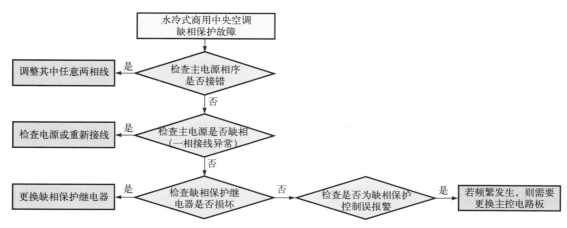

图12-19　水冷式商用中央空调缺相保护导致无法启动故障的检修流程

（2）水冷式中央空调压缩机不启动故障的检修流程

水冷式中央空调接通电源后，按下启动开关，压缩机不启动，该类故障主要是由电源供电线路异常、压缩机控制线路继电器及相关部件损坏、中央空调系统中存在过载及压缩机本身故障引起的。

图12-20为水冷式商用中央空调压缩机不启动导致无法启动故障的检修流程。

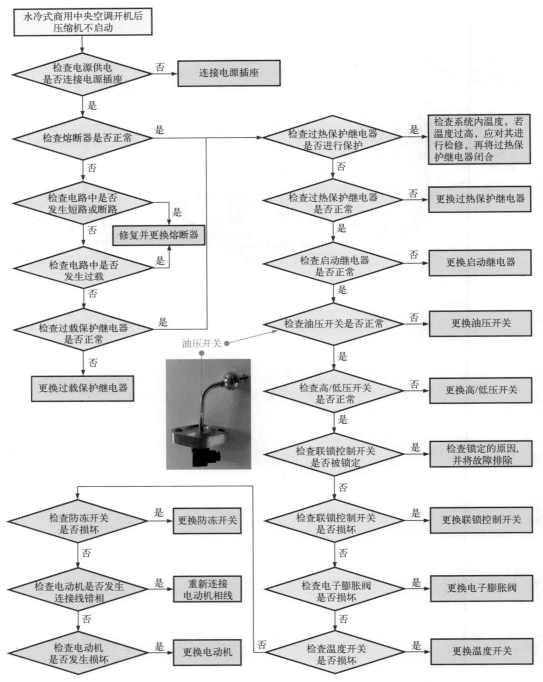

图12-20　水冷式商用中央空调压缩机不启动导致无法启动故障的检修流程

（3）水冷式中央空调过载保护故障的检修流程

按下启动开关后，过载保护继电器跳闸，中央空调系统无法启动，出现该类故障主要是由于整个中央空调系统中的负载可能存在短路、断路或超载现象，如电路中电源接地线短路、压缩机卡缸引起负载过重、供电线路接线错误或线路设计中的电气部件参数不符合等。

图 12-21 为水冷式中央空调过载保护故障的检修流程。

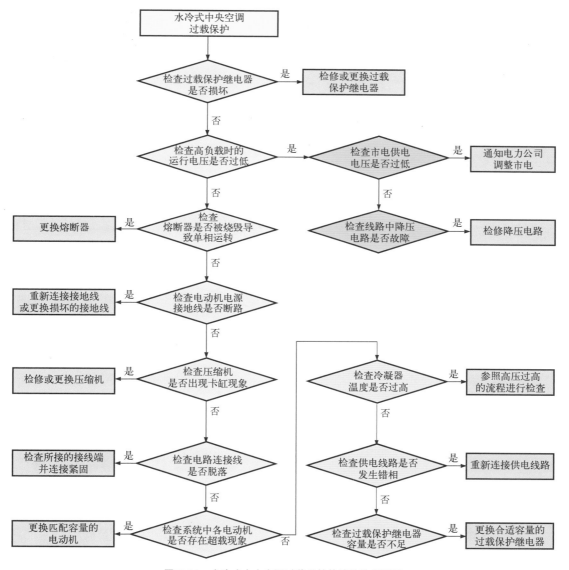

图12-21　水冷式中央空调过载保护故障的检修流程

（4）水冷式中央空调高压保护故障的检修流程

按下启动开关后，高压保护指示灯亮，中央空调系统无法正常启动，该类故障多是由中央空调系统中高压管路部分异常或存在堵塞情况引起的。图 12-22 为水冷式中央空调高压保护故障的检修流程。

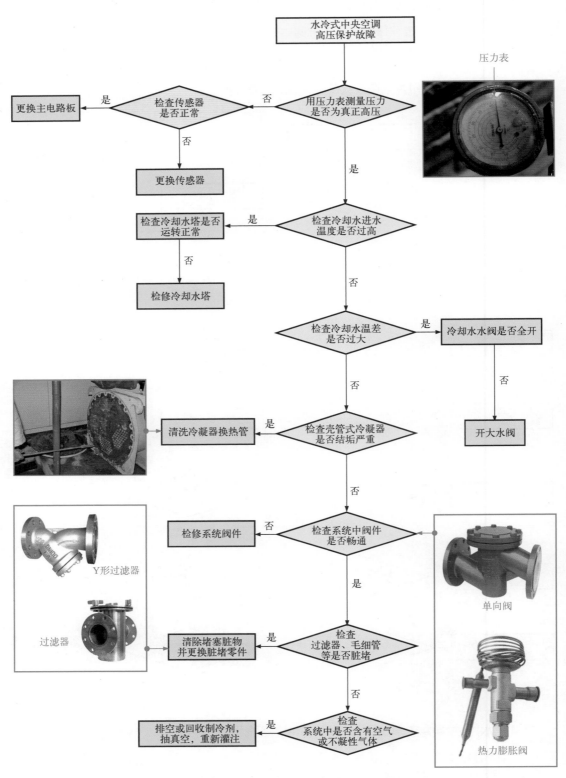

图12-22 水冷式中央空调高压保护故障的检修流程

（5）水冷式中央空调低压保护故障的检修流程

按下启动开关后，低压保护指示灯亮，中央空调系统无法正常启动，该类故障多是由中央空调系统中温度传感器异常、水温设置异常、水流量异常、系统阀件阻塞、制冷剂泄漏等引起的。

图 12-23 为水冷式中央空调低压保护故障的检修流程。

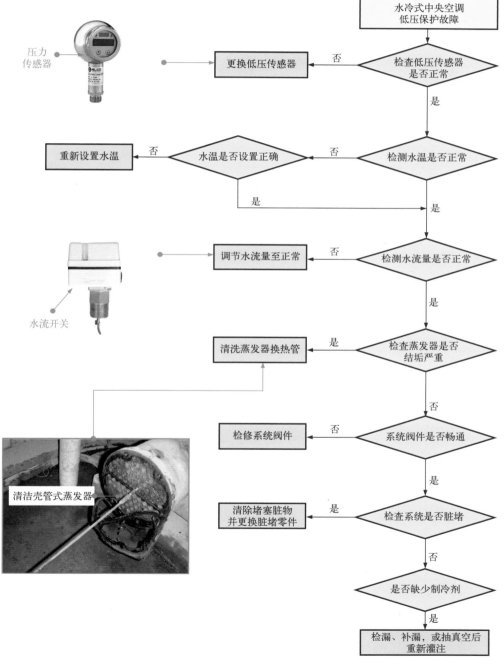

图12-23　水冷式中央空调低压保护故障的检修流程

12.3.2 水冷式中央空调制冷或制热效果差

图12-24 为水冷式中央空调制冷或制热效果差的故障特点。

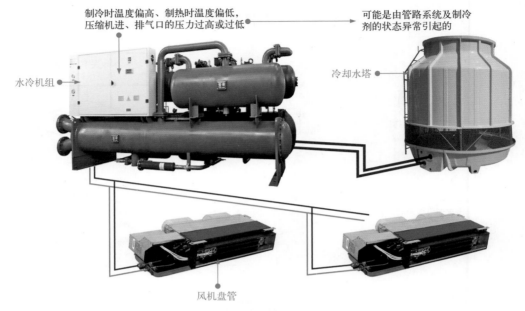

制冷时温度偏高、制热时温度偏低，压缩机进、排气口的压力过高或过低

可能是由管路系统及制冷剂的状态异常引起的

水冷机组

冷却水塔

风机盘管

图12-24 水冷式中央空调制冷或制热效果差的故障特点

(1) 管路系统高压（排气压力）过高故障的检修流程

在水冷式中央空调系统运行中，管路系统上的排气压力表显示高压过高，制冷和制热效果差，该类故障多是由冷却水流量小或冷却水温度高、制冷剂充注过多、冷负荷大等故障引起的。图 12-25 为水冷式中央空调管路系统高压（排气压力）过高故障的检修流程。

> **提示**
>
> 水冷式中央空调系统中压力的概念十分重要。制冷系统在运行时可分高、低压两部分。其中，高压段为从压缩机的排气口至节流阀前，该段也被称为冷凝压力；低压段为从节流阀至压缩机的进气口部分，该段也被称为蒸发压力。
>
> 为方便起见，制冷系统的蒸发压力和冷凝压力都在压缩机的吸、排气口检测，即通常所说的压缩机吸、排气压力。冷凝压力接近于蒸发压力，两者之差就是管路的流动阻力。压力损失一般限制在 0.018MPa 以下。检测制冷系统吸、排气压力的目的是要得到制冷系统的蒸发温度与冷凝温度，以此获得制冷系统的运行状况。
>
> 制冷系统运行时，排气压力与冷凝温度相对应，冷凝温度与冷却介质的流量温度、制冷剂的流入量、冷负荷量等有关，在检查时，应在排气管处装一只排气压力表检测排气压力作为故障分析的重要依据。

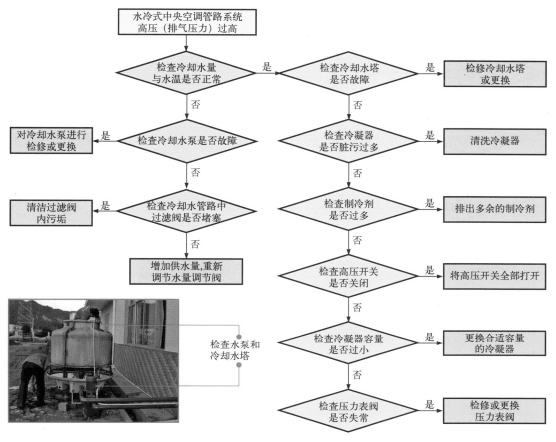

图12-25　水冷式中央空调管路系统高压（排气压力）过高故障的检修流程

（2）管路系统高压（排气压力）过低故障的检修流程

在水冷式中央空调系统运行中，管路系统上的排气压力表显示高压过低，制冷、制热效果差，该类故障的原因主要有冷凝器温度异常、制冷剂不足、低压开关未打开、过滤器及膨胀阀不通畅或开度小、压缩机效率低等。

图 12-26 为水冷式中央空调管路系统高压（排气压力）过低故障的检修流程。

> 💡 **提示**　　　　　　　　　　　　　　　　　　　　　　　》》》
>
> 水冷式中央空调管路系统高压过低会引起系统的制冷流量下降、冷负荷小，使冷凝温度下降。另外，吸气压力与排气压力有密切的关系。在一般情况下，吸气压力升高，排气压力也相应上升；吸气压力下降，排气压力也相应下降。

（3）管路系统低压（吸气压力）过高故障的检修流程

在水冷式中央空调系统运行中，管路系统上的吸气压力表显示低压过高，制冷、制热效果差，出现该类故障的原因主要有制冷剂不足、冷负荷小、电子膨胀阀开度小、压缩机效率低等。

图 12-27 为水冷式中央空调管路系统低压（吸气压力）过高故障的检修流程。

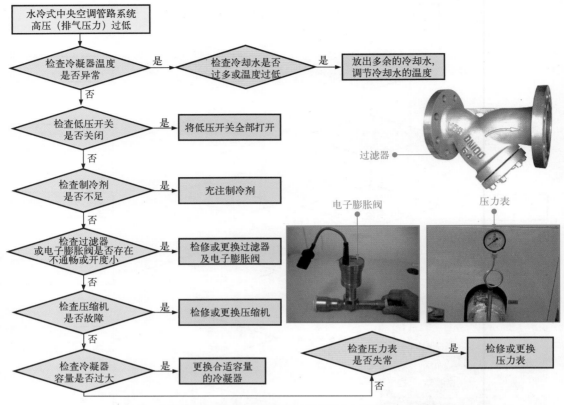

图12-26 水冷式中央空调管路系统高压（排气压力）过低故障的检修流程

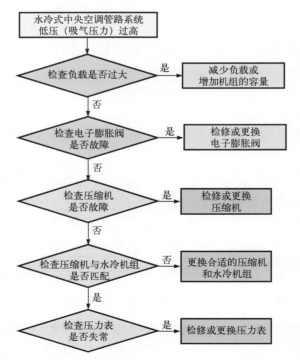

图12-27 水冷式中央空调管路系统低压（吸气压力）过高故障的检修流程

（4）管路系统低压（吸气压力）过低故障的检修流程

如图 12-28 所示，在水冷式中央空调系统运行中，管路系统上的吸气压力表显示低压过低，制冷、制热效果差，该类故障的原因主要有制冷剂过多、冷负荷大、电子膨胀阀开度大、压缩机效率低等。

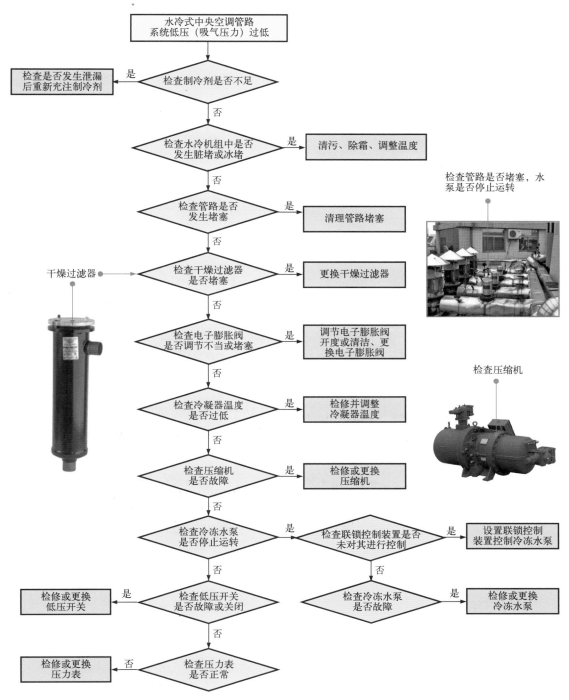

图12-28 水冷式中央空调管路系统低压（吸气压力）过低故障的检修流程

在中央空调系统中，压力和温度都是检测的重要参数。制冷系统中的温度参数主要有蒸发温度（t_e）、冷凝温度（t_c）、排气温度（t_d）、吸气温度（t_s）。

◇ 蒸发温度（t_e）是液体制冷剂在蒸发器内沸腾汽化的温度。例如，一般商用空调机组将 5 ～ 7℃ 作为最佳蒸发温度。蒸发温度一般无法直接检测，需通过检测对应的蒸发压力而获得（通过查阅制冷剂热力性质表）。

◇ 冷凝温度（t_c）是制冷剂的过热蒸气在冷凝器内放热后凝结为液体时的温度。冷凝温度也不能直接检测，需通过检测对应的冷凝压力而获得（通过查阅制冷剂热力性质表）。

◇ 排气温度（t_d）是压缩机排气口的温度（包括排气口接管的温度），检测排气温度必须有测温装置。排气温度受吸气温度和冷凝温度的影响。吸气温度或冷凝温度升高，排气温度也相应上升，因此要控制吸气温度和冷凝温度才能稳定排气温度。

◇ 吸气温度（t_s）是压缩机吸气连接管的气体温度，检测吸气温度需要测温装置，检修调试时一般用手触摸估测。商用空调机组的吸气温度一般控制在15℃左右最佳，超过此值，对制冷效果有一定的影响。

12.3.3　水冷式中央空调压缩机工作异常

水冷式中央空调压缩机工作异常的故障特点如图 12-29 所示。

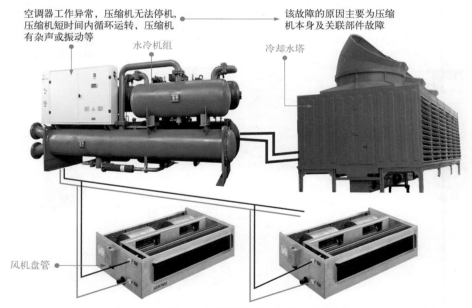

空调器工作异常，压缩机无法停机，压缩机短时间内循环运转，压缩机有杂声或振动等

该故障的原因主要为压缩机本身及关联部件故障

水冷机组

冷却水塔

风机盘管

图12-29　水冷式中央空调压缩机工作异常的故障特点

（1）压缩机无法停机故障的检修流程

图 12-30 为水冷式中央空调压缩机无法停机故障的检修流程。

（2）压缩机有杂声或振动故障的检修流程

如图 12-31 所示，水冷式中央空调系统启动后，压缩机发出明显的杂音或有明显的振动情况，该类故障多是由压缩机内制冷剂过多、压缩机避振系统或压缩机联轴器部分异常引起的。

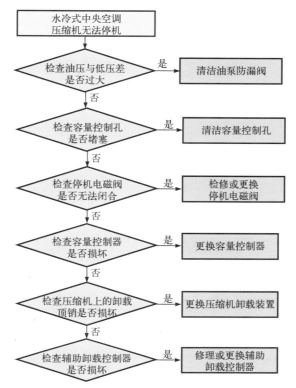

图12-30　水冷式中央空调压缩机无法停机故障的检修流程

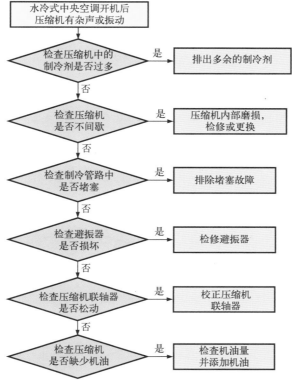

图12-31　水冷式中央空调压缩机有杂声或振动故障的检修流程

（3）压缩机短时间内循环运转故障的检修流程

如图 12-32 所示，水冷式中央空调系统启动后，压缩机在短时间内处于频繁启动和停止状态，无法正常运行，引起该故障的原因比较多，应顺信号流程逐步排查。

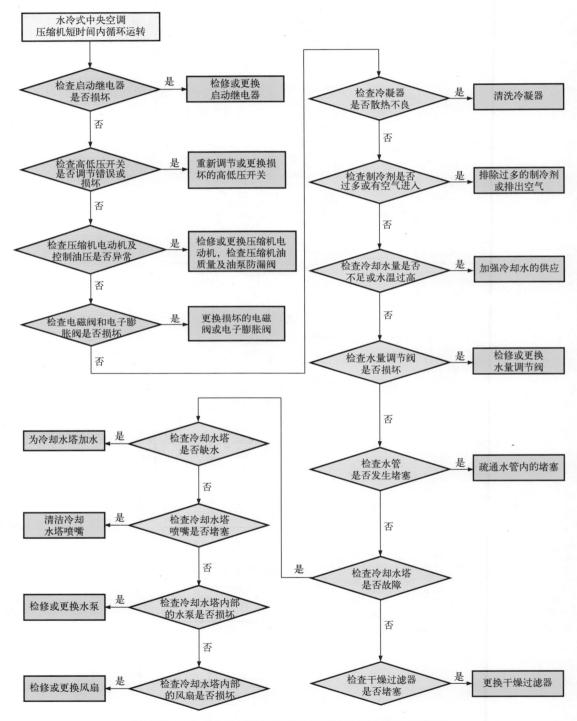

图12-32　水冷式中央空调压缩机短时间内循环运转故障的检修流程

12.3.4　水冷式中央空调运行噪声大

水冷式中央空调运行噪声大的故障特点如图 12-33 所示。

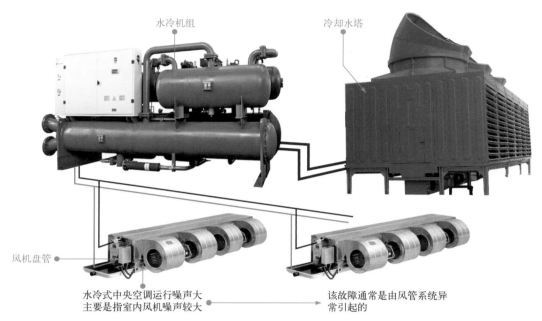

图12-33　水冷式中央空调运行噪声大的故障特点

如图 12-34 所示，水冷式中央空调启动运行后，制冷或制热效果均正常，启动控制也正常，但运行时产生的噪声过大，该类故障主要是由风机工作异常，风管内、阀门、送风口风速过大及风管系统消声设备不完善等引起的。

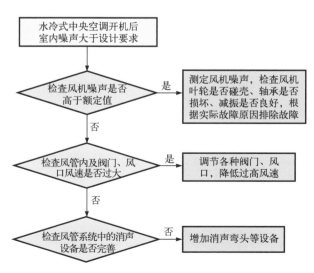

图12-34　水冷式中央空调运行噪声大的检修流程

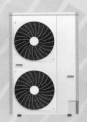

第**13**章 中央空调管路系统的检修

13.1 中央空调管路系统的检修分析

13.1.1 中央空调管路系统的特点

（1）多联式中央空调管路系统

图 13-1 为多联式中央空调管路系统。该系统主要是由室内机的蒸发器、室外机的冷凝器、压缩机、电磁四通阀、干燥过滤器、毛细管、单向阀及电子膨胀阀等部分构成的，通过制冷剂铜管连接并构成循环管路。

（2）风冷式风循环中央空调管路系统

图 13-2 为风冷式风循环中央空调管路系统，包括两大部分，即制冷剂循环系统及风道传输和分配系统。

风冷式风循环中央空调制冷剂循环系统由室内机的蒸发器和室外机的冷凝器、压缩机及相关的闸阀组件构成，如图 13-3 所示。

风冷式风循环中央空调风道传输和分配系统将制冷剂循环系统产生的冷量或热量送入室内实现制冷或制热，除基本的风道外，还包括一些处理部件，如静压箱、风量调节阀、送风口和回风口等。

（3）风冷式水循环中央空调管路系统

图 13-4 为风冷式水循环中央空调管路系统，可将制冷量或制热量通过水管路送入室内实现热交换，除基本的制冷剂循环系统外，还包括水管路传输和分配系统。

风冷式水循环中央空调制冷剂循环系统设置在风冷机组（室外机）中，如图 13-5 所示。风冷式室外机（风冷机组）设有蒸发器、冷凝器、压缩机和闸阀组件等完整的循环系统。

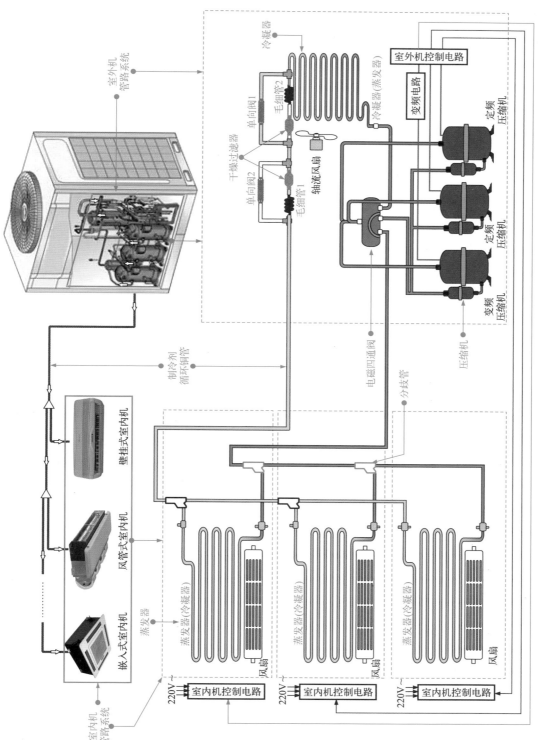

图13-1 多联式中央空调管路系统

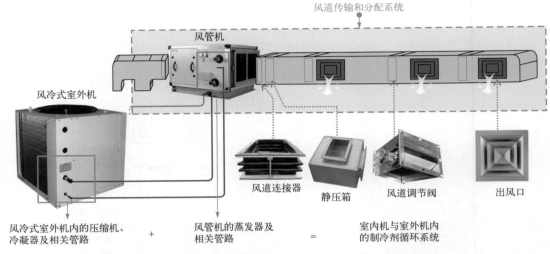

风道传输和分配系统

风管机

风冷式室外机

风道连接器　静压箱　风道调节阀　出风口

风冷式室外机内的压缩机、　＋　风管机的蒸发器及　＝　室内机与室外机内
冷凝器及相关管路　　　　　相关管路　　　　　　的制冷剂循环系统

图13-2　风冷式风循环中央空调管路系统

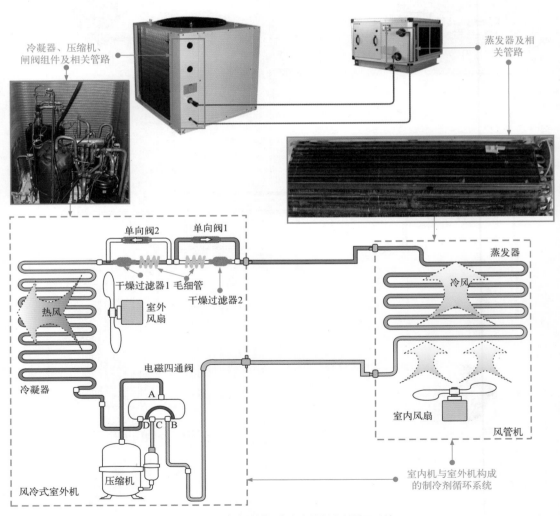

冷凝器、压缩机、
闸阀组件及相关管路

蒸发器及相
关管路

单向阀2　　单向阀1

蒸发器

冷风

干燥过滤器1　毛细管
干燥过滤器2

热风

室外
风扇

电磁四通阀

室内风扇

冷凝器

A

D C B

风管机

风冷式室外机

压缩机

室内机与室外机构成
的制冷剂循环系统

图13-3　风冷式风循环中央空调制冷剂循环系统

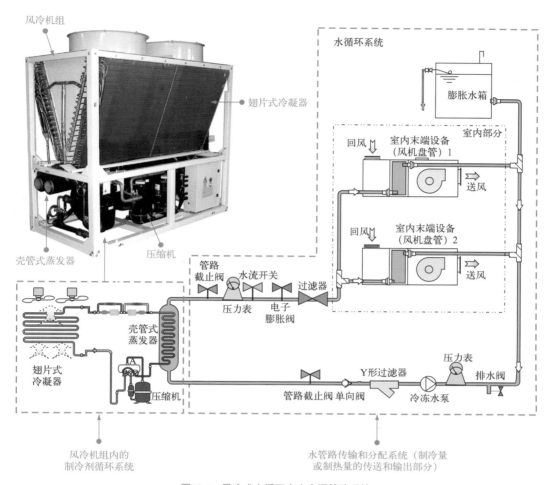

图13-4 风冷式水循环中央空调管路系统

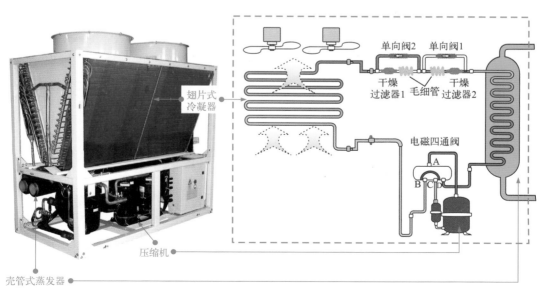

图13-5 风冷式水循环中央空调制冷剂循环系统

图 13-6 为风冷式水循环中央空调水管路传输和分配系统。风冷式水循环中央空调制冷剂循环系统产生的冷量或热量通过水管路传输和分配到室内末端设备中。

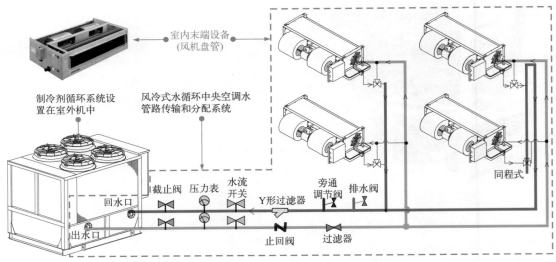

图13-6 风冷式水循环中央空调水管路传输和分配系统

（4）水冷式中央空调管路系统

水冷式中央空调管路系统主要包括制冷剂循环和水管路循环两大系统。

图 13-7 为水冷式中央空调制冷剂循环系统，由蒸发器、冷凝器、压缩机和闸阀组件构成，均安装在水冷式中央空调主机内。

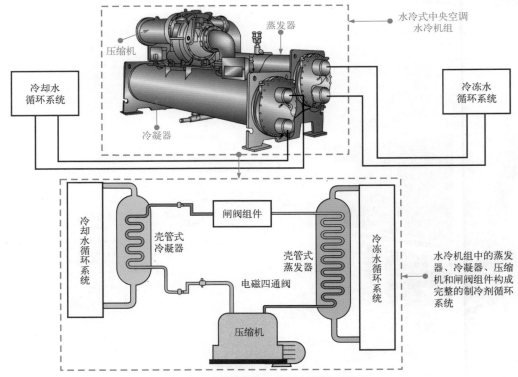

图13-7 水冷式中央空调制冷剂循环系统

提示

在水冷式中央空调制冷剂循环系统中，制冷剂的循环同样是在蒸发器、冷凝器和压缩机等组件中实现的，不同的是蒸发器、冷凝器和压缩机的结构形式不同。在一般情况下，水冷式中央空调的蒸发器和冷凝器均采用壳管式，压缩机多为离心式和螺杆式。

图 13-8 为水冷式中央空调水管路循环系统。该系统主要是由冷却水塔、水管路闸阀组件、水泵、膨胀水箱及室内末端设备构成的。制冷剂循环系统中的各种热交换过程都是通过水管路循环系统实现的。

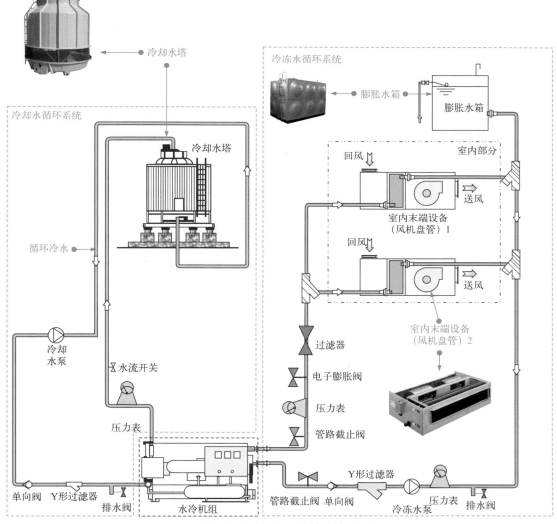

图13-8　水冷式中央空调水管路循环系统

13.1.2 中央空调管路系统的检修流程

　　中央空调管路系统是整个系统中的重要组成部分。管路系统中任何一个部件不良都可能引起中央空调功能失常，最终体现为制冷或制热功能失常或无法实现制冷或制热。当怀疑中央空调管路系统故障时，一般可从系统的结构入手，分别针对不同范围内的主要部件进行检修。

　　图 13-9 为中央空调管路系统的基本检修流程。

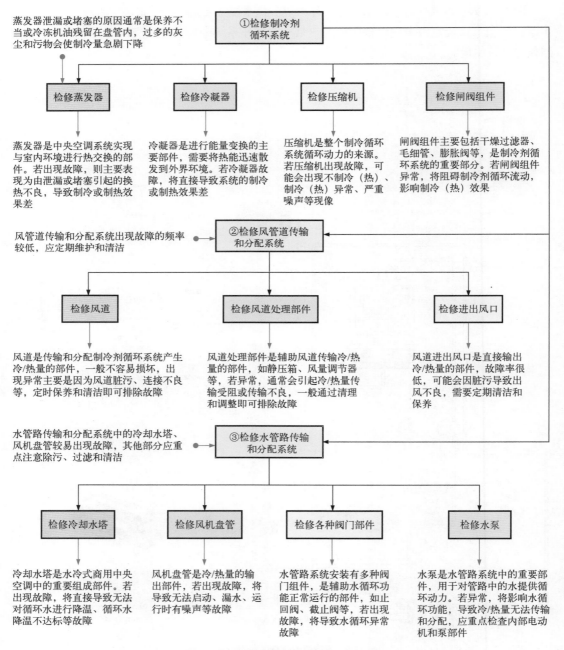

图13-9 中央空调管路系统的基本检修流程

13.2　压缩机的特点与检修

13.2.1　压缩机的特点

压缩机是中央空调制冷剂循环的动力源，可驱动管路系统中的制冷剂往复循环，通过热交换达到制冷或制热的目的。

（1）涡旋式变频压缩机

如图 13-10 所示，多联式中央空调多采用多组涡旋式变频压缩机。这种压缩机的主要特点是驱动压缩机电动机的电源频率和幅度都是可变的。

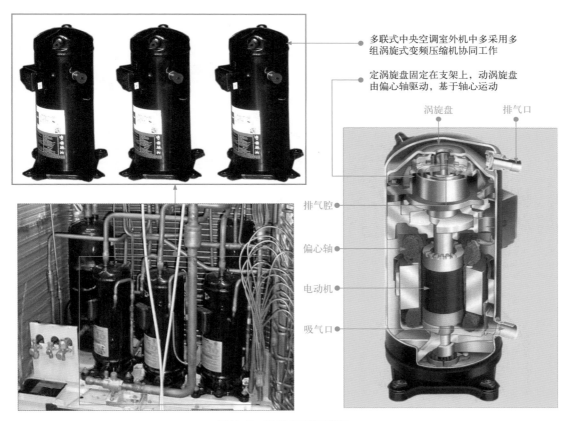

多联式中央空调室外机中多采用多组涡旋式变频压缩机协同工作

定涡旋盘固定在支架上，动涡旋盘由偏心轴驱动，基于轴心运动

涡旋盘　　　排气口

排气腔

偏心轴

电动机

吸气口

图13-10　涡旋式变频压缩机

 提示

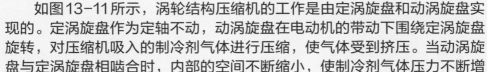

如图13-11所示，涡轮结构压缩机的工作是由定涡旋盘和动涡旋盘实现的。定涡旋盘作为定轴不动，动涡旋盘在电动机的带动下围绕定涡旋盘旋转，对压缩机吸入的制冷剂气体进行压缩，使气体受到挤压。当动涡旋盘与定涡旋盘相啮合时，内部的空间不断缩小，使制冷剂气体压力不断增大，最后通过涡旋盘中心的排气管排出。

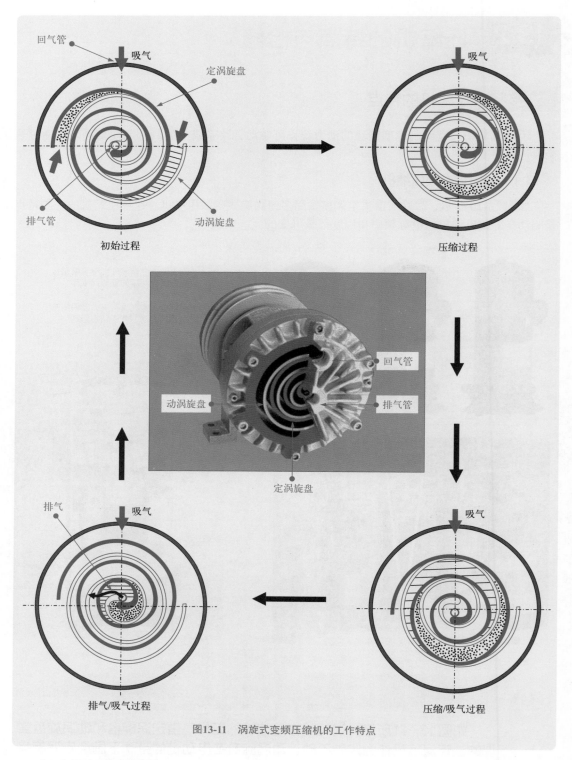

图13-11 涡旋式变频压缩机的工作特点

（2）螺杆式压缩机

如图 13-12 所示，水冷式中央空调中的冷水机组常采用螺杆式压缩机。这种压缩机是一种容积回转式压缩机。

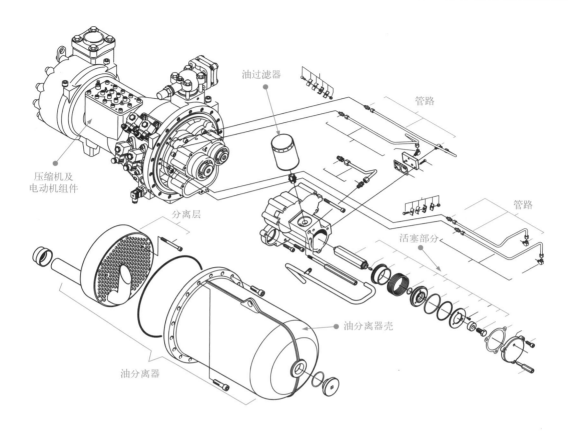

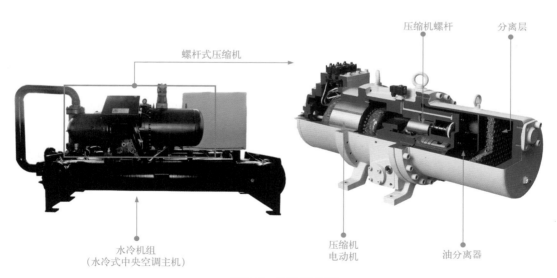

图13-12　螺杆式压缩机

　　如图 13-12 ～图 13-14 所示，压缩机及电动机组件主要是由压缩机电动机定子线圈、电动机转子、压缩机螺杆（阴转子、阳转子）、温度检测器、油分离器、分离层、轴承组件、法兰、活塞部分等构成的。

　　图 13-13 为螺杆式压缩机及电动机组件的内部结构，图 13-14 为螺杆式压缩机缸体的内部结构。

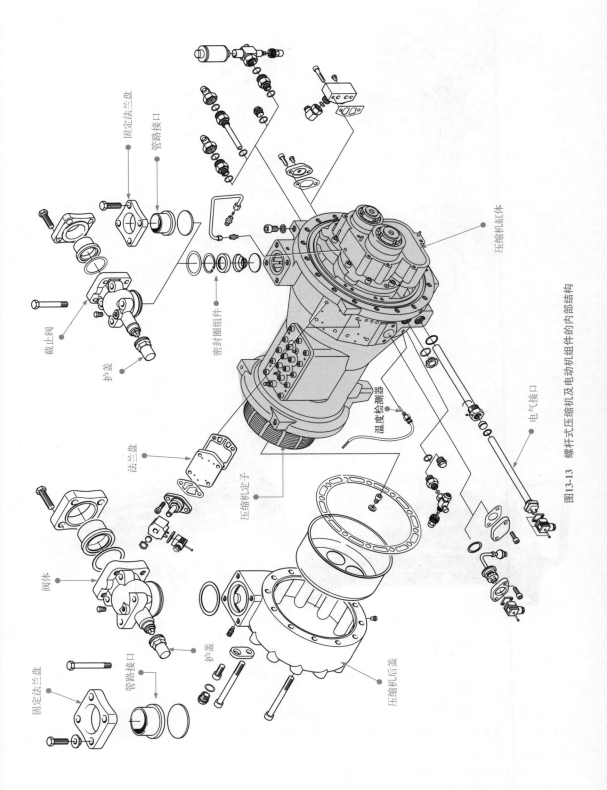

固定法兰盘
管路接口
压缩机缸体
截止阀
护盖
密封圈组件
电气接口
温度检测器
法兰盘
压缩机定子
阀体
固定法兰盘
管路接口
护盖
压缩机后盖

图13-13　螺杆式压缩机及电动机组件的内部结构

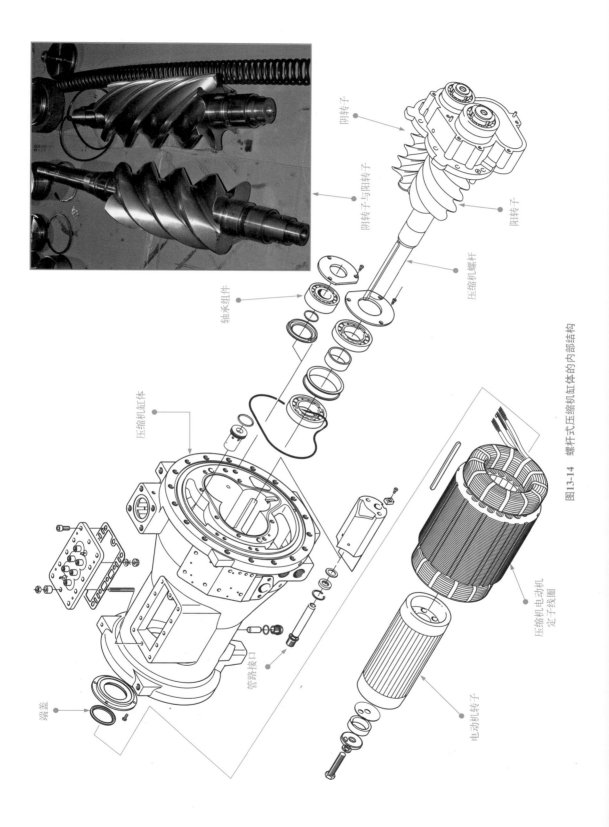

阴转子

阴转子与阳转子

阳转子

压缩机螺杆

轴承组件

压缩机缸体

管路接口

端盖

压缩机电动机定子线圈

电动机转子

图13-14　螺杆式压缩机缸体的内部结构

提示

如图13-15所示，螺杆式压缩机的工作是依靠啮合运动的阳转子和阴转子，并借助包围这一对转子四周机壳内壁的空间完成的。当螺杆式压缩机开始工作时，进气口吸气，经阳转子、阴转子的啮合运动对气体进行压缩，当压缩结束后，将气体由出气口排出。

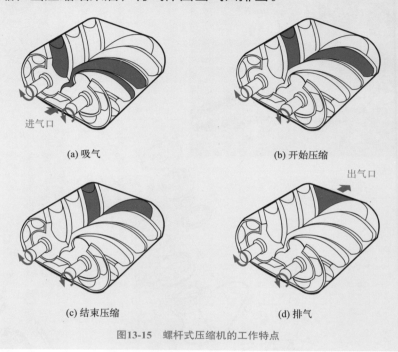

(a) 吸气　　　　　　　　　　　　　　　(b) 开始压缩

(c) 结束压缩　　　　　　　　　　　　　(d) 排气

图13-15　螺杆式压缩机的工作特点

（3）离心式变频压缩机

如图13-16所示，离心式变频压缩机利用内部叶片高速旋转，使速度变化产生压力，具有单机容量大、承载负载能力高、低负载运行时出现间歇停止的特点。

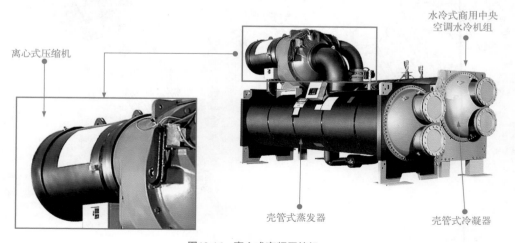

图13-16　离心式变频压缩机

13.2.2　压缩机的检测代换

压缩机是中央空调制冷管路中的核心部件，若出现故障，将直接导致中央空调出现不制冷（热）、制冷（热）效果差、有噪声等现象，严重时还会导致中央空调系统无法启动开机。

以涡旋式变频压缩机为例，若出现异常，需要先将变频压缩机接线端子处的护盖拆下，再使用万用表检测变频压缩机接线端子间的阻值即可判断是否出现故障，如图 13-17所示。

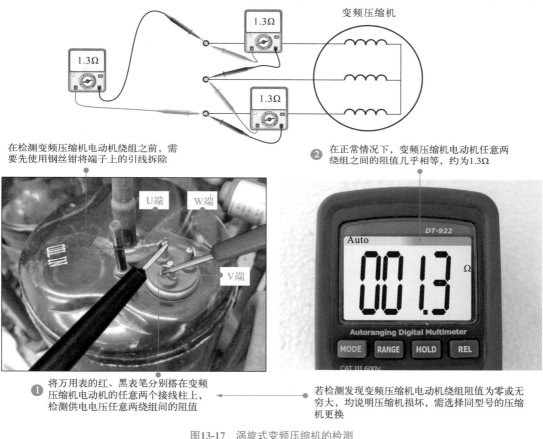

在检测变频压缩机电动机绕组之前，需要先使用钢丝钳将端子上的引线拆除

② 在正常情况下，变频压缩机电动机任意两绕组之间的阻值几乎相等，约为1.3Ω

① 将万用表的红、黑表笔分别搭在变频压缩机电动机的任意两个接线柱上，检测供电电压任意两绕组间的阻值

若检测发现变频压缩机电动机绕组阻值为零或无穷大，均说明压缩机损坏，需选择同型号的压缩机更换

图13-17　涡旋式变频压缩机的检测

变频压缩机电动机多为三相永磁转子式交流电动机。其内部为三相绕组，在正常情况下，三相绕组两两之间均有一定的阻值，且三组阻值是完全相同的。若检测时发现有阻值趋于无穷大，则说明绕组有断路故障。

若经过检测确定为变频压缩机本身损坏，则需要更换损坏的变频压缩机。

如图 13-18 所示，螺杆式压缩机属于大型设备，检修或代换都需要专业的操作技能。一旦确定螺杆式压缩机出现故障，应从故障表现入手完成故障检修。

若经检测确定为压缩机故障，则需要更换压缩机。通常，涡旋式变频压缩机可整体更换；螺杆式压缩机可进一步排查故障点，更换损坏的功能部件，如图 13-19 所示。

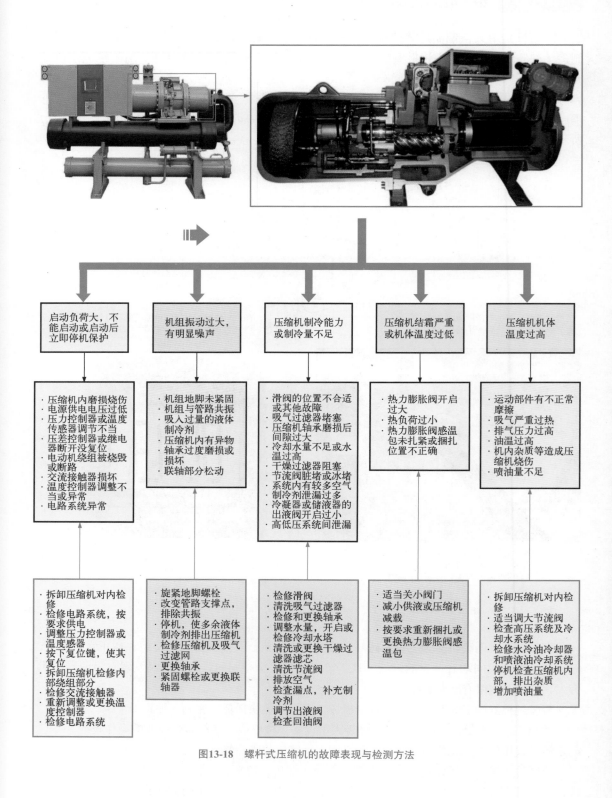

启动负荷大，不能启动或启动后立即停机保护	机组振动过大，有明显噪声	压缩机制冷能力或制冷量不足	压缩机结霜严重或机体温度过低	压缩机机体温度过高
·压缩机内磨损烧伤 ·电源供电电压过低 ·压力控制器或温度传感器调节不当 ·压差控制器或继电器断开没复位 ·电动机绕组被烧毁或断路 ·交流接触器损坏 ·温度控制器调整不当或异常 ·电路系统异常	·机组地脚未紧固 ·机组与管路共振 ·吸入过量的液体制冷剂 ·压缩机内有异物 ·轴承过度磨损或损坏 ·联轴部分松动	·滑阀的位置不合适或其他故障 ·吸气过滤器堵塞 ·压缩机轴承磨损后间隙过大 ·冷却水量不足或水温过高 ·干燥过滤器阻塞 ·节流阀脏堵或冰堵 ·系统内有较多空气 ·制冷剂泄漏过多 ·冷凝器或储液器的出液阀开启过小 ·高低压系统间泄漏	·热力膨胀阀开启过大 ·热负荷过小 ·热力膨胀阀感温包未扎紧或捆扎位置不正确	·运动部件有不正常摩擦 ·吸气严重过热 ·排气压力过高 ·油温过高 ·机内杂质等造成压缩机烧伤 ·喷油量不足
·拆卸压缩机对内检修 ·检修电路系统，按要求供电 ·调整压力控制器或温度传感器 ·按下复位键，使其复位 ·拆卸压缩机检修内部绕组部分 ·检修交流接触器 ·重新调整或更换温度控制器 ·检修电路系统	·旋紧地脚螺栓 ·改变管路支撑点，排除共振 ·停机，使多余液体制冷剂排出压缩机 ·检修压缩机及吸气过滤网 ·更换轴承 ·紧固螺栓或更换联轴器	·检修滑阀 ·清洗吸气过滤器 ·检修和更换轴承 ·调整水量，开启或检修冷却水塔 ·清洗或更换干燥过滤器滤芯 ·清洗节流阀 ·排放空气 ·检查漏点，补充制冷剂 ·调节出液阀 ·检查回油阀	·适当关小阀门 ·减小供液或压缩机减载 ·按要求重新捆扎或更换热力膨胀阀感温包	·拆卸压缩机对内检修 ·适当调节节流阀 ·检查高压系统及冷却水系统 ·检修水冷油冷却器和喷液油冷却系统 ·停机检查压缩机内部，排出杂质 ·增加喷油量

图13-18　螺杆式压缩机的故障表现与检测方法

❶ 拆卸螺杆式压缩机的一侧端盖，检查内部轴承、绕组等部分有无损伤

❷ 检查轴承中的钢珠有无磨损情况，若磨损严重或出现裂痕，则应更换轴承

❸ 拆卸螺杆式压缩机另一侧的端盖及联轴部分，找到阴、阳转子进行检查

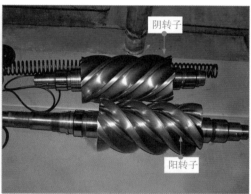

❹ 拆下阴、阳转子检查有无明显损伤，若损伤严重，应用同规格的转子更换

图13-19　螺杆式压缩机主要部件的更换

 提示

检修更换压缩机时应注意以下几点。

● 在拆卸损坏的压缩机之前，应先检查制冷系统及电路系统中导致压缩机损坏的原因，再合理更换相关的损坏器件，避免再次损坏的情况发生。

● 必须对损坏压缩机中的制冷剂进行回收，回收过程中要保证空调主机房的空气流通。

● 在选择更换压缩机时，应当尽量选择相同厂家同型号的压缩机。

● 将损坏的压缩机取下并更换新压缩机后，应当使用氮气清洁制冷剂循环管路。

● 对系统进行抽真空操作时，应执行多次抽真空操作，保证管路系统内部绝对的真空状态，系统压力达到标准数值。

● 压缩机安装好后，应当在关机状态下充注制冷剂，当充注量达到60%之后，将中央空调开机，继续充注制冷剂，达到额定充注量时停止。

● 拆卸压缩机，打开制冷剂管路，更换压缩机后，需要同时更换干燥过滤器。

13.3 电磁四通阀的特点与检修

13.3.1 电磁四通阀的特点

　　电磁四通阀是一种用于控制制冷剂流向的器件，一般安装在中央空调室外机的压缩机附近，可以通过改变压缩机送出制冷剂的流向改变空调系统的制冷和制热状态。

　　图13-20为电磁四通阀的外形及内部结构。可以看到，电磁四通阀是由四通换向阀与电磁导向阀两个部分组成的，与多个管路连接，换向动作受主控电路控制。

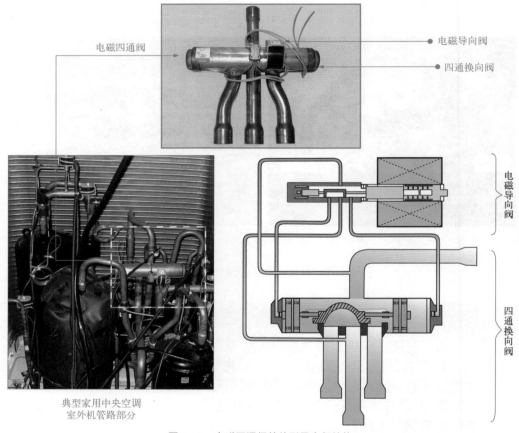

典型家用中央空调
室外机管路部分

图13-20　电磁四通阀的外形及内部结构

 提示

　　电磁四通阀中的电磁导向阀部分是由阀芯、弹簧、衔铁电磁线圈等构成的，四通换向阀部分是由滑块、活塞与四根连接管路等构成的。四通换向阀上的四根连接管路可以分别连接压缩机的排气孔、压缩机的吸气孔、蒸发器与冷凝器。电磁导向阀部分是通过三根导向毛细管与四通换向阀进行连接的。

　　工作时，当电磁四通阀中的电磁导向阀接收到控制信号后，驱动电磁线圈牵引衔铁运动，电磁铁带动阀芯动作，从而改变导向毛细管导通的位置。导向毛细管的导通可以改变管路中的压力，当压力发生改变时，四通换向阀中的活塞带动滑块动作，实现换向工作。

图13-21为制冷模式下制冷剂在电磁四通阀中的流动方向。当空调器处于制冷状态时，电磁导向阀的电磁线圈未通电，阀芯在弹簧的作用下位于左侧，导向毛细管A、B和C、D分别导通，制冷管路中的制冷剂通过四通换向阀分别流向导向毛细管A和B，高压制冷剂经导向毛细管A、B流向区域E形成高压区，低压制冷剂经导向毛细管C、D流向区域F形成低压区。

区域F压强小于区域E压强，活塞受到高、低压的影响带动滑块向左移动，使连接管G和H相通，连接管I和J相通，从压缩机排气口送出的制冷剂，从连接管G流向连接管H，进入室外机冷凝器，向室外散热，制冷剂经冷凝器向室内机蒸发器流动，向室内制冷，制冷剂经蒸发器后流入电磁四通阀，经连接管J和I回到压缩机吸气口，开始制冷循环。

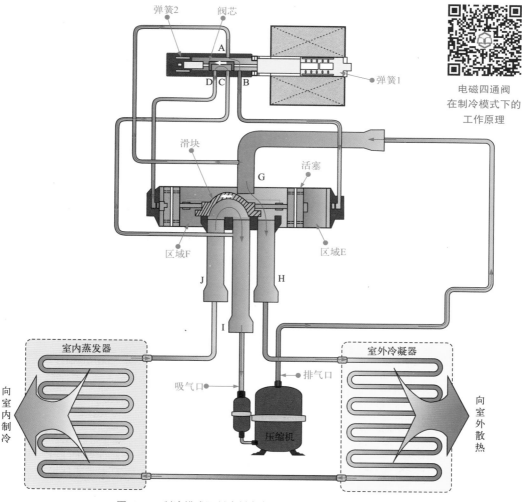

图13-21　制冷模式下制冷剂在电磁四通阀中的流动方向

图13-22为制热模式下制冷剂在电磁四通阀中的流动方向。空调器处于制热状态时，电磁导向阀的电磁线圈通电，阀芯在弹簧和磁力的作用下向右移动，导向毛细管A、D和C、B分

别导通，制冷管路中的制冷剂通过四通换向阀分别流向导向毛细管 A 和 D，高压制冷剂经导向毛细管 A、D 流向区域 F 形成高压区，低压制冷剂经导向毛细管 C、B 流向区域 E 形成低压区。

区域 F 压强大于区域 E 压强，活塞受到高、低压的影响带动滑块向右移动，使连接管 G 和 J 相通，连接管 I 和 H 相通，从压缩机排气口送出的制冷剂，从连接管 G 流向连接管 J，进入室内机蒸发器，向室内制热，制冷剂经蒸发器向室外机冷凝器流动，向室外散发冷气，制冷剂经冷凝器后流入电磁四通阀，经连接管 H 和 I 回到压缩机吸气口，开始制热循环。

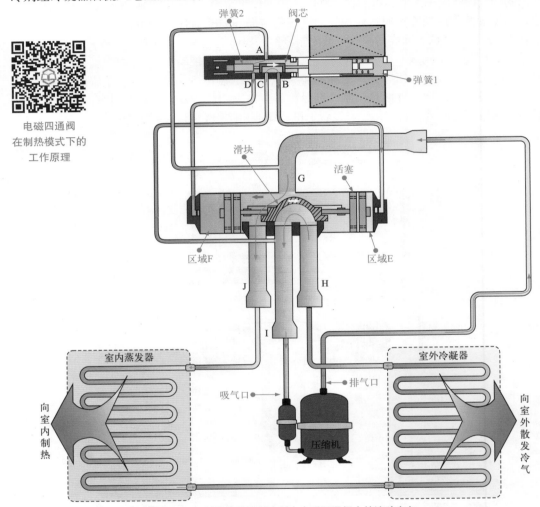

电磁四通阀
在制热模式下的
工作原理

图13-22 制热模式下制冷剂在电磁四通阀中的流动方向

13.3.2 **电磁四通阀的检测代换**

电磁四通阀主要用来控制制冷管路中制冷剂的流向，实现制冷、制热时制冷剂的循环。电磁四通阀常出现的故障有线圈断路或短路、无控制信号、控制失灵、内部堵塞、换向阀块不动作、窜气及泄漏等。

（1）电磁四通阀的检漏方法

当电磁四通阀连接管路泄漏时，通常会导致电磁四通阀无动作，一般可以采用电焊补焊的方式对连接管路重新焊接。电磁四通阀连接管路泄漏的检测方法如图 13-23 所示。

管路接口

电磁四通阀

电磁四通阀

若出现油污，说明
接口处发生泄漏

❶ 用白色纸巾擦拭电磁四通阀
与制冷剂管路的接口处

❷ 查看是否有油污

图13-23　电磁四通阀连接管路泄漏的检测方法

（2）电磁四通阀内堵或窜气的检修方法

图 13-24 为电磁四通阀内堵或窜气的检修方法。电磁四通阀内部发生堵塞或窜气时，常会导致电磁四通阀在没有接收到自动换向的指令时进行自行换向动作，或接收到换向指令后，电磁四通阀内部无动作。

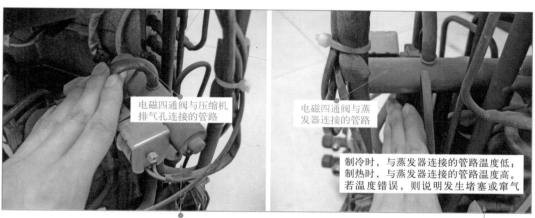

电磁四通阀与压缩机
排气孔连接的管路

电磁四通阀与蒸
发器连接的管路

制冷时，与蒸发器连接的管路温度低；
制热时，与蒸发器连接的管路温度高。
若温度错误，则说明发生堵塞或窜气

❶ 用手分别触摸电磁四通阀的4个连接管路，通过与正常温度的对比判定堵塞位置

电磁四通阀

木棒

电磁四通阀

焊枪

❷ 当确定电磁四通阀内部堵塞时，可用木棒
轻轻敲击电磁四通阀，使内部的滑块归位

❸ 当敲击无法使电磁四通阀恢复正常时，
应当选配相同规格的电磁四通阀更换

图13-24　电磁四通阀内堵或窜气的检修方法

在正常情况下，电磁四通阀连接管路的温度应符合标准。当温度完全相同时，说明电磁四通阀内部窜气，应进行更换。当温度与正常温度相差过大时，说明电磁四通阀内部发生堵塞，可以通过敲击的方法将故障排除；若仍不能排除时，则可以通过更换电磁四通阀排除故障。表13-1为家用中央空调制冷剂循环系统的温度情况说明。

表13-1　家用中央空调制冷剂循环系统的温度情况说明

工作情况	接压缩机排气管	接压缩机吸气管	接蒸发器	接冷凝器
制冷状态	热	冷	冷	热
制热状态	热	冷	热	冷

（3）电磁四通阀线圈的检测方法

图 13-25 为电磁四通阀线圈的检测方法。电磁四通阀内的线圈故障时，会导致电磁四通阀可以正常接收控制信号，但接收到控制信号后发出异常的响声，可以通过检测线圈的绕组阻值进行判断，若出现故障，则应当更换电磁四通阀或线圈。

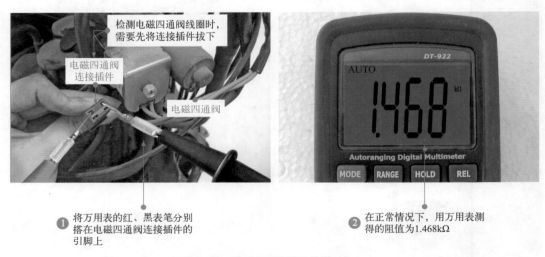

检测电磁四通阀线圈时，需要先将连接插件拔下

电磁四通阀连接插件

电磁四通阀

❶ 将万用表的红、黑表笔分别搭在电磁四通阀连接插件的引脚上

❷ 在正常情况下，用万用表测得的阻值为1.468kΩ

图13-25　电磁四通阀线圈的检测方法

（4）电磁四通阀的更换方法

如图 13-26 所示，电磁四通阀通常安装在室外机变频压缩机的上方，与多根制冷剂管路相连，使用气焊设备和钳子可对电磁四通阀进行拆焊。

图 13-27 为电磁四通阀的更换方法。卸下损坏的电磁四通阀后，将与损坏电磁四通阀相同规格的新电磁四通阀重新焊接到制冷剂管路中即可。

待电磁四通阀的连接管路全部拆焊后，即可将损坏的电磁四通阀卸下

损坏的电磁四通阀

使用螺钉旋具将电磁四通阀线圈上的固定螺钉拧下，取下线圈部分

❶

使用焊枪加热电磁四通阀与变频压缩机吸气管相连的管路一段时间后，使用钢丝钳将管路分离

❷

线圈

电磁四通阀

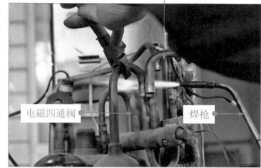

电磁四通阀

焊枪

图13-26　电磁四通阀的拆卸方法

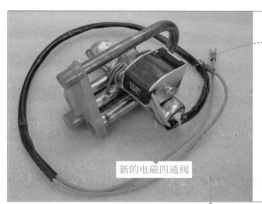

新的电磁四通阀

电磁四通阀连接的管路

电磁四通阀拆卸完成

❶ 选用与原电磁四通阀的规格参数、体积大小等相同的新电磁四通阀进行更换

❷ 将新电磁四通阀放置到原电磁四通阀的位置，注意对齐管路

湿布

❸ 在电磁四通阀阀体上覆盖一层湿布，防止焊接时阀体过热

图13-27

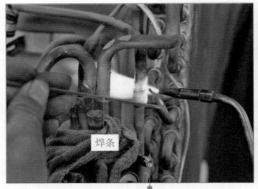

④ 使用气焊设备将新电磁四通阀的4根
管路分别与制冷剂管路焊接在一起

⑤ 焊接完成，进行检漏、抽真空、充注制
冷剂等操作后，通电试机，故障被排除

图13-27　电磁四通阀的更换方法

13.4　风机盘管的特点与检修

13.4.1　风机盘管的特点

风机盘管是中央空调系统中非常重要的室内末端设备，其主要作用是将制冷管路输送来的冷量（热量）吹入室内，以实现温度调节。

图 13-28 为风机盘管的结构组成。风机盘管主要是由出水口、进水口、排气阀、凝结水出

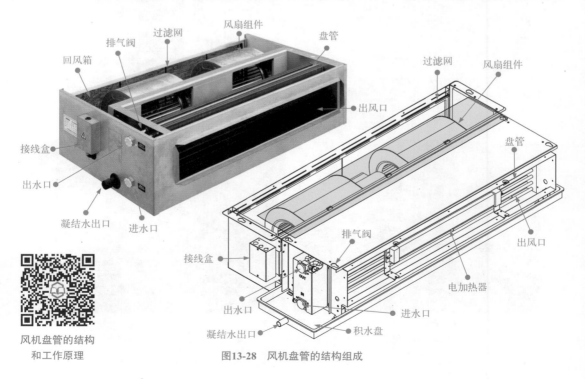

风机盘管的结构
和工作原理

图13-28　风机盘管的结构组成

口、积水盘、管路接口支架、接线盒、回风箱、过滤网、风扇组件、电加热器（可选）、盘管、出风口等部分构成的。

> **提示**
>
> 　　风机盘管中的风扇组件是由电动机座、风扇支架、电动机、风扇叶轮及蜗壳等组成的，如图13-29所示。电动机控制蜗壳中的风扇叶轮旋转，从而产生风。
>
>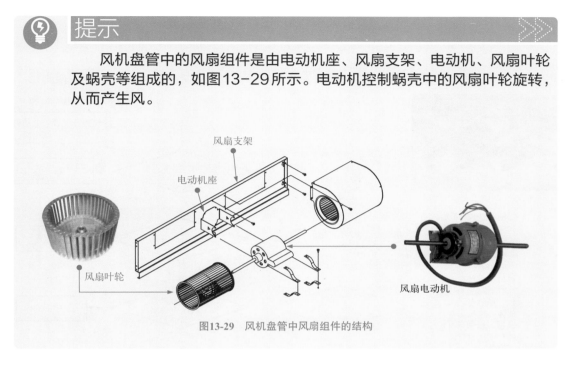
>
> 图13-29　风机盘管中风扇组件的结构

　　图13-30为风机盘管的工作特点。当中央空调系统制冷时，由入水口将冷水送入风机盘管中，冷水会通过盘管循环，风扇组件中的电动机接到启动信号带动风扇运转，使空气通过进风口进入，与风机盘管中的冷水发生热交换，对空气降温；再由风扇将降温后的空气送出，对室内降温。当空气与风机盘管热交换时，容易形成冷凝水，冷凝水进入积水盘，由凝结水出口排出。

　　当中央空调系统制热时，需要由入水口送入热水，使热水与室内空气热交换，输出热风，风机盘管中的热水经过热交换后，由出水口流出。

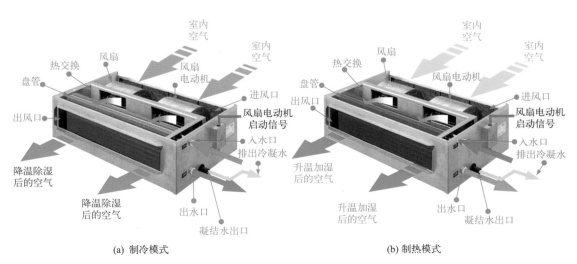

(a) 制冷模式　　　　　　　　　　　(b) 制热模式

图13-30　风机盘管的工作特点

13.4.2 风机盘管的检修

风机盘管常见的故障有无法启动、风量小或不出风、风不冷（或不热）、机壳外部结露、漏水、运行中有噪声等，可通过对损坏部位的检修或更换排除故障。

图 13-31 为风机盘管的常见故障检修方法。检修时，应重点针对不同的故障表现进行相应的检修处理。

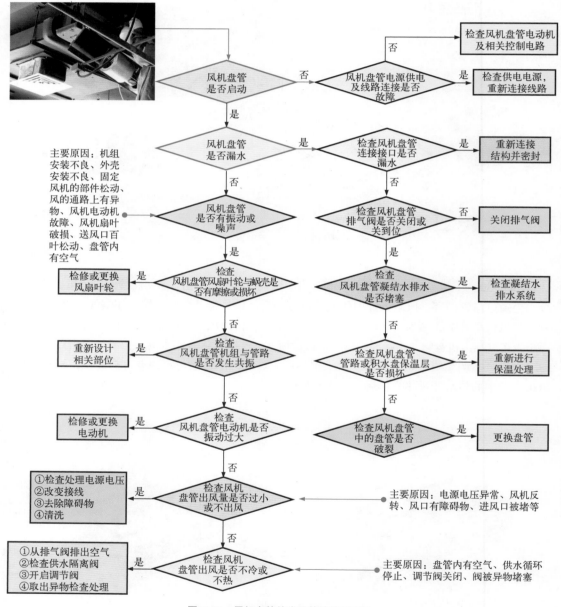

图13-31　风机盘管的常见故障检修方法

若经检查或检测风机盘管内部功能部件损坏严重，则应对损坏的部件或整个风机盘管进行更换。

13.5　冷却水塔的特点与检修

13.5.1　冷却水塔的特点

冷却水塔是水冷式中央空调冷却水循环系统中的重要组成部分，其主要作用是对冷却水进行降温。

如图 13-32 所示，将降温后的水经水管路送到冷凝器中降温。当水与冷凝器进行热交换后，水温升高，由冷凝器的出水口流出，经冷却水泵循环后，再次送入冷却水塔中降温，冷却水塔将降温后的水送入冷凝器，再次进行热交换，从而形成一套完整的冷却水循环系统。

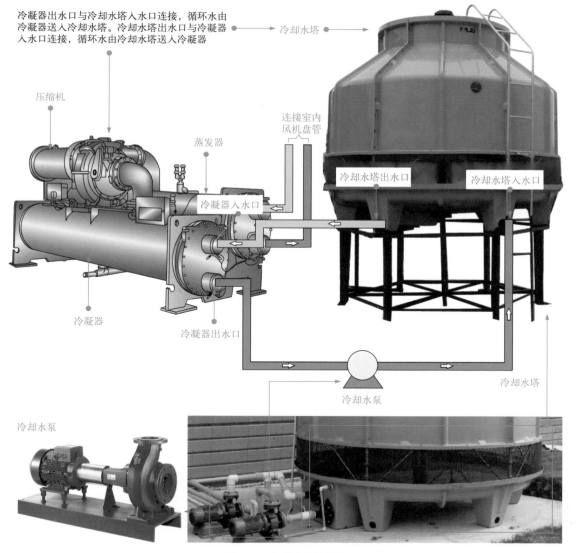

冷凝器出水口与冷却水塔入水口连接，循环水由冷凝器送入冷却水塔。冷却水塔出水口与冷凝器入水口连接，循环水由冷却水塔送入冷凝器

冷却水塔

压缩机

连接室内风机盘管

蒸发器

冷却水塔出水口　冷却水塔入水口

冷凝器入水口

冷凝器

冷凝器出水口

冷却水塔

冷却水泵

冷却水泵

图13-32　冷却水塔的作用

如图 13-33 所示，当干燥的空气经风机抽动后，由进风窗进入冷却水塔内，蒸气压力大的高温分子向压力小的空气流动，热水由冷却水塔的入水口进入，经布水器后送至各布水管中，并向淋水填料喷淋。当与空气接触后，空气与水直接进行传热形成水蒸气，水蒸气与新进入的空气之间存在压力差，在压力差的作用下蒸发散热，将水中的热量带走，达到降温的目的。

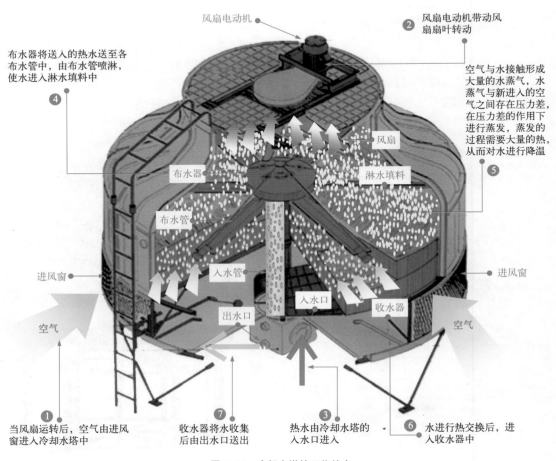

图13-33　冷却水塔的工作特点

进入冷却水塔的空气为低湿度的干燥空气，在水与空气之间存在明显的水分子浓度差和动能压力差。当冷却水塔中的风机运行时，在塔内静压的作用下，水分子不断蒸发，形成水蒸气分子，剩余水分子的平均动能会降低，使循环水的温度下降。

13.5.2　冷却水塔的检修

冷却水塔由内部的风扇电动机控制风扇扇叶，并由风扇吹动空气使冷却水塔中淋水填料中的水与空气进行热交换。冷却水塔出现故障主要表现为无法对循环水进行降温、循环水降温不达标等。该类故障多是由冷却水塔风扇电动机故障引起风扇停转、布水管内部堵塞无法进行均匀地布水、淋水填料老化、冷却水塔过脏等造成的，检修时可重点从 5 个方面逐步排查。

（1）冷却水塔外壳的检查与修复

图 13-34 为冷却水塔外壳的检查与修复。

图13-34　冷却水塔外壳的检查与修复

（2）冷却水塔风扇扇叶的检查与代换

图 13-35 为冷却水塔风扇扇叶的检查与代换。

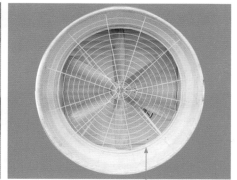

图13-35　冷却水塔风扇扇叶的检查与代换

（3）冷却水塔风扇电动机的检查与修复

图 13-36 为冷却水塔风扇电动机的检查与修复。

（4）冷却水塔淋水填料的检查与更换

图 13-37 为冷却水塔淋水填料的检查与更换。

（5）冷却水塔内部的清污处理

图 13-38 为冷却水塔内部的清污处理。

① 检查风扇电动机能否正常启动，扇叶能否正常运转

② 检查风扇的轴承部分是否润滑，根据实际情况判断是否需要补充润滑剂

图13-36　冷却水塔风扇电动机的检查与修复

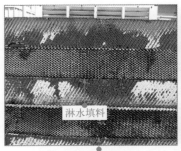

① 检查冷却水塔中的淋水填料是否发生老化

② 选择规格、材料、类型与原淋水填料相同的淋水填料后，进入冷却水塔内部，将损坏的淋水填料更换

图13-37　冷却水塔淋水填料的检查与更换

① 检查冷却水塔内部脏污是否过多

② 使用高压水枪将冷却水塔内部的脏污清除

图13-38　冷却水塔内部的清污处理

第14章 中央空调电路系统的检修

14.1 中央空调电路系统的检修分析

14.1.1 多联式中央空调电路系统的特点

图 14-1 为典型多联式中央空调的结构特点。这种中央空调的电路系统分布在室外机和室内机两个部分。电路之间、电路与电气部件之间由接口及电缆实现连接和信号传输。

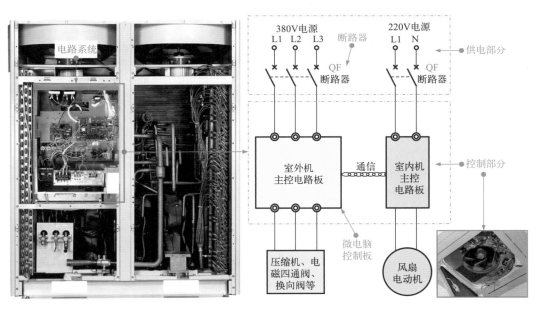

图14-1 典型多联式中央空调的结构特点

（1）多联式中央空调室内机电路系统

如图 14-2 所示，多联式中央空调室内机有多种类型，不同类型室内机电路系统的安装位置和结构组成不同，但基本都是由主电路板和操作显示电路板两块电路板构成的。

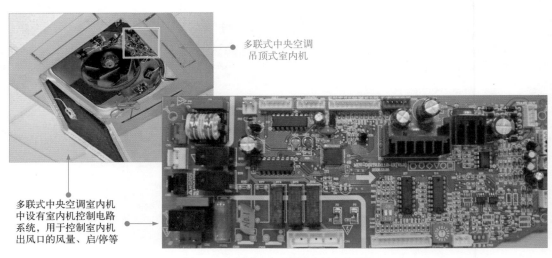

多联式中央空调
吊顶式室内机

多联式中央空调室内机
中设有室内机控制电路
系统，用于控制室内机
出风口的风量、启/停等

图14-2　多联式中央空调室内机电路系统

（2）多联式中央空调室外机电路系统

多联式中央空调室外机电路系统一般安装在室外机前面板的下方，打开前面板后即可看到，如图 14-3 所示。

室外机控制
电路部分

多联式中央空调室外机电路系统主要由交流输入
（带防雷击电路）电路、整流滤波电路、变频电
路、主控电路等部分构成

图14-3　多联式中央空调室外机电路系统

如图 14-4 所示，在中央空调系统中，连接交流电源并进行滤波的电路被称为交流输入电路，在该电路中一般还设有防雷击电路。

图 14-5 为多联式中央空调室外机电路系统中的滤波和整流电路。

三相电
输出端

交流输入电路
（带防雷击功能）

三相电
输入端

熔断器

图14-4　多联式中央空调室外机交流输入电路

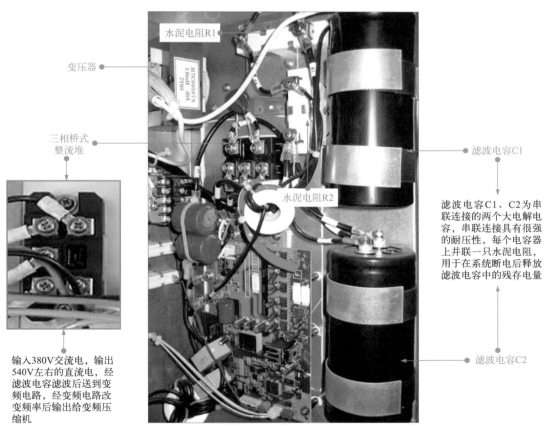

水泥电阻R1

变压器

三相桥式
整流堆

水泥电阻R2

滤波电容C1

滤波电容C1、C2为串
联连接的两个大电解电
容，串联连接具有很强
的耐压性，每个电容器
上并联一只水泥电阻，
用于在系统断电后释放
滤波电容中的残存电量

滤波电容C2

输入380V交流电，输出
540V左右的直流电，经
滤波电容滤波后送到变
频电路，经变频电路改
变频率后输出给变频压
缩机

图14-5　多联式中央空调室外机电路系统中的滤波和整流电路

如图 14-6 所示，变频电路是整个中央空调室外机电路系统的核心部分，也是用弱电（主控板）控制强电（压缩机驱动电源）的关键。变频电路中一般包含自带的开关电源和变频模块两个部分，其中高频变压器与外围元件构成开关电源电路，该电路板的背面为变频模块部分。

图14-6　多联式中央空调室外机变频电路

💡 **提示**

　　图14-7为变频控制电路简图。交流供电电压先经整流电路变成直流电压，再经过晶体管电路变成三相频率可变的交流电压后控制压缩机的驱动电动机。该电动机通常有两种类型，即三相交流电动机和三相交流永磁转子式电动机。后者的节能和调速性能更为优越。逻辑控制电路通常由微处理器组成。

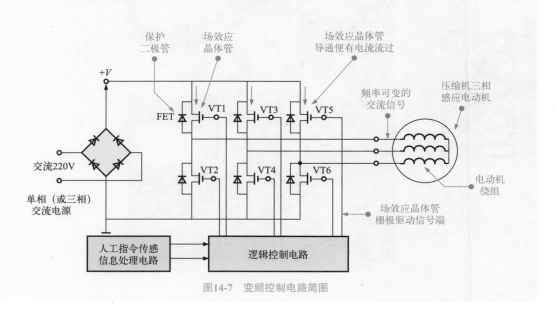

图14-7　变频控制电路简图

如图 14-8 所示，多联式中央空调室外机主控电路中安装有很多集成电路、接口插座、变压器及相关电路，也是室外机部分的控制核心。

图14-8　多联式中央空调室外机主控电路

（3）多联式中央空调电路系统的通信关系和工作原理

如图 14-9 所示，多联式中央空调室内机与室外机电路系统配合工作，控制相关电气部件的工作状态及整个中央空调系统实现制冷、制热等功能。

图 14-10 为多联式中央空调壁挂式室内机的电路系统接线。室内机电路系统主要是由主控电路板及相关的送风电动机、摇摆电动机、电子膨胀阀、室内温度传感器、蒸发器中部管温传感器、蒸发器出口管温传感器等电气部分构成的。

① 室内机的工作受遥控发射器的控制。遥控发射器可以将空调器的开机 / 关机、制冷 / 制热功能转换、制冷 / 制热温度设置、风速强弱、导通板的摆动等控制信号编码成脉冲控制信号，以红外光的方式传输到室内机中的遥控接收器，遥控接收器将光信号变成电信号后送到微处理器中。

② 主控电路中的微处理器芯片对遥控指令进行识别，根据指令内容调用存储器中的程序，按照程序对空调器的各部分进行控制。

③主控电路板中设有数据存储器或程序存储器存储数据或程序，在微处理器芯片内设有存储器（ROM）。

④ 室内机的微处理器收到制冷启动信号，根据指令内容从 ROM 中调用相应的程序后，根据程序进行控制。

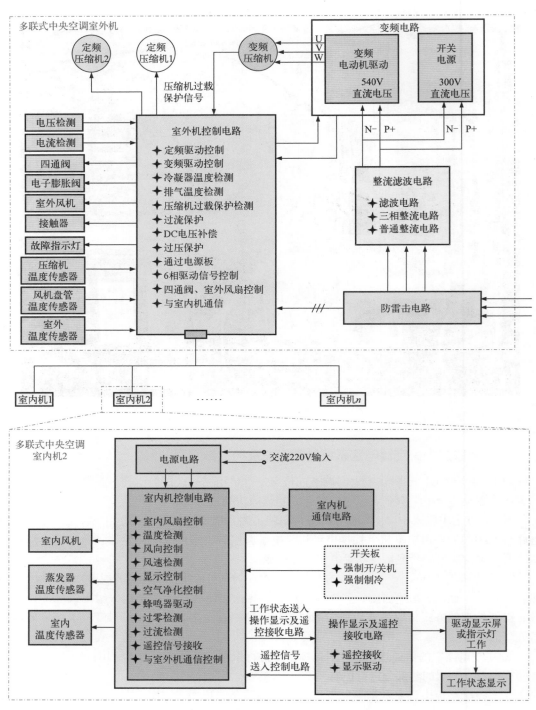

图14-9　多联式中央空调电路系统的工作原理

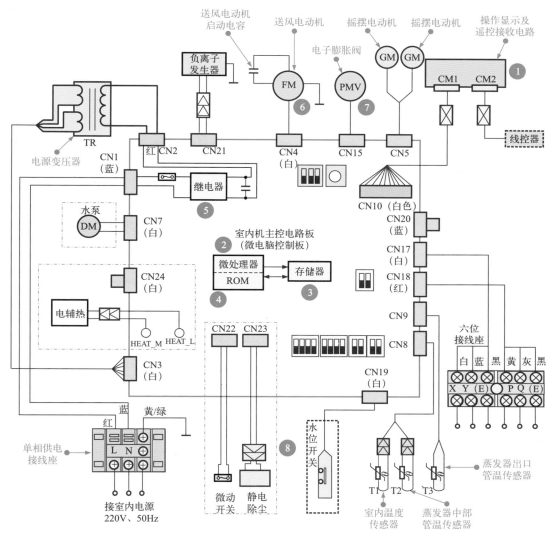

图14-10　多联式中央空调壁挂式室内机的电路系统接线

⑤ 由主继电器启动接口电路输出驱动信号，使继电器（安装在主控电路板上）动作，接通交流220V电源，为室内机的相关电路供电。

⑥ 微处理器的风扇电动机控制接口电路输出控制信号，经驱动电路使送风电动机旋转，输出控制信号，经摇摆电动机驱动接口电路输出驱动信号启动摇摆电动机。

⑦ 微处理器输出控制信号，经接口电路输出驱动信号控制电子膨胀阀关闭、打开及打开程度等（制热时打开电子膨胀阀）。

⑧ 预设功能接口，如水泵、电辅热、水位开关、静电除尘和负离子发生器等部分可作为选用接口。接口CN19不接水位开关时，需用导线短接。

图14-11为多联式中央空调室外机电路系统的接线图。可以看到，该电路主要是由主控电路、变频电路、防雷击电路、整流滤波电路及相关的变频压缩机、定频压缩机、室外风机、温度传感器、四通阀、电子膨胀阀等电气部件构成的。

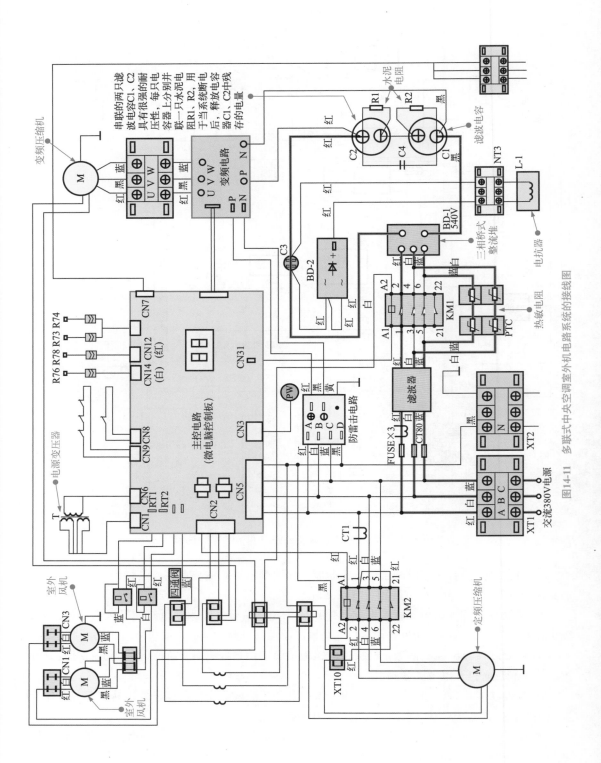

图14-11 多联式中央空调室外机电路系统的接线图

提示

在图14-11中，三相电源经接线座后送入室外机电路中，一路分别经三个熔断器（FUSE×3）和磁环（CT80）后送入滤波器L-1中，经滤波器滤除杂波后输出三相电压。

初始状态，接触器KM1未吸合，三相电源电压中的两相经4个PTC热敏电阻器后送入三相桥式整流堆BD-1中，由BD-1整流后输出540V左右的直流电压。该电压为滤波电容C1、C2充电。

在初始供电状态，流过4个PTC热敏电阻器的电流较大，PTC本身温度上升、阻值增大、输出的电流减小，可有效防止加电时后级电容的充电电流过大。

上电约2s后，主控电路输出驱动信号使接触器KM1线圈得电，带动触点吸合，PTC热敏电阻器被短路失去限流作用。三相电经接触器触点后直接送入三相桥式整流堆BD-1，整流后的直流电压经普通桥式整流堆BD-2和电抗器L-1后加到滤波电容C1、C2。电抗器L-1用于增强整个电路的功率因数。

540V左右的直流电压经C1、C2滤波后加到变频电路中为变频电路中的变频模块供电。三相电经接线座后，一路送入室外机电路中，另一路送入防雷击电路中。其中一相经防雷击电路整流滤波后输出300V的直流电压。该电压加到变频电路的开关电源部分，开关电源输出+5V、+12V、+24V直流电压为变频电路的电子元器件提供工作条件。

主控电路的变频电路驱动接口输出驱动信号到变频电路，经变频模块功率放大后输出U、V、W三相驱动信号，驱动变频压缩机启动；主控电路室外风机驱动接口输出室外风机驱动信号，使室外风机开始运行。

当室内机需要较大的制冷能力时，室外机主控电路输出定频压缩机启动信号，控制接触器KM2线圈得电，带动KM2触点吸合，接通定频压缩机供电，定频压缩机启动运行。若系统中有多个定频压缩机，则开启时间需要间隔5s。

14.1.2　风冷式中央空调电路系统的特点

图14-12为典型风冷式中央空调电路系统。风冷式中央空调电路系统主要包括室外机电气控制箱及相关电气部件和室内机控制及遥控、远程控制系统等部分。

图14-13为风冷式中央空调机组的电气原理图。

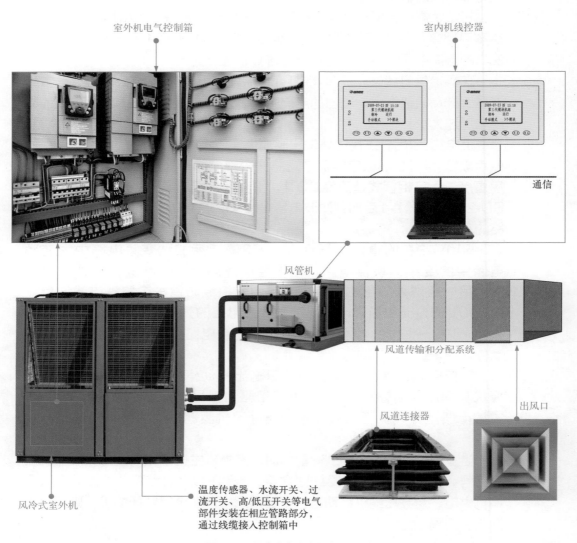

室外机电气控制箱

室内机线控器

通信

风管机

风道传输和分配系统

风道连接器

出风口

风冷式室外机

温度传感器、水流开关、过流开关、高/低压开关等电气部件安装在相应管路部分，通过线缆接入控制箱中

图14-12 风冷式中央空调电路系统

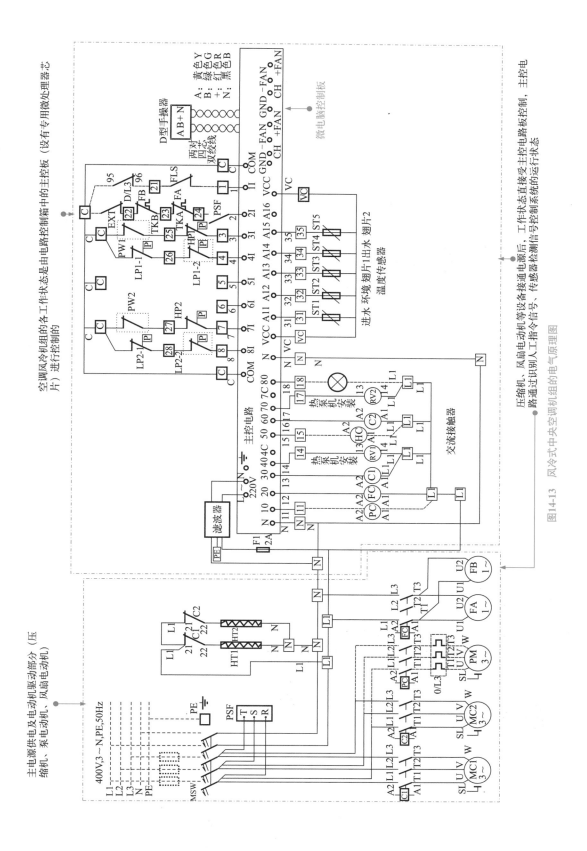

图 14-13　风冷式中央空调机组的电气原理图

14.1.3 水冷式中央空调电路系统的特点

如图 14-14 所示，水冷式中央空调电路系统主要包括电路控制柜，传感器、检测开关等电气部件，压缩机、水泵等电气设备，室内线控器和遥控器及相关电路部分。

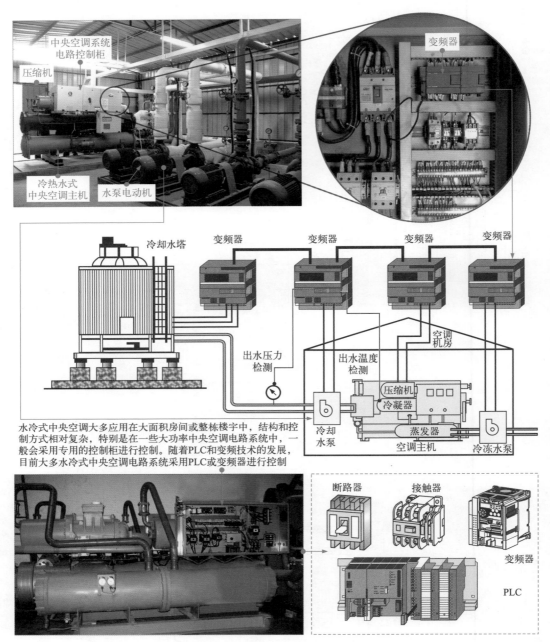

水冷式中央空调大多应用在大面积房间或整栋楼宇中，结构和控制方式相对复杂，特别是在一些大功率中央空调电路系统中，一般会采用专用的控制柜进行控制。随着PLC和变频技术的发展，目前大多水冷式中央空调电路系统采用PLC或变频器进行控制

图14-14 水冷式中央空调的电路系统

（1）采用变频器控制的水冷式中央空调电路系统

图 14-15 为采用变频器控制的水冷式中央空调电路系统。该电路采用 3 台西门子通用型变频器分别控制中央空调系统中的回风机电动机 M1 和送风机电动机 M2、M3。

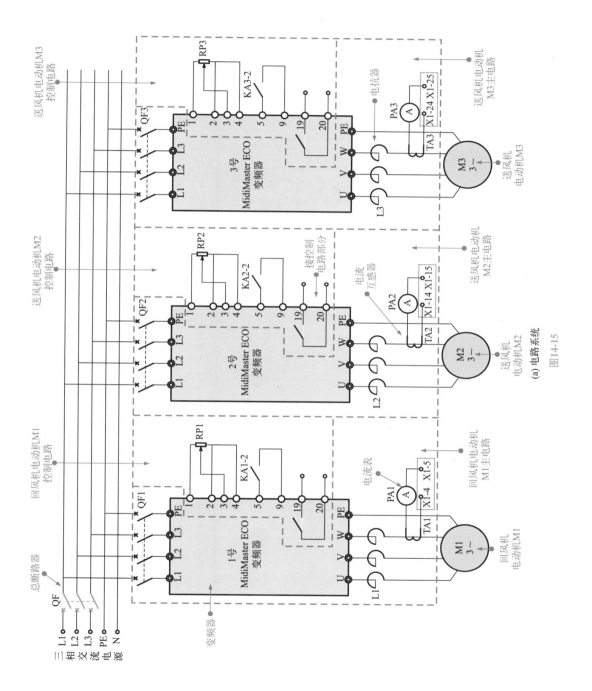

(a) 电路系统

图14-15

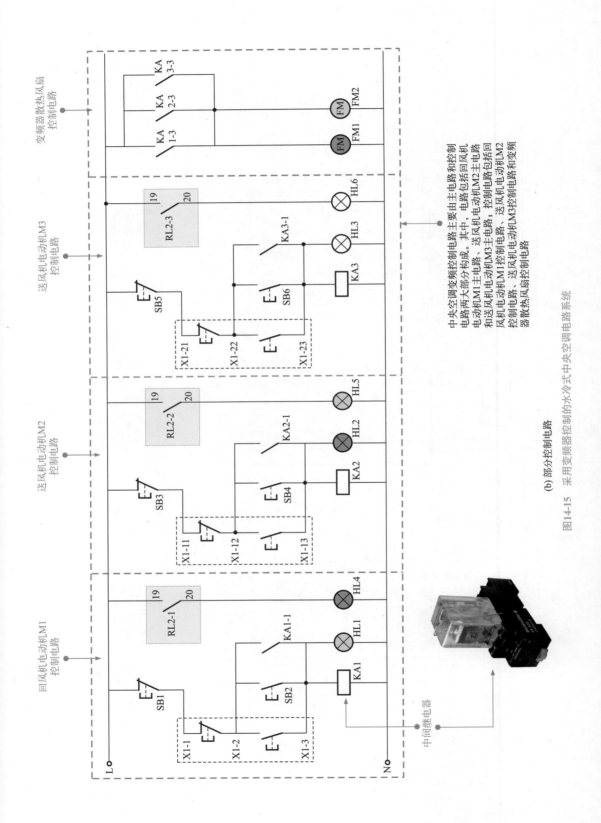

变频器散热风扇控制电路

送风机电动机LM3控制电路

送风机电动机LM2控制电路

回风机电动机LM1控制电路

中间继电器

(b) 部分控制电路

图14-15 采用变频器控制的水冷式中央空调电路系统

中央空调变频控制电路主要由主电路和控制电路两大部分构成。其中，电路包括回风机电动机LM1主电路、送风机电动机LM2主电路和送风机电动机LM3主电路，控制电路包括回风机电动机LM1控制电路、送风机电动机LM2控制电路、送风机电动机LM3控制电路和变频器散热风扇控制电路

在中央空调变频控制电路中，回风机电动机 M1 和送风机电动机 M2、M3 的电路结构和变频控制关系均相同。图 14-16 为回风机电动机 M1 的变频启动控制过程。

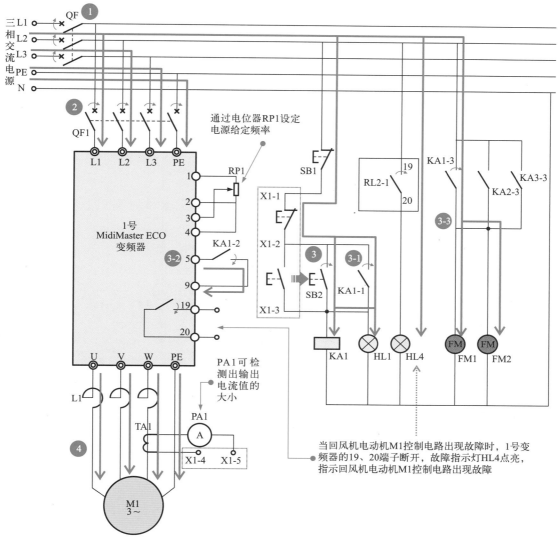

图14-16 回风机电动机M1的变频启动控制过程

【1】合上总断路器 QF，接通三相电源。

【2】合上断路器 QF1，1 号变频器得电。

【3】按下启动按钮 SB2，中间继电器 KA1 线圈得电。

【3-1】KA1 常开触点 KA1-1 闭合，实现自锁功能，同时运行指示灯 HL1 点亮，指示回风机电动机 M1 启动工作。

【3-2】KA1 常开触点 KA1-2 闭合，变频器接收到变频启动指令。

【3-3】KA1 常开触点 KA1-3 闭合，接通变频柜散热风扇 FM1、FM2 的供电电源，散热风扇 FM1、FM2 启动工作。

【4】变频器内部主电路开始工作，U、V、W 端输出变频驱动信号，信号频率按预置的升速时间上升至频率给定电位器设定的数值，回风机电动机 M1 按照给定的频率运转。

图 14-17 为回风机电动机 M1 的变频停机控制过程。

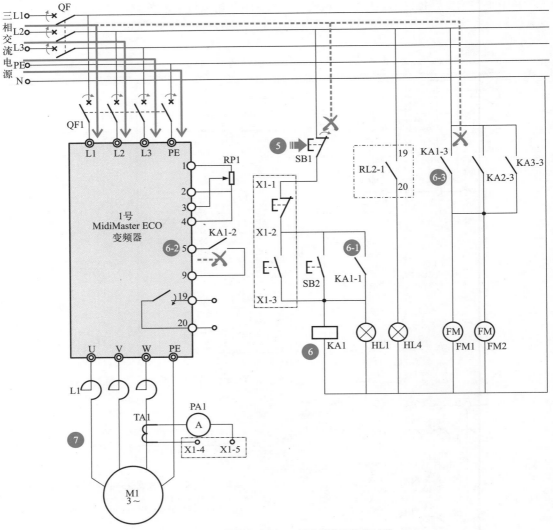

图14-17 回风机电动机 M1 的变频停机控制过程

【5】按下停止按钮 SB1，运行指示灯 HL1 熄灭。

【6】中间继电器 KA1 线圈失电，触点全部复位。

【6-1】KA1 的常开触点 KA1-1 复位断开，解除自锁功能。

【6-2】KA1 常开触点 KA1-2 复位断开，变频器接收到停机指令。

【6-3】KA1 常开触点 KA1-3 复位断开，切断变频柜散热风扇 FM1、FM2 的供电电源，FM1、FM2 停止工作。

【7】经变频器内部电路处理，由 U、V、W 端输出变频停机驱动信号，加到回风机电动机 M1 的三相绕组上，M1 转速降低，直至停机。

在中央空调系统中，送风机电动机 M2、送风机电动机 M3 的变频启动、停机控制过程与回风机电动机 M1 的控制过程相似，可参照上述分析了解具体过程。

（2）采用变频器与 PLC 组合控制的水冷式中央空调电路系统

图 14-18 为由西门子变频器和 PLC 构成的水冷式中央空调电路系统。该控制系统主要由西门子变频器（MM430）、PLC 控制器（西门子 S7-200）等构成。

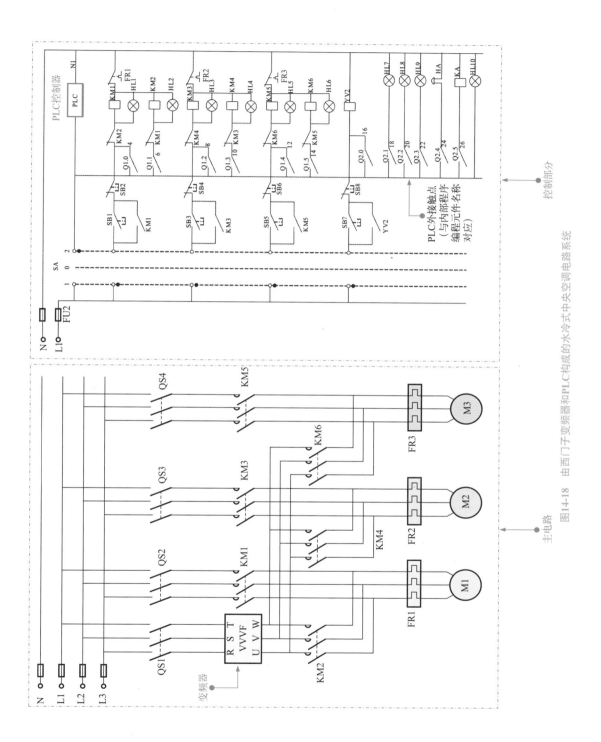

图14-18 由西门子变频器和PLC构成的水冷式中央空调电路系统

提示

图14-18中，中央空调三台风扇电动机M1～M3有两种工作形式：一种是受变频器VVVF和交流接触器KM2、KM4、KM6的变频控制；一种是受交流接触器KM1、KM3、KM5的定频控制。

在主电路部分，QS1～QS4分别为变频器和三台风扇电动机的电源断路器；FR1～FR3为三台风扇电动机的过热保护继电器。

在控制电路部分，PLC控制器控制该中央空调送风系统的自动运行；按钮开关SB1～SB8控制该中央空调送风系统的手动运行。这两种运行方式的切换受转换开关SA1控制。

由PLC构成的中央空调系统受PLC控制器内程序控制，具体控制过程需要结合PLC程序（梯形图）具体理解，这里不再重点讲述。

图14-19为采用变频器和PLC组合控制的中央空调系统中冷却水泵的控制过程。控制系统由变频器VVVF、PLC控制器、外围电路和冷却水泵电动机等部分构成。

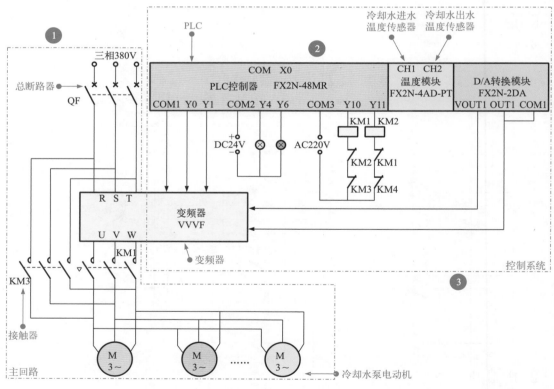

图14-19　采用变频器和PLC组合控制的中央空调系统中冷却水泵的控制过程

【1】三相交流电源经总断路器QF为变频器供电，在变频器中经整流滤波电路和功率输出电路后，由U、V、W端输出变频驱动信号，经接触器主触点后加到冷却水泵电动机的三相绕组上。

【2】变频器内的微处理器根据 PLC 控制器的指令或外部设定开关，为变频器提供变频控制信号；温度模块通过外接传感器感测温差信号，并将模拟温差信号转换为数字信号后送入 PLC 控制器中作为 PLC 控制器控制变频器的重要依据。

【3】电动机启动后的转速信号经速度检测电路检测后，为 PLC 控制器提供速度反馈信号，当 PLC 控制器根据温差信号作出识别后，先经 D/A 转换模块输出调速信号至变频器，再由变频器控制冷却水泵电动机的转速。

提示

一般来说，在用 PLC 控制器进行控制的过程中，除了接收外部的开关信号以外，还需要对很多连续变化的物理量进行监测，如温度、压力、流量、湿度等。其中，温度的检测和控制是不可缺少的，在通常情况下是先利用温度传感器感测到连续变化的物理量后变为电压或电流信号，再将这些信号连接到适当的模拟量输入模块的接线端上，经过模块内的模/数转换器后，将数据送入 PLC 控制器内进行运算或处理，通过 PLC 控制器输出接口输出到设备中。

14.1.4　中央空调电路系统的检修流程

中央空调电路系统是一个具有自动控制、自动检测和自动故障诊断的智能控制系统，若出现故障，则常会引起中央空调控制失常、整个系统不能启动、部分功能失常、制冷/制热异常及启动断电等故障。

中央空调出现异常故障时，应先从系统的电源部分入手，排除电源故障后，再针对控制电路、负载等进行检修。图 14-20 为中央空调电路系统的检修流程。

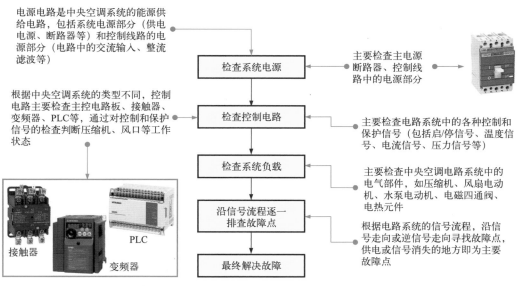

电源电路是中央空调系统的能源供给电路，包括系统电源部分（供电电源、断路器等）和控制线路的电源部分（电路中的交流输入、整流滤波等）

根据中央空调系统的类型不同，控制电路主要检查主控电路板、接触器、变频器、PLC 等，通过对控制和保护信号的检查判断压缩机、风口等工作状态

接触器　PLC　变频器

检查系统电源 → 主要检查主电源断路器、控制线路中的电源部分

检查控制电路 → 主要检查电路系统中的各种控制和保护信号（包括启/停信号、温度信号、电流信号、压力信号等）

检查系统负载 → 主要检查中央空调电路系统中的电气部件，如压缩机、风扇电动机、水泵电动机、电磁四通阀、电热元件

沿信号流程逐一排查故障点 → 根据电路系统的信号流程，沿信号走向或逆信号走向寻找故障点，供电或信号消失的地方即为主要故障点

最终解决故障

图14-20　中央空调电路系统的检修流程

14.2 中央空调电路系统的检修

14.2.1 断路器的检修

断路器又称为空气开关，是安装在中央空调系统总电源线路上的电气部件，用于手动或自动控制整个系统供电电源的通/断，可在系统中出现过流或短路故障时自动切断电源起到保护作用，也可以在检修系统或较长时间不用控制系统时切断电源，起到将中央空调系统与电源隔离的作用。

如图14-21所示，断路器具有操作安全、使用方便、安装简单、实现控制和保护双重功能、工作可靠等特点。

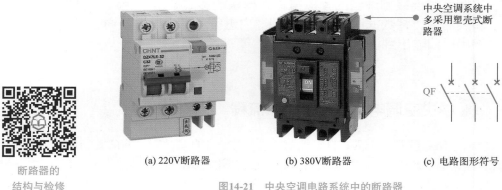

断路器的
结构与检修

(a) 220V断路器   (b) 380V断路器   (c) 电路图形符号

图14-21　中央空调电路系统中的断路器

断路器的手动或自动通/断状态通过内部机械和电气部件联动实现，图14-22为塑壳式低压断路器通/断两种状态。

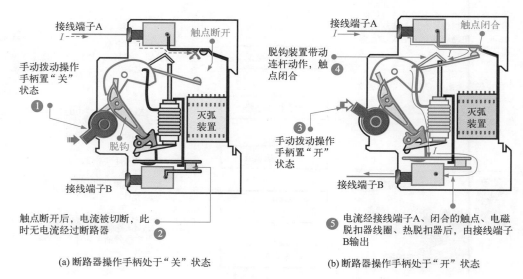

(a) 断路器操作手柄处于"关"状态   (b) 断路器操作手柄处于"开"状态

图14-22　塑壳式低压断路器通/断两种状态

提示

　　当操作手柄位于"开"状态时，触点闭合，操作手柄带动脱钩动作，连杆部分带动触点动作，触点闭合，电流经接线端子A、触点、电磁脱扣器、热脱扣器后，由接线端子B输出。

　　当操作手柄位于"关"状态时，触点断开，操作手柄带动脱钩动作，连杆部分带动触点动作，触点断开，电流被切断。

　　在中央空调系统中，断路器主要应用到线路过载、短路、欠压保护或不频繁接通和切断的主电路中。室外机或机组多采用380V断路器，室内机多采用220V断路器。选配断路器时可根据所接机组最大功率的1.2倍进行选择。

　　当怀疑中央空调电路系统故障时，应检查电源部分的主要功能部件。如图14-23所示，检测断路器时，可以在断电情况下，利用通/断状态的特点，借助万用表检测断路器输入端子和输出端子之间的阻值以判断好坏。

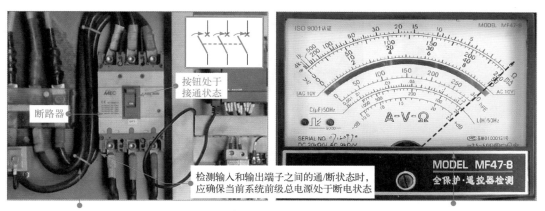

❶ 将万用表的挡位旋钮调至"×1"欧姆挡，红、黑表笔分别搭在断路器一相的输入和输出端子上

❷ 实测断路器同一相线路输入和输出端子之间的阻值为零欧姆

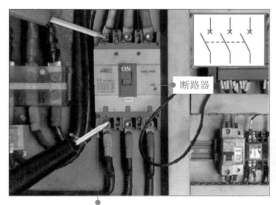

❸ 保持万用表挡位旋钮位置不变、表笔位置不变，将断路器的操作手柄扳下，使其断开

❹ 实测断路器同一相线路输入和输出端子之间的阻值为无穷大

图14-23 中央空调电路系统中断路器的检测方法

> **提示**
>
> 在正常情况下，当断路器处于断开状态时，输入和输出端子之间的阻值应为无穷大；处于接通状态时，输入和输出端子之间的阻值应为零。若不符合，则说明断路器损坏，应用同规格的断路器更换。

14.2.2 交流接触器的检修

交流接触器在中央空调系统中的应用十分广泛，主要作为压缩机、风扇电动机、水泵电动机等交流供电侧的通/断开关。

图 14-24 为中央空调电路系统中的交流接触器。

交流接触器的结构及其在电路中的控制关系

(a) 交流接触器1

(b) 交流接触器2

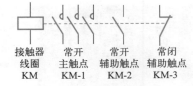
(c) 电路图形符号

图14-24 中央空调电路系统中的交流接触器

接触器中主要包括线圈、衔铁和触点三部分。工作时的核心过程即在线圈得电状态下，使上下两块衔铁磁化相互吸合，衔铁动作带动触点动作，如常开触点闭合，常闭触点断开。图 14-25 为接触器线圈得电的工作过程。

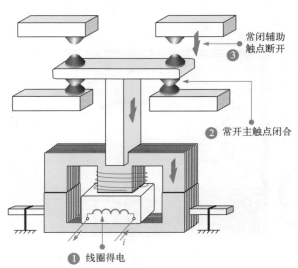

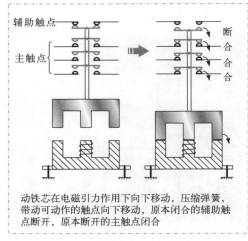

动铁芯在电磁引力作用下向下移动，压缩弹簧，带动可动作的触点向下移动，原本闭合的辅助触点断开，原本断开的主触点闭合

图14-25 接触器线圈得电的工作过程

如图 14-26 所示，在实际控制线路中，接触器一般利用主触点接通和分断主电路及连接负载，用辅助触点执行控制指令，如中央空调水系统中水泵的启 / 停控制线路。由图可知，控制线路中的交流接触器 KM 主要是由线圈、一组常开主触点 KM-1、两组常开辅助触点和一组常闭辅助触点构成的。

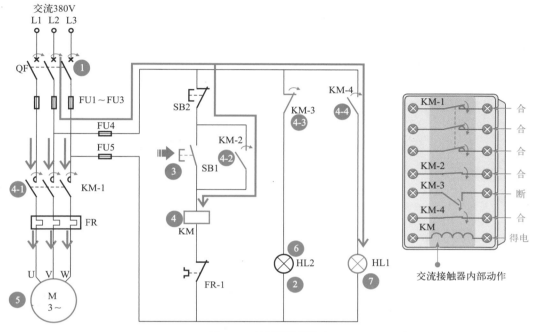

图14-26　接触器控制线路

交流接触器是中央空调电路系统中的重要元件，主要利用内部主触点控制中央空调负载的通 / 断状态，用辅助触点执行控制指令。

交流接触器安装在控制配电柜中接收控制端的信号，线圈得电，触点动作（常开触点闭合，常闭触点断开），负载开始通电工作；线圈失电，各触点复位，负载断电并停机。若交流接触器损坏，则会造成中央空调不能启动或正常运行。判断其性能好坏的主要方法是使用万用表判断交流接触器在断电的状态下，线圈及各对应引脚间的阻值是否正常。

图 14-27 为交流接触器的检测方法。

 提示

当交流接触器内部线圈得电时，会使其内部触点做与初始状态相反的动作，即常开触点闭合，常闭触点断开；当内部线圈失电时，内部触点复位，恢复初始状态。检测时，需依次对内部线圈的阻值及内部触点在开启和闭合状态时的阻值进行检测。由于是断电检测，因此检测常开触点的阻值为无穷大，当按动交流接触器上端的开关按键强制接通后，常开触点闭合，检测阻值应为零。

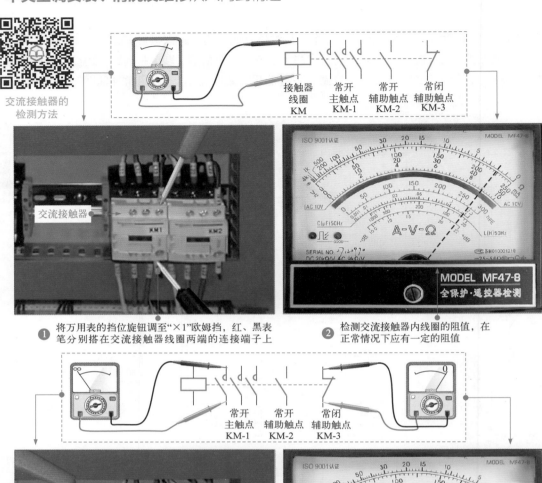

交流接触器的
检测方法

① 将万用表的挡位旋钮调至"×1"欧姆挡，红、黑表笔分别搭在交流接触器线圈两端的连接端子上

② 检测交流接触器内线圈的阻值，在正常情况下应有一定的阻值

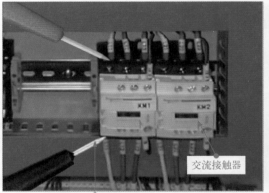

③ 将万用表的挡位旋钮调至"×1"欧姆挡，红、黑表笔分别搭在交流接触器常开触点的连接端子上

④ 交流接触器常开触点在初始状态时的阻值应为无穷大，常闭触点在初始状态时的阻值应为零

图14-27 交流接触器的检测方法

14.2.3　变频器的检修

变频器是目前很多水冷式中央空调控制系统主电路中的核心部件，在控制系统中用于将频率固定的工频电源（50Hz）变成频率可变（0～500Hz）的交流电源，实现对压缩机、风扇电动机、水泵电动机启动及转速的控制。

图14-28为中央空调系统中的变频器。

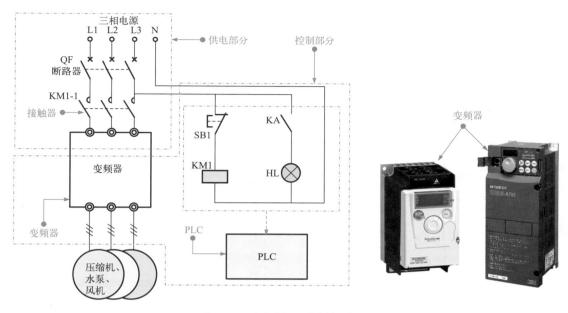

图14-28　中央空调系统中的变频器

> **提示**
>
> 　　变频器在中央空调系统中分别对主机压缩机、冷却水泵电动机、冷冻水泵电动机进行变频驱动，实现对温度、温差的控制，有效实现节能，可通过两种途径实现节能效果。
>
> 　　◇ 压差控制为主，温度/温差控制为辅。以压差信号为反馈信号反馈到变频器电路中进行恒压差控制。压差的目标值可以在一定范围内根据回水温度适当调整。当房间温度较低时，压差的目标值适当下降一些，降低冷冻水泵的平均转速，提高节能效果。
>
> 　　◇ 温度/温差控制为主，压差控制为辅。以温度/温差信号为反馈信号反馈到变频器电路中进行恒温度、恒温差控制，目标信号可以根据压差大小适当调整。当压差偏高时，说明负荷较重，应适当提高目标信号，提高冷冻水泵的平均转速，确保最高楼层具有足够的压力。

　　在中央空调电路系统中，变频器控制电路系统安装在控制箱中，变频器作为核心控制部件主要用于控制冷却水循环系统、冷冻水循环系统（冷却水塔、冷却水泵、冷冻水泵等）及压缩机的运转状态。

　　由此可知，当变频器异常时往往会导致整个变频控制系统失常。判断变频器的性能是否正常，可通过检测变频器供电电压和输出控制信号进行。

　　图 14-29 为变频器供电电压和输出控制信号的检测方法。若输入电压正常，无变频驱动信号输出，则说明控制部分异常或变频器本身异常。

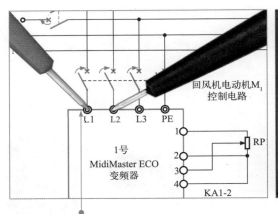

❶ 将万用表的挡位旋钮调至交流500V电压挡，红、黑表笔分别搭在变频器交流电压的输入端检测变频器的工作条件

❷ 变频器供电及变频信号需要在通电工作状态下进行检测。在正常情况下，变频器输入端经控制部件后与电源连接,电源电压约为380V

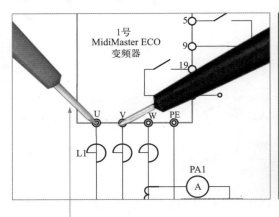

❸ 将万用表的挡位旋钮调至交流500V电压挡，红、黑表笔分别搭在变频器U、V、W输出端的任意两端上，检测变频器输出端的信号

❹ 实测变频器输出变频电压为120V。在正常情况下，变频器输出端输出的变频电压应为几十伏至200V左右。若输入正常，无任何输出，则多为控制部分异常或变频器本身异常

图14-29 变频器供电电压和输出控制信号的检测方法

 提示

　　由于变频器属于精密电子器件，内部包括多种电路，因此检测时除了检测输入及输出外，还可以通过显示屏显示的故障代码排除故障。例如，三菱 FR-A700 变频器，若显示屏显示"E.LF"，则表明变频器出现输出缺相的故障，应正常连接输出端子及查看输出缺相保护选择的值是否正常。

　　变频器的使用寿命也会受外围环境的影响，如温度、湿度等，所以变频器应安装在环境允许的位置；连接线的安装也要谨慎，如果误接，也会损坏变频器；为了防止触电，还需要将变频器的接地端接地。

14.2.4　PLC的检修

在中央空调控制系统中，很多控制电路采用 PLC 进行控制，不仅提高了控制电路的自动化性能，还简化了电路的结构，方便后期对系统的调试和维护。

PLC 的英文全称为 Programmable Logical Controller，即可编程控制器，是一种将计算机技术与继电器控制技术结合起来的现代化自动控制装置。

PLC 在中央空调系统中主要与变频器配合使用，共同完成中央空调系统的控制，使控制系统简易化，使整个控制系统的可靠性及维护性提高，如图 14-30 所示。

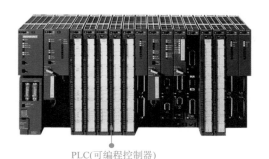

PLC(可编程控制器)

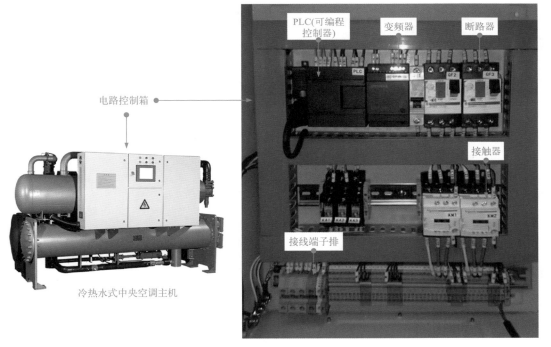

图14-30　中央空调系统中的PLC

如图 14-31 所示，判断中央空调系统中 PLC 本身的性能是否正常，应检测供电电压是否正常，若供电电压正常，没有输出，则说明 PLC 异常，需要进行检修或更换。

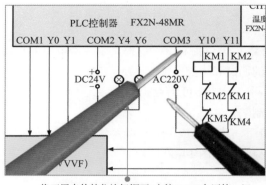

❶ 将万用表的挡位旋钮调至"交流250V"电压挡，红、黑表笔搭在PLC的交流供电输入端上

❷ 观察万用表指针指示位置可知，实际检测输入电压值为交流220V

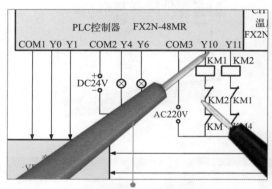

❸ 保持万用表挡位旋钮位置不变，红、黑表笔搭在PLC控制端子外接交流接触器的两端

❹ 实际检测交流接触器线圈两端电压为220V，正常，如无电压，则PLC有故障

图14-31　中央空调系统中PLC的检测方法